国家科技基础性工作专项（编号：2012FY120400）

中国畜禽外寄生虫形态分类彩色图谱

COLOR ATLAS OF ECTOZOA MORPHOLOGICAL CLASSIFICATION FOR LIVESTOCK AND POULTRY IN CHINA

主　编　刘光远　黄　兵　郭宪国

副主编　殷　宏　罗建勋　陈　泽　潘保良　郭玉红

科　学　出　版　社

北　京

内 容 简 介

本书收录了寄生于我国家畜家禽的常见外寄生虫144种，隶属于2纲5目26科58属，收录的虫种数约占我国已记载的家畜家禽外寄生虫种类数的40%。书中列出了绝大部分外寄生虫的中文与拉丁文名称及成虫的形态结构、宿主范围与部分寄生部位、地理分布等，介绍了每种外寄生虫所在科、属的形态结构，宿主范围和部分生态习性，编制了各科、属的分类检索表。为68种外寄生虫配置了单张或多张形态结构绘图，为其中101种外寄生虫配置了单张或多张彩色照片，全书共采用图片738幅，包括黑白点线绘图104幅、彩色照片634张。

本书可供科研院所、高等院校、基层一线从事寄生虫分类的科技人员参考，也可作为寄生虫学领域研究生、本科生的重要参考书。

图书在版编目（CIP）数据

中国畜禽外寄生虫形态分类彩色图谱 / 刘光远，黄兵，郭宪国主编. —北京：科学出版社，2020.4

ISBN 978-7-03-064387-2

Ⅰ. ①中… Ⅱ. ①刘… ②黄… ③郭… Ⅲ. ①家畜寄生虫学 - 中国 - 图谱 Ⅳ. ① S852.7-64

中国版本图书馆CIP数据核字（2020）第025378号

责任编辑：李秀伟 / 责任校对：严 娜
责任印制：肖 兴 / 封面设计：北京图阅盛世文化传媒有限公司
设计制作：金舵手世纪

科学出版社 出版
北京东黄城根北街16号
邮政编码：100717
http://www.sciencep.com

北京汇瑞嘉合文化发展有限公司 印刷
科学出版社发行 各地新华书店经销

*

2020年4月第 一 版 开本：787×1092 1/16
2020年4月第一次印刷 印张：16
字数：380 000

定价：280.00元

（如有印装质量问题，我社负责调换）

本书为国家科技基础性工作专项“中国畜禽寄生虫彩色图谱编撰”项目（编号：2012FY120400）的成果之一

项目主持单位：中国农业科学院上海兽医研究所

项目参加单位：中国农业科学院兰州兽医研究所

四川省畜牧科学研究院

《中国畜禽寄生虫彩色图谱》
编撰委员会

《中国畜禽外寄生虫形态分类彩色图谱》
编写人员

主　编　刘光远　黄　兵　郭宪国

副主编　殷　宏　罗建勋　陈　泽　潘保良　郭玉红

参加编写人员（按姓氏笔画排序）

丁　俊　辽宁省疾病预防控制中心
王　强　中国农业科学院蜜蜂研究所
田占成　中国农业科学院兰州兽医研究所
任巧云　中国农业科学院兰州兽医研究所
刘小波　中国疾病预防控制中心传染病预防控制所
刘光远　中国农业科学院兰州兽医研究所
刘志杰　中国农业科学院兰州兽医研究所
刘贤勇　中国农业大学
刘起勇　中国疾病预防控制中心传染病预防控制所
关贵全　中国农业科学院兰州兽医研究所
宋文宇　大理大学
张　定　浙江省平阳县疾病预防控制中心
张志伟　大理大学
陈　泽　中国农业科学院兰州兽医研究所

范　蓉　大理大学

罗　金　中国农业科学院兰州兽医研究所

罗建勋　中国农业科学院兰州兽医研究所

赵　宁　中国疾病预防控制中心传染病预防控制所

赵　奇　河南省疾病预防控制中心

殷　宏　中国农业科学院兰州兽医研究所

郭玉红　中国疾病预防控制中心传染病预防控制所

郭宪国　大理大学

黄　兵　中国农业科学院上海兽医研究所

韩娇娇　中国农业大学

潘保良　中国农业大学

ACKNOWLEDGMENTS

致谢

在国家科技基础性工作专项“中国畜禽寄生虫彩色图谱编撰”项目启动之后，得到了国内外众多专家的关心、帮助和支持，特别是作者所在单位的大力支持，在此一并对本项工作进行过指导、帮助和关心的专家、领导表示衷心感谢！

本书所用彩色图片，大多数依据中国农业科学院兰州兽医研究所、大理大学、中国农业大学、中国疾病预防控制中心传染病预防控制所及河南省疾病预防控制中心等单位保藏的标本拍摄，这些标本部分来自国内一些专业实验室的馈赠，为本书的编辑奠定了坚实基础，特对提供寄生虫标本的单位和个人表示衷心感谢！

本书所用黑白绘图，除在图后标注其引用来源外，绝大多数依据国内外相关专著与刊物等文献仿绘而成，在此，向所有被引用文献的作者致以崇高的敬意和诚挚的感谢！

本书的出版得到了国家科技基础性工作专项（编号：2012FY120400）的资助，同时也得到了国家重点研发计划（编号：2016YFC1202000，2017YFD0501200）和国家寄生虫资源库项目（编号：TDRC-2019-194-30）的资助，一并致以谢意。

PREFACE

前言

寄生虫彩色图谱是在对寄生虫标本资源进行系统整理、鉴别的基础上，采用先进的数码影像技术，通过常规与显微拍摄方式，形成虫体实物照片，按科学的分类系统进行归类编辑，配以形态结构描述，最终加工出版。寄生虫彩色图谱是对寄生虫资源的有效利用，能客观反映虫体的基本形态与结构，是正确进行寄生虫种类鉴定、普及寄生虫学知识、开展寄生虫病流行病学调查等的权威性科学资料。《中国畜禽寄生虫彩色图谱》系列的编撰与出版，将极大地丰富我国寄生虫图谱的内容，有助于动物学、医学、兽医学等学科的学生更好地掌握寄生虫的形态结构，增强临床医学和兽医学人员鉴别寄生虫的能力，在促进我国寄生虫学科的发展、提高寄生虫学的教学水平、开展寄生虫学知识的科学普及等方面都具有重要的作用与意义。

《中国畜禽外寄生虫形态分类彩色图谱》是《中国畜禽寄生虫彩色图谱》的5部专著之一，得到国家科技基础性工作专项（编号：2012FY120400）和国家重点研发计划（编号：2016YFC1202000，2017YFD0501200）的资助，也是国家寄生虫资源库项目（编号：TDRC-2019-194-30）等工作的积累。

我国畜禽寄生虫种类繁多，本书收录了寄生于我国家畜家禽的常见外寄生虫144种，隶属于2纲5目26科58属。全书共采用图片738幅，包括黑白点线绘图104幅、彩色照片634张，彩色照片中99%的图片为作者根据保存的虫体标本实物拍摄并经加工而成，黑白点线绘图均依据相关的专业经典文献中的点线图由作者仿绘而成，同时在书中标注了原作者姓名及出处，以示尊敬及致谢。

本书的分类系统与编排顺序与《中国家畜家禽寄生虫名录（第二版）》（2014年）保持一致，为方便读者查阅前期出版的与本书相关的专著，书中每个虫种设立了“关联序号”栏，由3组数组成，第1组数字表示该种在《中国家畜家禽寄生虫名录》（2004年）中的科、属、种编号，第2组括号内的数字表示该种在《中国家畜家禽寄生虫名录（第二版）》（2014年）中的科、属、种编号，第3组斜线后的数字表示该种在《中国畜禽寄生虫形态分类图谱》（2006年）中的种类顺序号，缺少的数组则表示对应的专著未收录该虫种。

本书中的寄生虫及同物异名的中文名称，主要来自《中国家畜家禽寄生虫名录（第二版）》（2014年）、《拉汉英汉动物寄生虫学词汇》（1983年）、《拉汉英汉动物寄生虫学词汇（续编）》

（1986年）、《英汉寄生虫学大词典》（2011年），少数由作者依据拉丁文名称进行意译或音译。

在本书编写过程中，作者深深感到寄生虫标本的珍贵！尽管我国记载的畜禽外寄生虫种类已达1000余种，但由于各种原因，一些虫体标本损坏或遗失，或部分物种在自然界已难以采到；现保藏完好的标本（特别是一些模式标本）与记载的数量差距较大，虽然竭尽所能，本书仍有部分外寄生虫未配有虫体照片，这有待今后进一步完善。同时，大部分外寄生虫虽有记录，但标本难以找到，导致大部分外寄生虫未能收录，给本书造成难以弥补的遗憾。限于作者的能力和知识水平，书中难免有不足之处，敬请读者批评指正。

刘光远

2019年1月

CONTENTS

目录

节肢动物门 Arthropoda Sieboldet & Stannius, 1845

节肢动物门

Arthropoda Sieboldet & Stannius, 1845

【形态结构】两侧对称而分节，体壁由几丁质的外骨骼组成，具有成对的分节附肢，有消化系统，前有口器，后有肛门，有不闭塞的血液循环系统，神经系统为神经节组成的链条形，雌雄异体。

蛛形纲 Arachnida Lamarck, 1815

【形态结构】虫体分为头胸部与腹部二部或二部合一，口器具螯肢和须肢。有足 4 对，足腿节与胫节间有膝节。体被有表皮与柔软革质，在一定部位有骨化的几丁质板片或颗粒样结节。不完全变态。

寄螨总目

Parasitiformes Reuter, 1909

【形态结构】躯体呈圆形或椭圆形，头、胸、腹连成一体，颚体凸出在躯体前或位于躯体腹面，为口器部分。如有眼，眼为单眼或眼点。发育为不完全变态，可分为卵、幼虫、若虫和成虫 4 个阶段，成虫和若虫为 4 对足，幼虫为 3 对足。

1 硬蜱科 Ixodidae (Leach, 1815) Murray, 1877

【形态结构】背面具几丁质盾板。雌蜱、若蜱及幼蜱的盾板仅覆盖身体前半部，而雄蜱几乎覆盖整个背部。许多种类在盾板后缘形成缘垛（festoon）。假头位于躯体前端，由假头基、口下板、螯肢和须肢构成，背面可见；须肢由 4 节组成，位于两侧，第Ⅳ节短小，嵌于第Ⅲ节端部腹面的凹陷内；螯肢位于中间上方，口下板位于中间下方，其腹面有纵行倒齿。许多雄蜱腹面具几丁质板，其数目因蜱的属种不同而异。足的跗节末端有爪及爪垫，生殖孔常位于足基节Ⅱ或Ⅲ的水平线上。气门 1 对，位于第Ⅳ基节后侧缘。

属检索表

1. 肛沟围绕在肛门之前；无眼；雄蜱腹面几乎全部被几丁质板覆盖（共 7 块）……硬蜱属 *Ixodes*

   肛沟围绕在肛门之后，或无肛沟；眼有或无；雄蜱腹面无几丁质板，或发育不完全，仅分布在身体后端……2

2. 无眼……3

   多数具眼（有些花蜱属的种类眼不明显）……5

3. 盾板具珐琅彩（极少数无）；须肢长且近似圆柱形；身体宽短，呈亚圆形或宽卵形……花蜱属 *Amblyomma*（原属于盲花蜱属 *Aponomma* 的种类）

盾板无珐琅彩；须肢长或短且多呈圆锥形；身体较窄长，呈卵形或长卵形 ························ 4

4. 假头基方形至矩形；须肢短，呈圆锥形，第Ⅱ节长宽约等，其外侧超出假头基边缘 ························ 血蜱属 *Haemaphysalis*

雄性假头基背面四边形，其前侧缘分叉；雌性假头基六边形；须肢长，圆锥形 ························ 异扇蜱属 *Anomalohimalaya*

5. 须肢显著长于假头基，第Ⅱ节长明显大于宽 ························ 6

须肢长度近似等于假头基，且第Ⅱ节长与宽大致相等 ························ 7

6. 盾板不具色斑；雄蜱具肛侧板，且通常还具肛下板；眼着生在盾板侧缘的凹陷内，半球形凸出 ························ 璃眼蜱属 *Hyalomma*

盾板一般具色斑，少数无色斑；雄蜱不具肛侧板和肛下板；如具眼，多数着生在盾板边缘，眼不凸出（有些种类很不明显）····· 花蜱属 *Amblyomma*

7. 假头基背面六角形，通常无色斑；雄蜱具肛侧板和副肛侧板 ························ 扇头蜱属 *Rhipicephalus*

假头基矩形，通常有色斑；雄蜱无肛侧板和副肛侧板 ···· 革蜱属 *Dermacentor*

1.1 硬蜱属

Ixodes Latrille, 1795

【形态结构】肛沟围绕在肛门之前。盾板颜色单一，须肢长，假头基部呈梯形，无珐琅斑，无缘垛及眼。气门板圆形或卵圆形。雄蜱盾板一般有明显的缘褶围绕，腹面一般覆盖 7 块几丁质板。各足基节一般无距（个别种具 1 或 2 距）。

1 锐跗硬蜱 *Ixodes acutitarsus* (Karsch, 1880)

【关联序号】（99.6.1）/

【同物异名】*Haemalastor acutitarsus, Eschatocephalus acutitarsus, I. laevis, I. gigas*。

【宿主范围】成蜱主要寄生于牛、犏牛、山羊、岩羊、犬、大熊猫、黑熊、野猪、斑羚、林麝等大型哺乳动物，也寄生于红嘴蓝鹊、人等。幼蜱和若蜱寄生于啮齿类和食虫类动物。

【地理分布】甘肃、湖北、台湾、西藏、云南。

【形态结构】体大，雌蜱长宽约为 7.0 mm×3.4 mm；雄蜱长宽约为 4.8 mm×2.9 mm。假头长。假头基向后稍窄，后缘略直。基突付缺。假头基腹面宽阔，耳状突付缺。口下板剑形，齿式

2/2，每纵列具齿雌蜱约 10 枚，雄蜱约 7 枚；端部的细齿为 4/4。

盾板光亮，肩突粗短。刻点很细，数目稀少，在颈沟外侧方稍多而较明显。足长。基节Ⅰ有 2 长距，内距弯，指向生殖孔，末端约超过基节Ⅱ的一半，外距较短，略微超过基节Ⅱ前缘。基节Ⅱ～Ⅳ内距呈脊状。各足爪垫短，约达爪长的 1/2。气门板大，为亚圆形（雌蜱）或卵圆形（雄蜱）。

雌蜱生殖孔位于基节Ⅲ、Ⅳ之间的水平线上。生殖沟向后斜伸。肛沟前缘宽圆，两侧不平

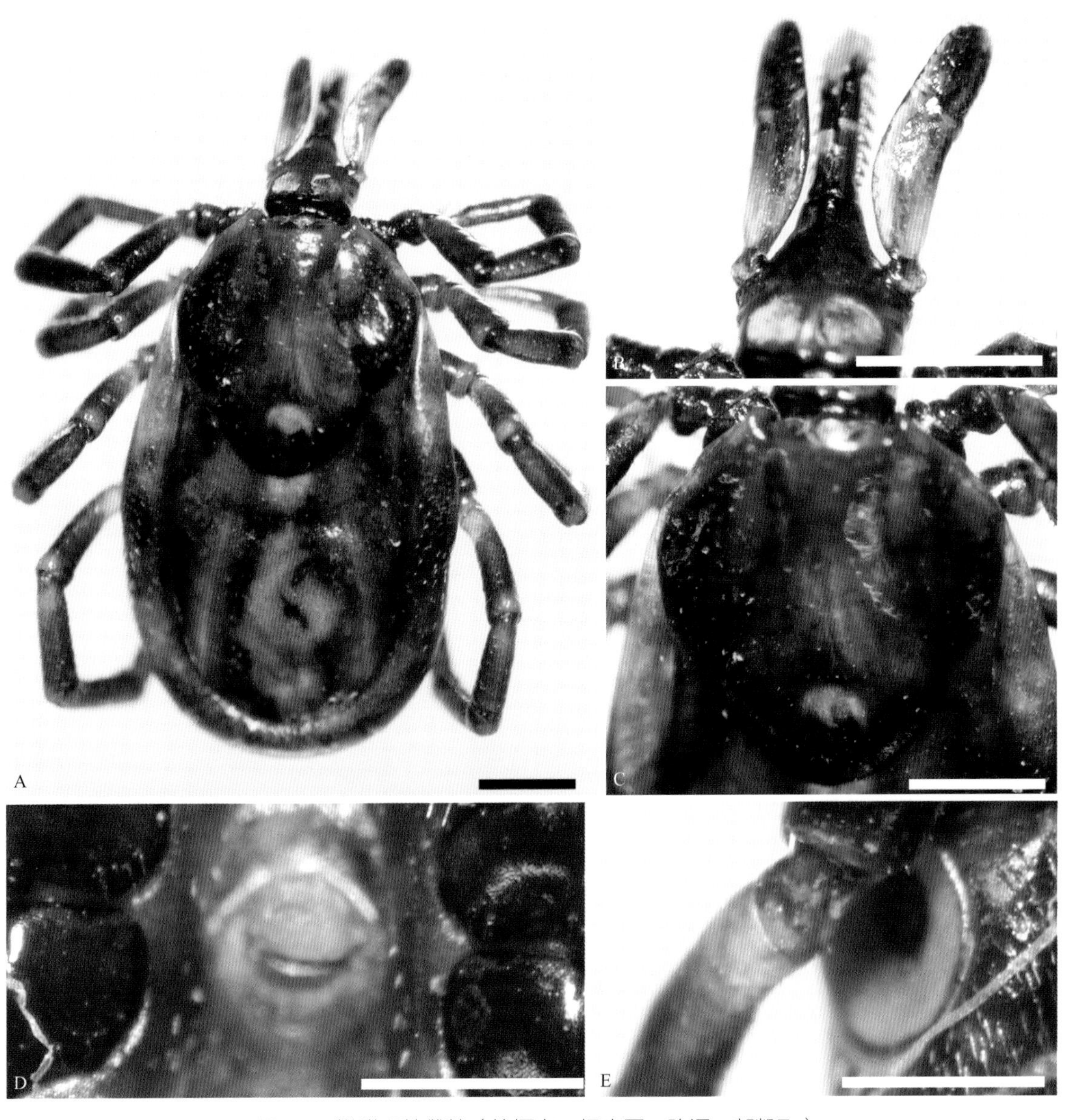

图 1-1　锐附硬蜱雌蜱（拍摄者：杨晓军，陈泽，郭凯飞）

A. 背面观；B. 假头；C. 盾板；D. 生殖孔；E. 气门板；标尺均为 1 mm

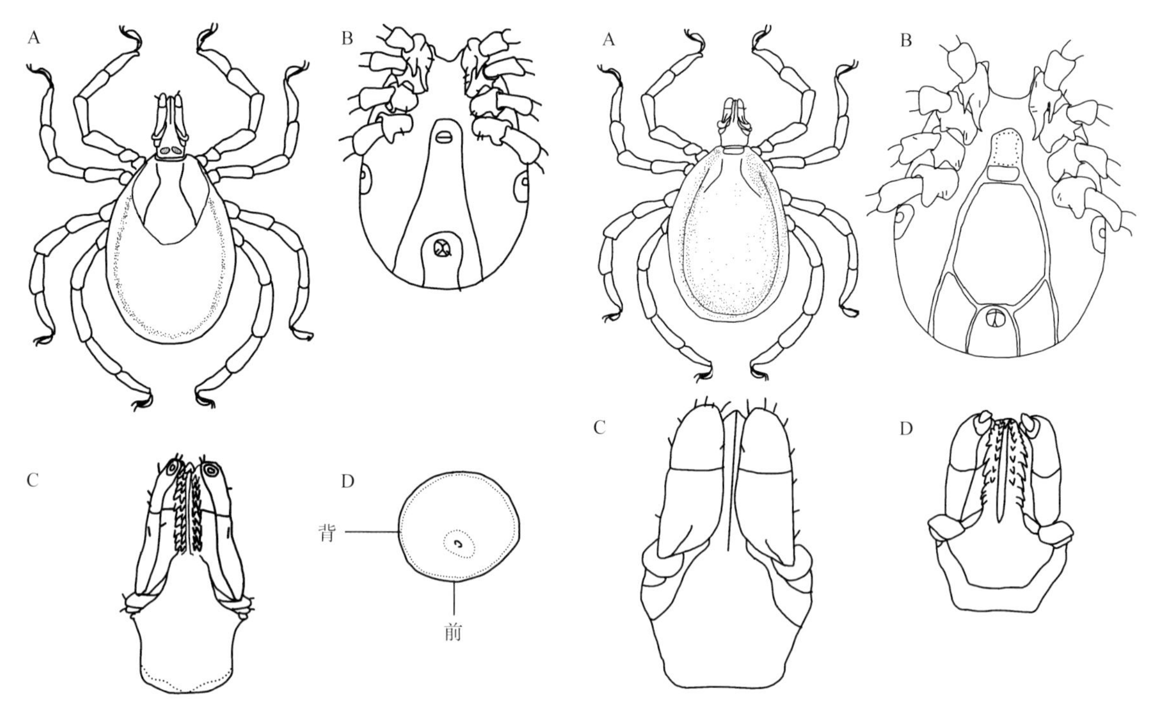

图 1-2　锐跗硬蜱雌蜱（绘制者：杨晓军，陈泽；仿邓国藩和姜在阶，1991）
A. 背面观；B. 躯体腹面；C. 假头腹面；D. 气门板

图 1-3　锐跗硬蜱雄蜱（绘制者：杨晓军，陈泽；仿邓国藩和姜在阶，1991）
A. 背面观；B. 躯体腹面；C. 假头背面；D. 假头腹面

行，中段略内弯。雄蜱生殖孔位于基节Ⅲ之间。生殖前板长形；中板近似六边形；肛板宽短，前端圆钝，两侧向后外斜。

2　草原硬蜱　*Ixodes crenulatus* Koch, 1844

【关联序号】无。

【同物异名】*Pholeoixodes crenulatus, I. lividus crenulatus*。

【宿主范围】喜马拉雅旱獭、天山旱獭、草狐、獾、长尾黄鼠、普通刺猬、香鼬、高原兔等，也寄生犬及紫翅椋鸟、云雀、麻雀等鸟类。

【地理分布】甘肃、黑龙江、吉林、内蒙古、青海、四川、西藏、新疆。

【形态结构】雌蜱饱血个体椭圆形，长宽约 6.7 mm×4.0 mm；雄蜱长宽约 2.4 mm×1.5 mm。假头基宽短，基突缺如；雌蜱孔区大，椭圆形。须肢粗短，前端窄钝，外缘较直。假头基腹面中部稍窄；耳状突短小，呈脊形。口下板发达，齿式前部为 3/3，以后或为 2/2。雌蜱盾板近心脏形，长宽约 0.96 mm×0.98 mm，前部约 1/3 处最宽。雄蜱盾板卵圆形，长宽约 2.0 mm×1.3 mm，中部略隆起。

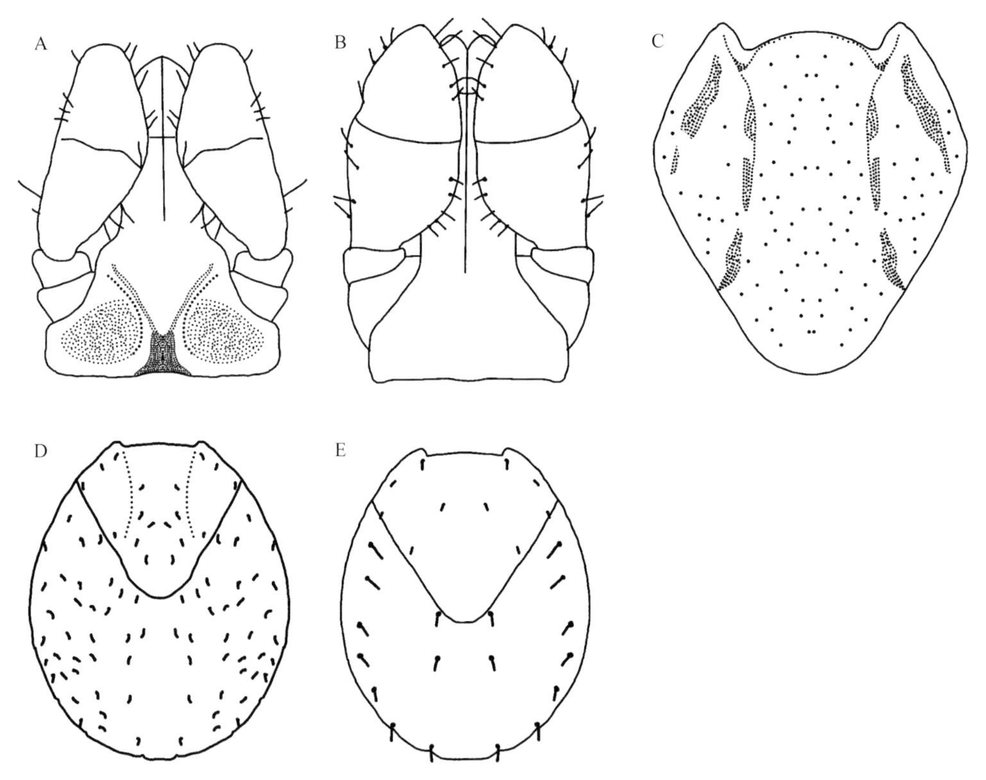

图 2 草原硬蜱（绘制者：杨晓军，陈泽；仿邓国藩和姜在阶，1991）

A．雌蜱假头；B．雄蜱假头；C．雌蜱盾板；D．若蜱躯体；E．幼蜱躯体

生殖孔位于基节Ⅱ稍后的水平线上。雄蜱中板长约为宽的 1.3 倍，后端较前端窄；肛板长，前端圆钝，两侧向后略微外斜；肛侧板窄长，向内微弯，宽度均匀；各板布有小刻点和细毛。气门板长圆形，气门斑位置靠前。

足长适中。基节宽短（按躯体方向），均无距。爪垫很短，不及爪长的 1/3。

3 拟蓖硬蜱 *Ixodes nuttallianus* Schulze, 1930

【关联序号】（99.6.6）/

【同物异名】*I. muntiaci, I. ricinoides*。

【宿主范围】黄牛、犏牛、山羊、犬、鹿、麝。

【地理分布】四川、西藏。

【形态结构】雌蜱假头基近三角形，基突短而明显，雄蜱基突缺如；雌蜱孔区近梨形，须肢长，雄蜱须肢前端圆钝；耳状突隆突状，雄蜱耳状突付缺或为基突代替；口下板端部渐尖，齿式前部为 4/4，以后为 3/3，雄蜱主部约 8 排齿。体较小，雄蜱体梨形，长宽约 6.7 mm×4.0 mm。

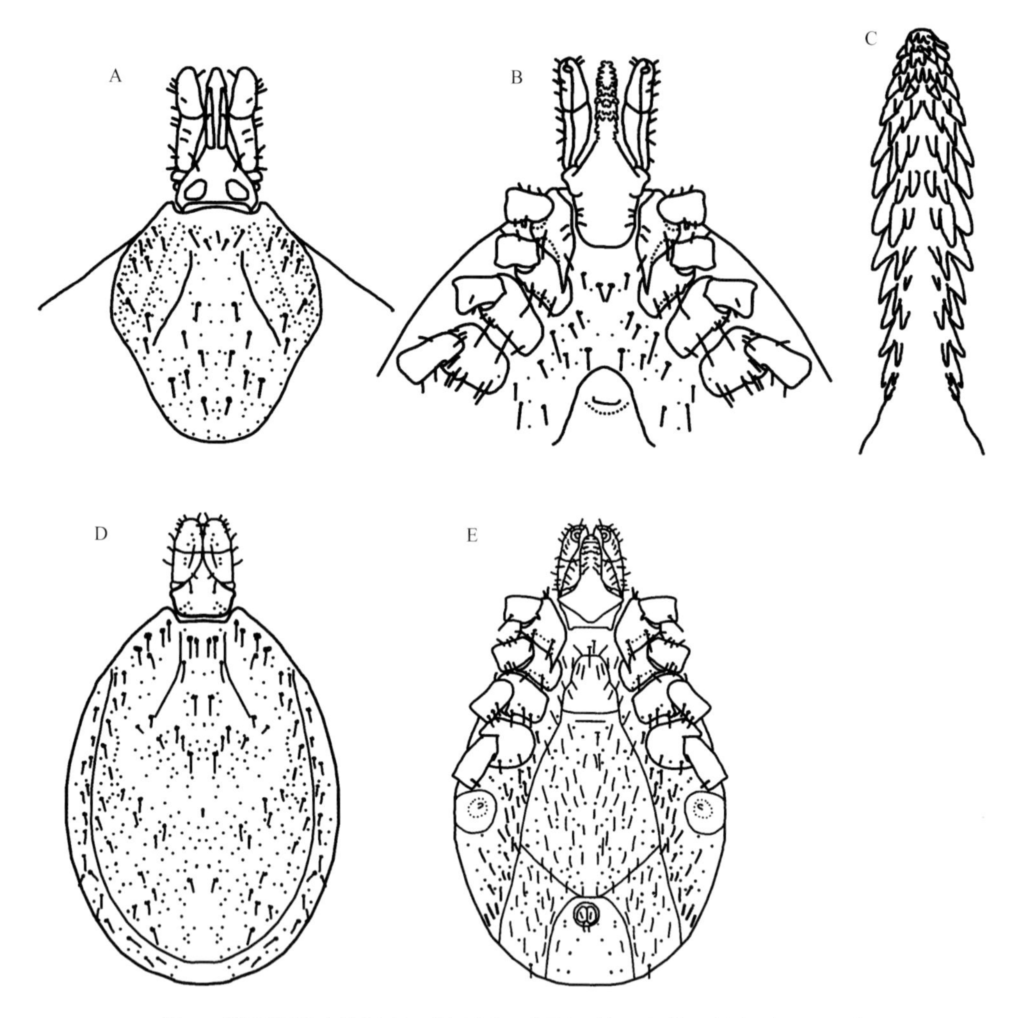

图 3　拟蓖硬蜱（绘制者：杨晓军，陈泽；仿邓国藩和姜在阶，1991）

A．雌蜱假头及盾板背面观；B．雌蜱假头及盾板腹面观；C．雌蜱口下板；D．雄蜱背面观；E．雄蜱腹面观

盾板前部 1/3 处最宽，前侧缘圆弧形，后缘宽圆，肩突尖度中等，雄蜱盾板卵形，肩突短钝。颈沟浅而明显，后段向外弯，末端达盾板后侧缘；刻点粗细不均，雄蜱刻点较粗，散布整个表面。表面有少量细长毛。

生殖孔位于基节Ⅳ之间或稍前。肛沟前端圆钝，气门板卵圆形；雄蜱生殖孔位于基节Ⅲ之间。生殖前板几丁质较弱；中板后缘弧度较深；肛板马蹄形，前端圆钝；肛侧板前部较后部宽，各板被有细毛。气门板卵圆形，气门斑位置偏前。

足长中等。基节Ⅰ具长而尖的内距；基节Ⅱ～Ⅳ有粗短的外距，雄蜱基节Ⅱ无距，基节Ⅲ、Ⅳ内距缺如；基节Ⅰ、Ⅱ靠后缘有窄的半透明附膜。各跗节亚端部中度收窄，向端部逐渐尖细。各爪垫几乎与爪等长。

4 卵形硬蜱 *Ixodes ovatus* Neumann, 1899

【关联序号】87.1.7（99.6.7）/607

【同物异名】新竹硬蜱 *I. shinchikuensis*, *I. japonensis*, *I. ricinus ovatus*, *I. frequens*, *I. carinatus*, *I. taiwanensis*, *I. lindbergi*, *I. siamensis*。

【宿主范围】黄牛、犏牛、马、驴、绵羊、猪、毛冠鹿、斑羚、林麝、马麝、黄鼬、大熊猫、人。

【地理分布】甘肃、贵州、湖北、青海、陕西、四川、台湾、西藏、云南。

【形态结构】雌蜱体卵圆形，长宽约 2.52 mm×1.26 mm。雄蜱长宽约 2.03 mm×1.15 mm。假头基近五边形，基突短小，雄蜱基突付缺，表面有小刻点；孔区卵圆形。须肢长约 3 倍于宽，Ⅱ、Ⅲ节长度之比约 4 ∶ 3，雄蜱须肢长约为宽的 2 倍，Ⅱ、Ⅲ节约等长。假头基腹面匀称，耳状突短小或付缺。口下板雌蜱窄长雄蜱短小，具齿 2/2 纵列，每列有齿约 8 枚。端部的小齿雌蜱为 4/4，雄蜱为 3/3。

盾板雌蜱为亚圆形，雄蜱为长卵形，肩突很短，颈沟浅而宽，侧脊明显，延伸至盾板后侧缘。雌蜱刻点小，分布稀疏，雄蜱刻点较粗，分布不均匀。生殖孔位于基节Ⅲ、Ⅳ之间的水平线上。生殖沟向后斜伸。肛沟前端窄，两侧显著外斜。气门板大，亚圆形；气门斑位置偏前。雄蜱生殖孔位于基节Ⅲ的水平线上。中板大，肛板前窄后宽，肛侧板短。气门板卵圆形。

足中等大小。基节Ⅰ内距短而钝，基节Ⅱ～Ⅳ无内距；基节Ⅳ有粗短外距；基节Ⅰ～Ⅲ后部有半透明附膜。转节Ⅰ～Ⅲ有短小钝距。跗节Ⅳ亚端部逐渐细窄。各足爪垫与爪等长。

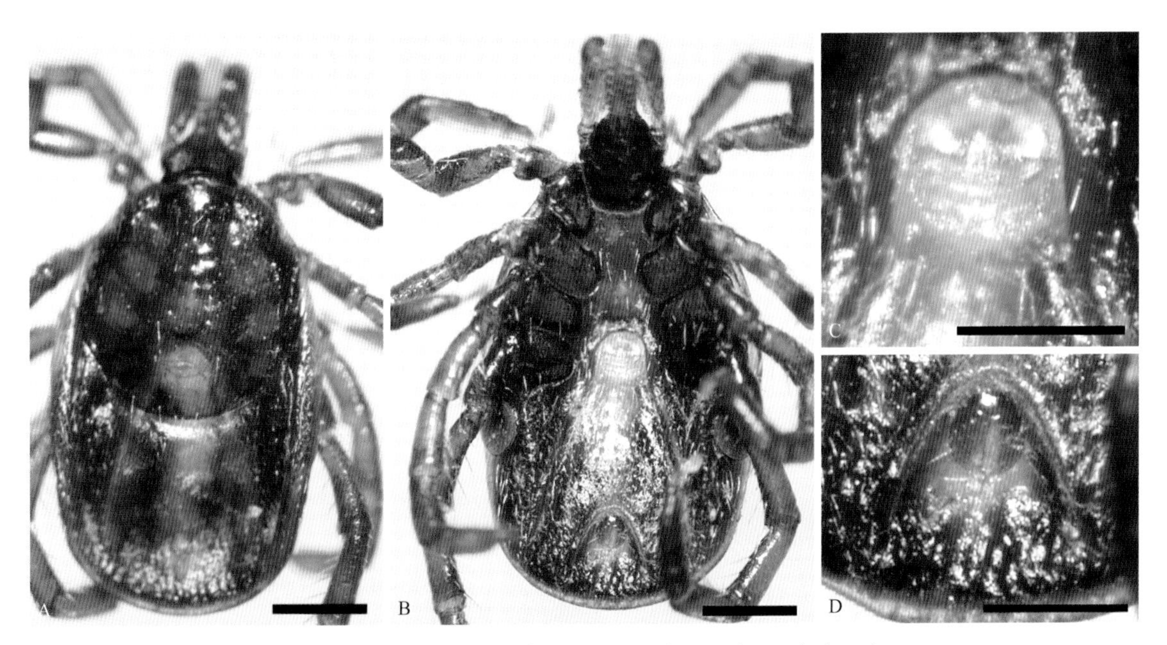

图 4-1 卵形硬蜱雌蜱（拍摄者：杨晓军，陈泽，郭凯飞）

A．背面观；B．腹面观；C．生殖孔；D．肛门；A，B 标尺为 1 mm；C，D 标尺为 0.5 mm

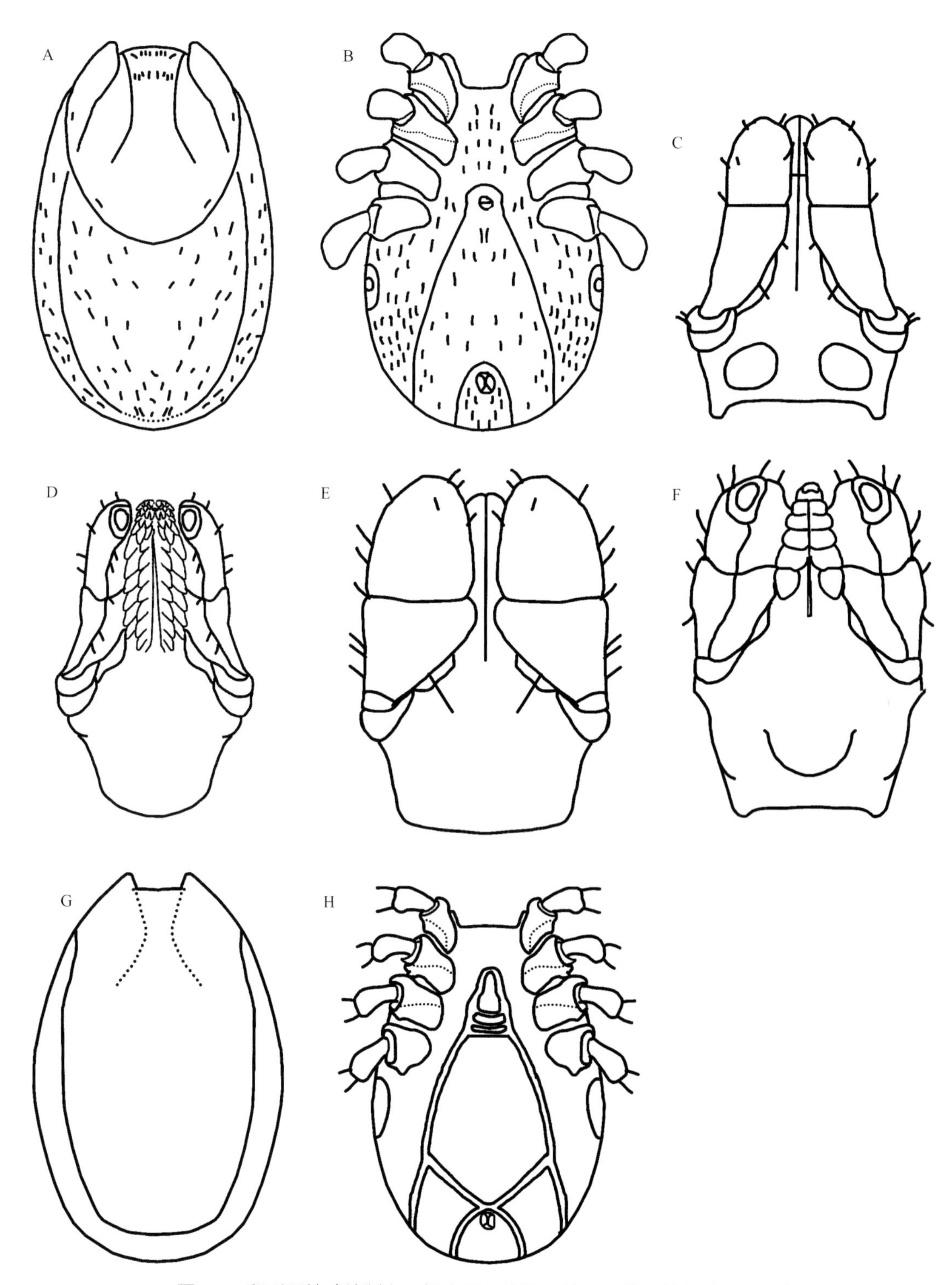

图 4-2 卵形硬蜱（绘制者：杨晓军，陈泽；仿邓国藩和姜在阶，1991）
A．雌蜱背面观；B．雌蜱腹面观；C．雌蜱假头背面观；D．雌蜱假头腹面观；E．雄蜱假头背面观；F．雄蜱假头腹面观；G．雄蜱背面观；H．雄蜱腹面观

5 全沟硬蜱 *Ixodes persulcatus* Schulze, 1930

【关联序号】87.1.8（99.6.8）/608

【同物异名】*I. ricinus miyazakiensis, I. persulcatus diversipalpis, I. persulcatus cornuatus, I. persulcatus persulcatus, I.* (*Monoindex*) *maslovi, I. sachalinensis*。

【宿主范围】范围很广，成蜱寄生于各种大型家畜及很多野生动物，包括有蹄类、食肉类、啮齿类等，也常危害人；幼蜱及若蜱寄生于小型哺乳类动物和鸟类。

【地理分布】黑龙江、吉林、辽宁、山西、新疆、西藏。

【形态结构】雌蜱体卵圆形，长宽约 3.36 mm×1.75 mm，雄蜱长宽约 2.45 mm×1.33 mm。

假头基五边形，基突很短，不甚明显；孔区似圆角三角形，须肢长形，外缘直，内缘后段外斜。假头基腹面宽，耳状突短粗明显，钝齿形。口下板长，齿式前端为 4/4，中段为 3/3，基部为 2/2。

盾板雌蜱为椭圆形，雄蜱为长卵形，肩突粗短。颈沟窄而浅，前段不甚明显，后段略深；侧脊不明显。雌蜱刻点中等大小，在后部的较明显；雄蜱刻点浅，分布均匀。表面均着生稀少细毛。雌蜱生殖孔位于基节Ⅳ的水平线上，雄蜱生殖孔位于基节Ⅲ后缘的水平线上。生殖沟向后外斜，肛沟马蹄形；雄蜱各板布有稠密刻点。气门板雌蜱为亚圆形，雄蜱为卵圆形；气门斑大，位于中部偏前。

足长中等。基节Ⅰ内距相当细长，基节Ⅱ～Ⅳ内距付缺。各基节均有一粗短外距，大小约相等。跗节Ⅰ亚端部骤然收窄；跗节Ⅳ亚端部逐渐细窄。足Ⅰ爪垫最长，达到爪的末端，足Ⅱ～Ⅳ爪垫略短，也将近达到爪端。雄蜱基节Ⅰ内距较短，其余与雌蜱类似。

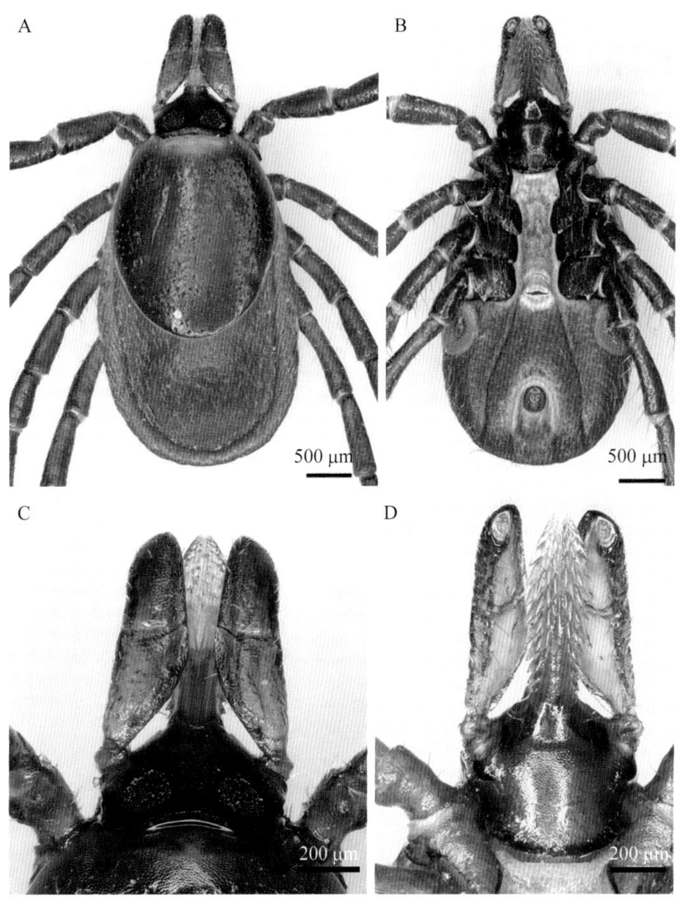

图 5-1　全沟硬蜱雌蜱（拍摄者：陈泽，刘光远）

A. 背面观；B. 腹面观；C. 假头背面观；D. 假头腹面观

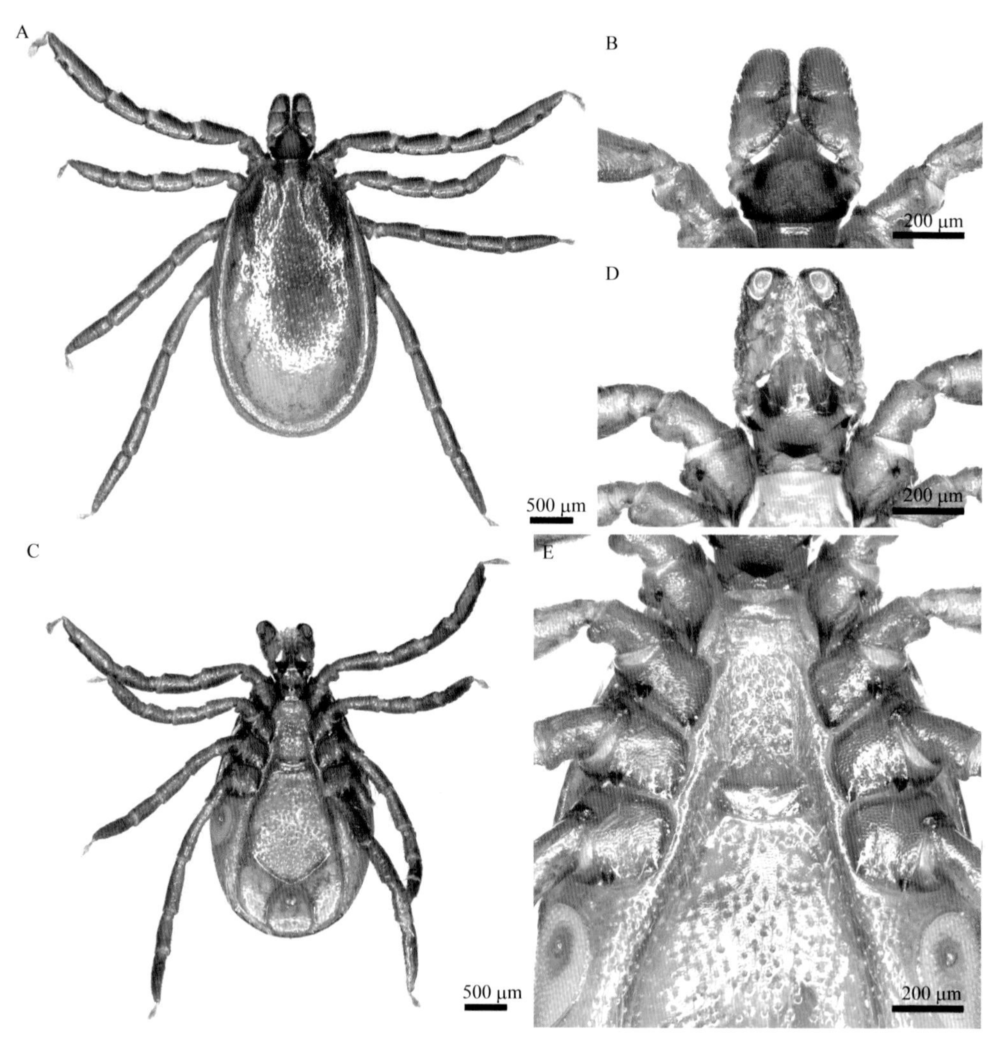

图 5-2 全沟硬蜱雄蜱（拍摄者：陈泽，刘光远）
A．背面观；B．假头背面观；C．腹面观；D．假头腹面观；E．基节

6 中华硬蜱 *Ixodes sinensis* Teng, 1977

【关联序号】（99.6.11）

【同物异名】无。

【宿主范围】黄牛、山羊、豹、人。

【地理分布】安徽、福建、江西、湖南、云南、浙江。

【形态结构】雌蜱体卵圆形，长宽约 3.17 mm×1.50 mm；雄蜱长宽约 2.33 mm×1.17 mm。假头基五边形，雌蜱基突粗短，雄蜱基突付缺。孔区大，亚三角形。须肢长形，外缘直，前端圆钝。假头基腹面宽阔，近五边形；耳状突短而圆钝；横缝不明显。口下板剑形；齿式顶端为 4/4，中部为 3/3，基部为 2/2；雄蜱口下板有 7～8 排细齿。

盾板雌蜱为椭圆形，雄蜱为窄卵形。肩突粗短。缘凹浅宽。颈沟前端浅平，后端外斜较深。刻点中等大小，在后部的较深；雄蜱刻点较深，稠密。表面细毛稀少。生殖孔雌蜱位于基节Ⅳ的水平线上，雄蜱位于基节Ⅲ之间。雌蜱生殖沟前 2/3 外斜，后 1/3 近平行。肛沟前缘圆弧形，两侧略外斜；雄蜱生殖前板长形；中板向后渐宽，后缘圆弧形；肛板前缘圆钝；肛侧板前宽后窄；各板有稠密刻点。气门板雌蜱为亚圆形，雄蜱为卵圆形；气门斑位于中部偏前。

足长中等。基节Ⅰ内距细长，外距相当粗短。基节Ⅱ～Ⅳ各具粗短外距，大小与基节Ⅰ外距约等。跗节Ⅰ亚端部骤然收窄。跗节Ⅳ亚端部逐渐细窄。足Ⅰ爪垫几乎达到爪端，足Ⅱ～Ⅳ爪垫略短，将近达到爪端。

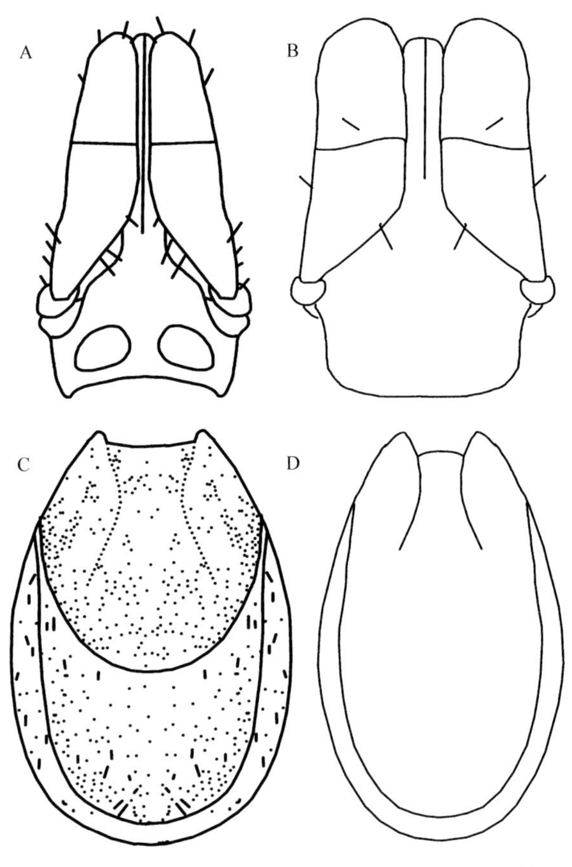

图 6 中华硬蜱（绘制者：杨晓军，陈泽；仿邓国藩和姜在阶，1991）

A. 雌蜱假头；B. 雄蜱假头；C. 雌蜱躯体；D. 雄蜱躯体

1.2 血 蜱 属

Haemaphysalis Koch, 1844

【形态结构】肛沟围绕肛门之后。假头基矩形。体形较小为卵形或长卵形。须肢粗短或窄长，常具刺或角突。眼付缺。缘垛明显，通常为 11 个。雄蜱腹面无几丁质板。足转节Ⅰ背面具扁平后距。雄蜱气门板通常呈卵形或逗点形，雌蜱呈卵形或圆形。

7 长角血蜱 *Haemaphysalis longicornis* Neumann, 1901

【关联序号】87.2.14（99.4.15）/615

【同物异名】*H. bispinosa neumanni, H. concinna longicornis, H. neumanni, H. neumanni bispinosa*。

【宿主范围】牛、马、绵羊等家畜及各种野生动物，也侵袭人；幼蜱主要寄生于小型动物。

【地理分布】安徽、北京、甘肃、广东、贵州、河北、河南、黑龙江、湖北、湖南、吉林、江苏、江西、辽宁、青海、山东、山西、陕西、四川、台湾、西藏、新疆、云南、浙江。

【形态结构】黄褐色。雌蜱体长 2.52～3.01（平均 2.75）mm（包括假头），宽 1.57～1.75（平均 1.68）mm。雄蜱体长 2.0～2.38（平均 2.28）mm（包括假头），宽 1.29～1.57 mm。

假头宽短。假头基矩形，宽约为长的 2.2 倍（包括基突）；两侧缘几乎平行，后缘平直。须肢向外侧中度凸出，呈角状；第Ⅱ节无刺，背面及腹面后缘弧形；第Ⅲ节背面后缘有一粗短的刺，三角形，腹面的刺长，呈锥形，其尖端超过第Ⅱ节前缘。假头基腹面宽短，侧缘向后呈

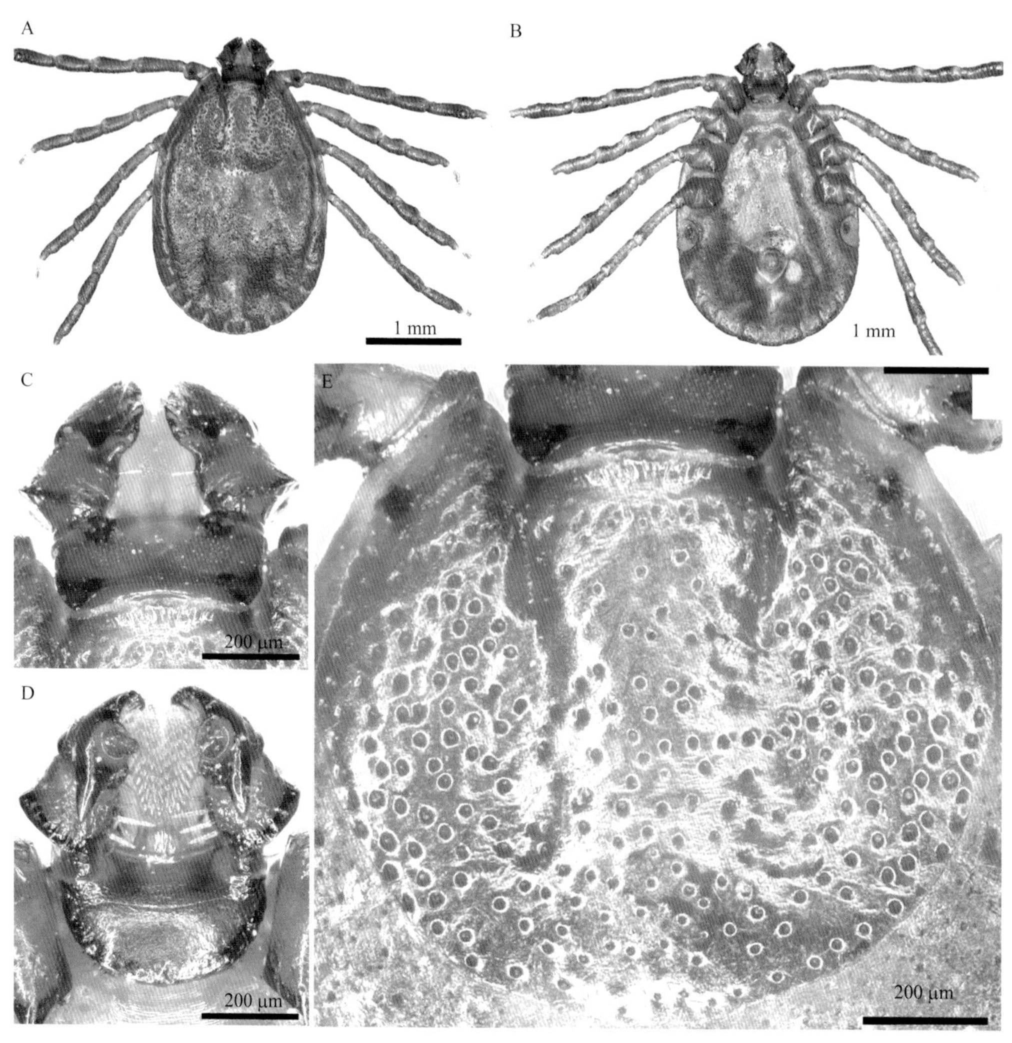

图 7-1　长角血蜱雌蜱（拍摄者：陈泽，刘光远）
A．背面；B．腹面；C．假头背面；D．假头腹面；E．盾板

浅弧形收窄，与后缘连接成弧形。口下板有 5/5 列齿，齿的大小均一。

雌蜱盾板亚圆形，边缘均匀弧形微波状。雄蜱盾板长卵形，中部最宽。

足中等粗细。基节Ⅰ内距长，呈锥形，长稍大于其基部之宽，末端略尖；基节Ⅱ～Ⅳ内距较粗短而稍钝，基节Ⅱ、Ⅲ的距大小约等，基节Ⅳ的距略粗短。转节Ⅰ腹距明显，三角形；转节Ⅱ～Ⅳ腹距短小，呈脊状。腹距Ⅳ较跗节Ⅰ～Ⅲ长，亚端部逐渐细窄。爪垫较长，略超过爪长的 2/3。

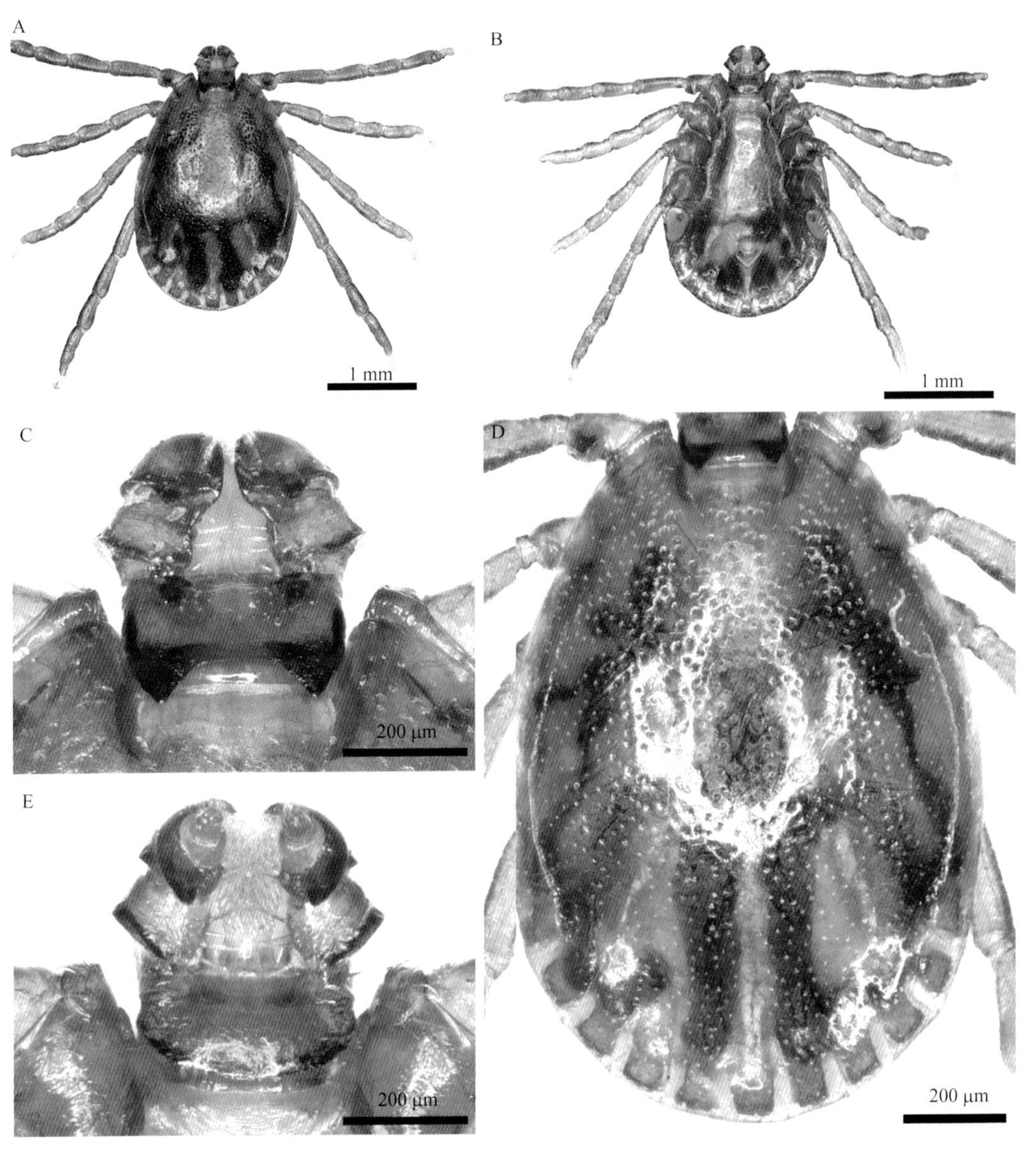

图 7-2 长角血蜱雄蜱（拍摄者：陈泽，刘光远）

A. 背面；B. 腹面；C. 假头背面；D. 盾板；E. 假头腹面

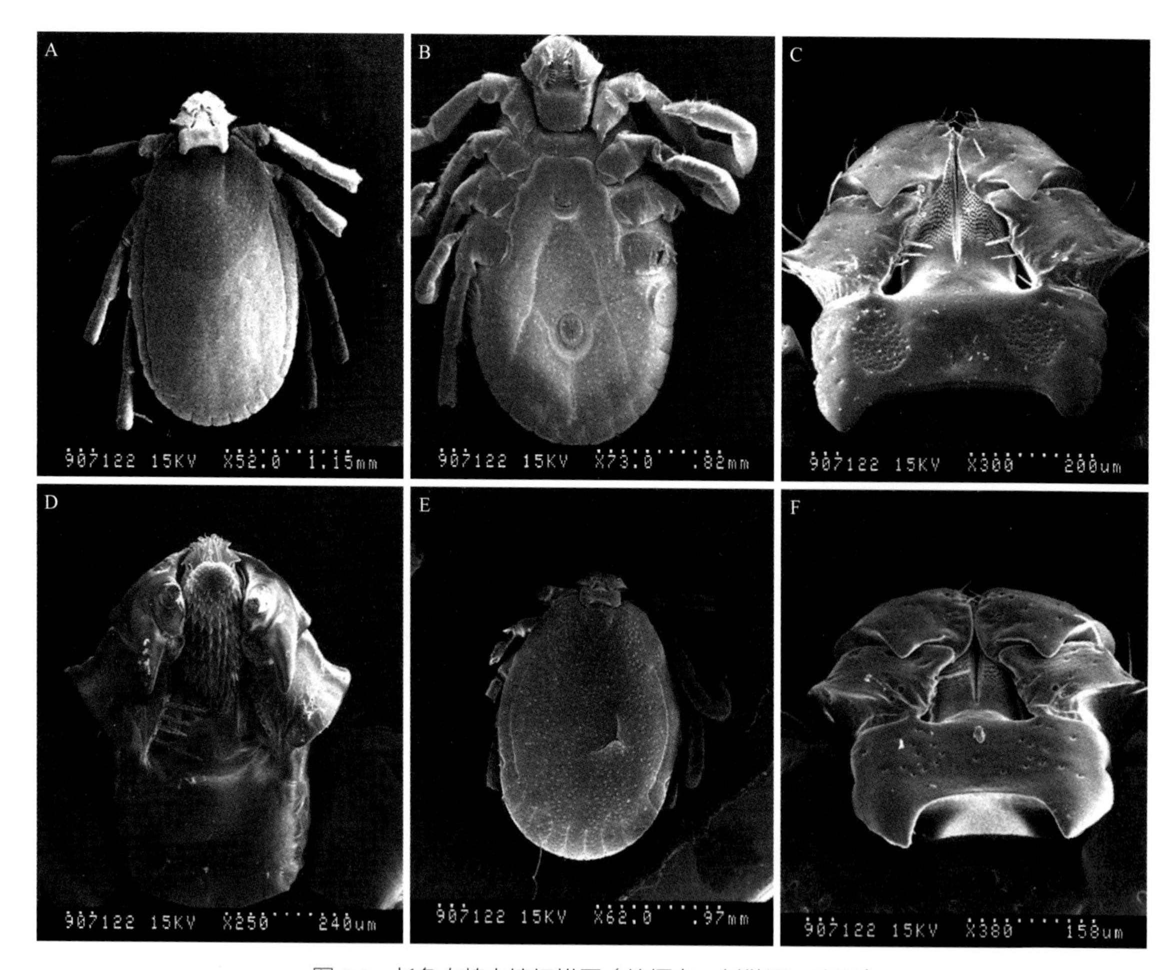

图 7-3 长角血蜱电镜扫描图（拍摄者：刘敬泽，陈泽）

A. 雌蜱背面；B. 雌蜱腹面；C. 雌蜱假头背面；D. 雌蜱假头腹面；E. 雄蜱背面；F. 雄蜱假头背面

8 刻点血蜱 *Haemaphysalis punctata* Canestrini and Fanzago, 1878

【关联序号】（99.4.20）

【同物异名】*H. crassa, H. punctata autumnalis, H. punctata punctata, H. rhinolophi, H. sulcata svenigae*。

【宿主范围】成蜱主要寄生于牛、马、羊等家畜或野生动物。幼蜱和若蜱主要寄生鸟类及小型野生动物。

【地理分布】新疆。

【形态结构】雌蜱未吸血虫体长约 3.2 mm（包括假头），宽约 1.85 mm。雄蜱全长约 3.15 mm，最宽处在气门板附近，约 1.75 mm。

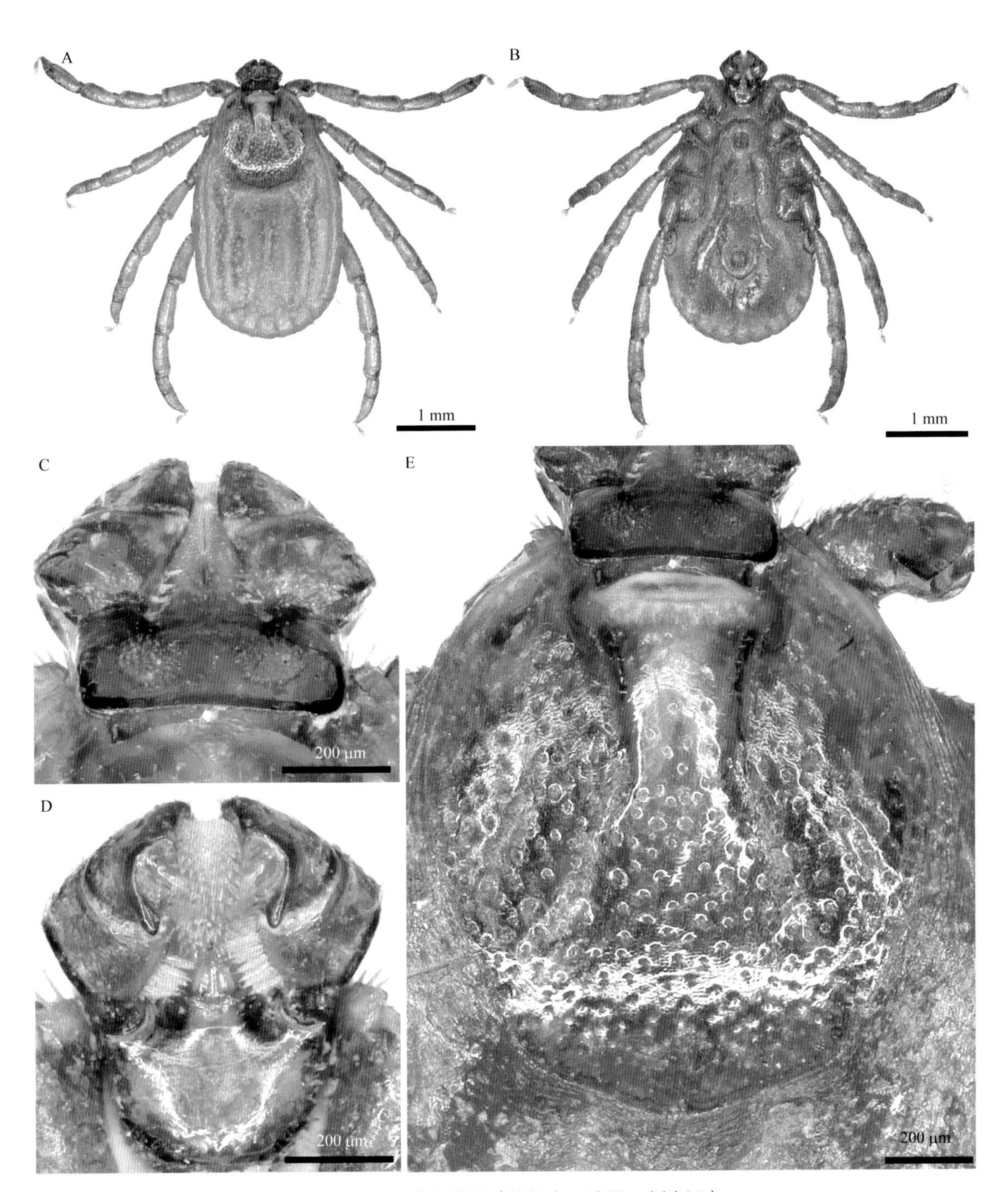

图 8-1 刻点血蜱雌蜱（拍摄者：陈泽，刘光远）

A. 背面；B. 腹面；C. 假头背面；D. 假头腹面；E. 盾板

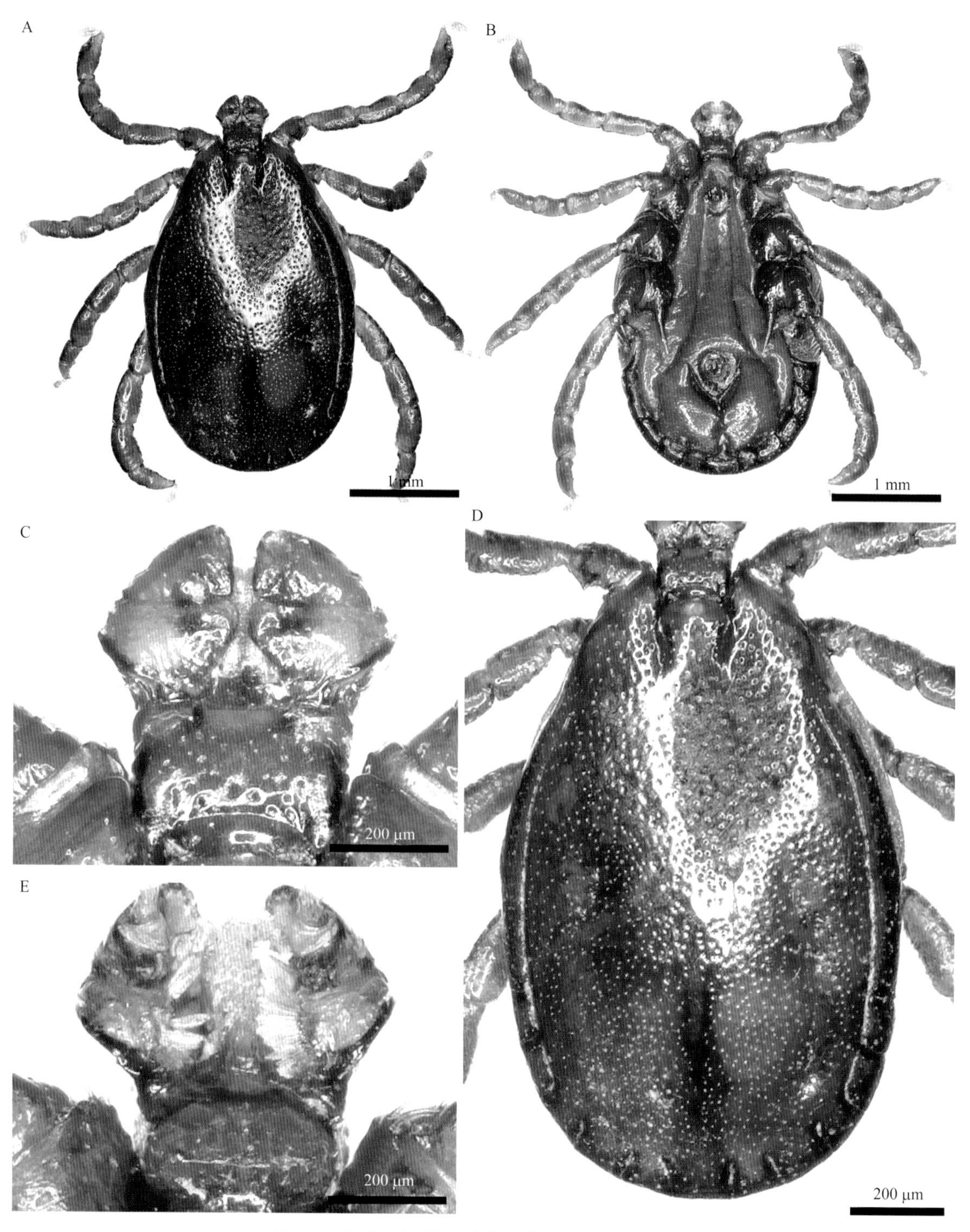

图 8-2　刻点血蜱雄蜱（拍摄者：陈泽，刘光远）

A. 背面；B. 腹面；C. 假头背面；D. 盾板；E. 假头腹面

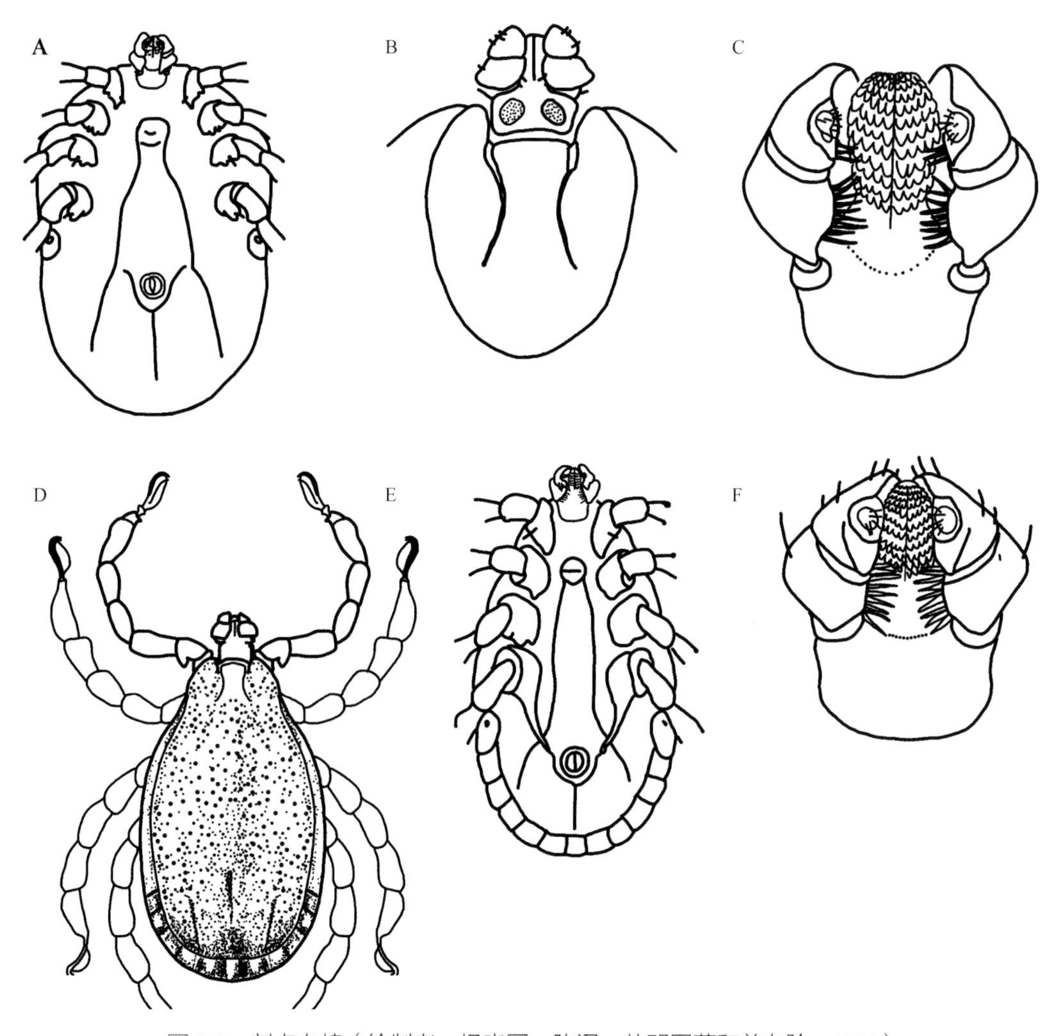

图 8-3 刻点血蜱（绘制者：杨晓军，陈泽；仿邓国藩和姜在阶，1991）
A. 雌蜱腹面；B. 雌蜱盾板；C. 雌蜱假头腹面；D. 雄蜱背面；E. 雄蜱腹面；F. 雄蜱假头腹面

假头短。假头基矩形，侧缘及后缘几乎直；基突缺如或粗短。须肢长大于宽，第Ⅱ节宽大于长，腹面内缘刚毛粗大而密；第Ⅲ节较第Ⅱ节短小，三角形，腹面的刺短小，其尖端不超过第Ⅱ节前缘。假头基腹面宽短，后缘浅弧形。口下板较须肢稍短，具 5/5 列齿，齿小。

足较粗壮。基节Ⅰ内距中等长；基节Ⅱ、Ⅲ内距粗短，约位于后缘中部；基节Ⅳ内距粗大，斜向外侧。爪垫长，将近达到爪端。

9 青海血蜱 *Haemaphysalis qinghaiensis* Teng, 1980

【关联序号】87.2.20（99.4.21）/617

【同物异名】无。

【宿主范围】成蜱多寄生于山羊、绵羊、黄牛、犏牛、马、骡、驴。幼蜱寄生于高原兔。

【地理分布】甘肃、宁夏、青海、四川、西藏、云南。

【形态结构】雌蜱饱血标本长约 10.5 mm（包括假头），宽约 6.8 mm。雄蜱体长 2.7～2.9 mm（包括假头），宽 1.5～1.6 mm。

假头短；假头基矩形，宽为长的 1.6～1.8 倍（包括基突），两侧缘平行，后缘在基突之间平直；雌蜱基突粗短，长小于其基部之宽，末端钝；雄蜱基突粗壮，长约等于其基部之宽，末端略钝。雌蜱孔区较大而深。须肢粗短，第Ⅲ节腹面的刺粗短而钝，末端约达或略超过该节后

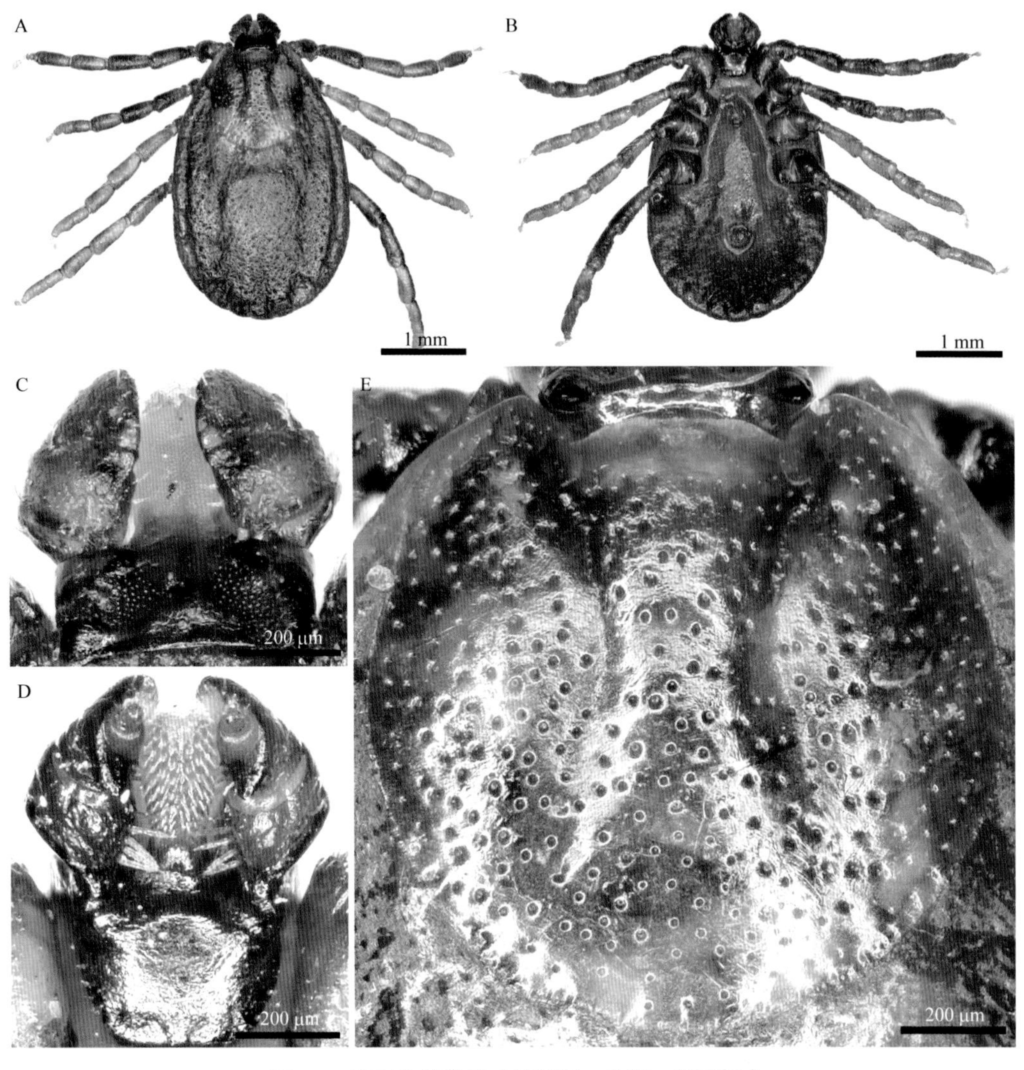

图 9-1 青海血蜱雌蜱（拍摄者：陈泽，刘光远）

A. 背面；B. 腹面；C. 假头背面；D. 假头腹面；E. 盾板

缘。口下板雌蜱齿式 4/4，雄蜱齿式 5/5。

雌蜱盾板亚圆形，覆盖身体前半部分，长约为宽的 1.1 倍。雄蜱盾板覆盖全身，长约为宽的 1.6 倍。足略微粗壮。基节Ⅰ内距锥形，长度适中，末端稍钝；基节Ⅱ～Ⅳ内距较基节Ⅰ的略粗短，其末端超出该节后缘。转节Ⅰ～Ⅳ腹面各具一短距，末端钝。各足跗节较粗，亚端部背缘略隆起，向末端斜窄，腹缘中段略隆出，末端有小齿。爪垫短，约及爪长的 1/2。

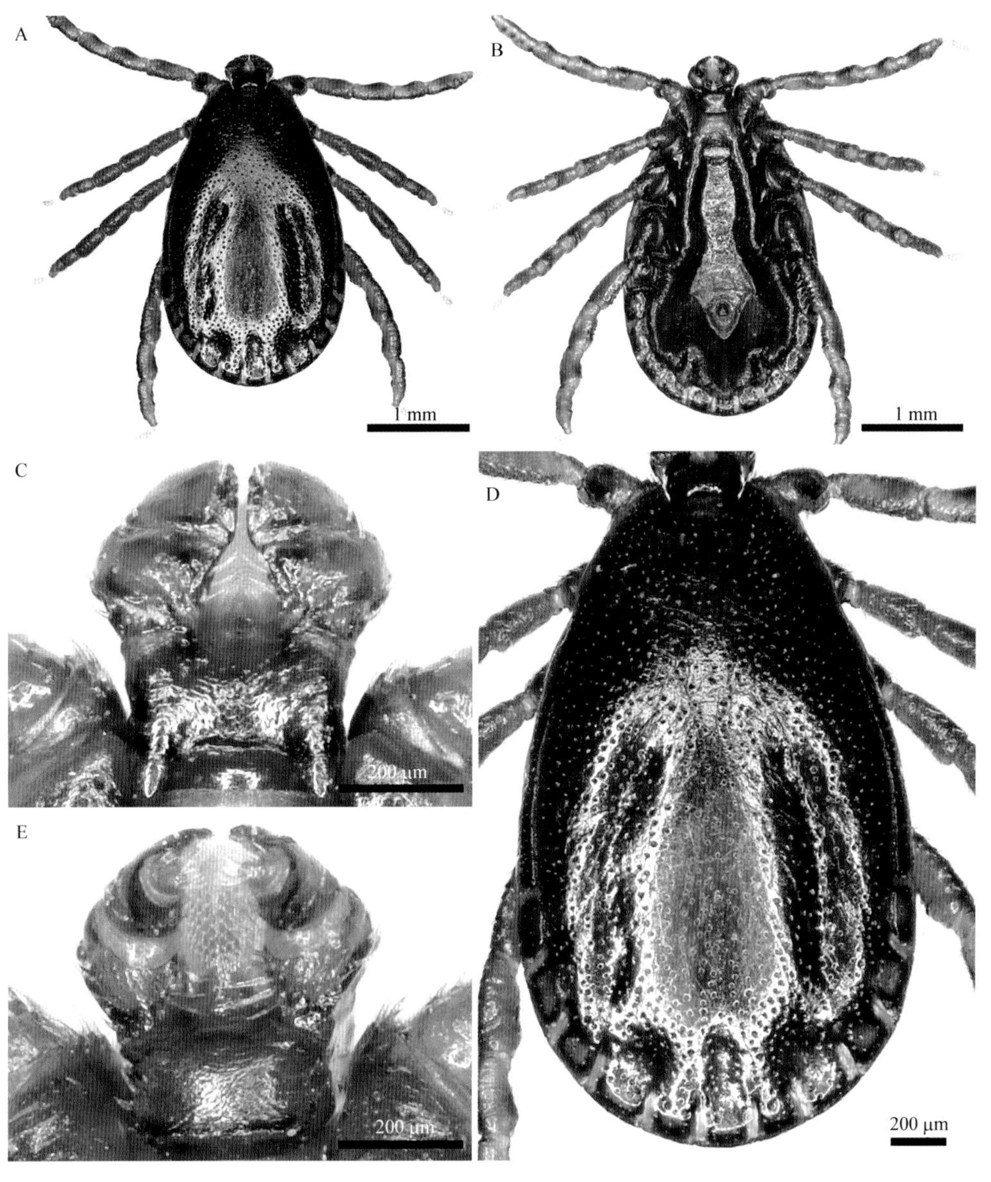

图 9-2　青海血蜱雄蜱（拍摄者：陈泽，刘光远）

A. 背面；B. 腹面；C. 假头背面；D. 盾板；E. 假头腹面

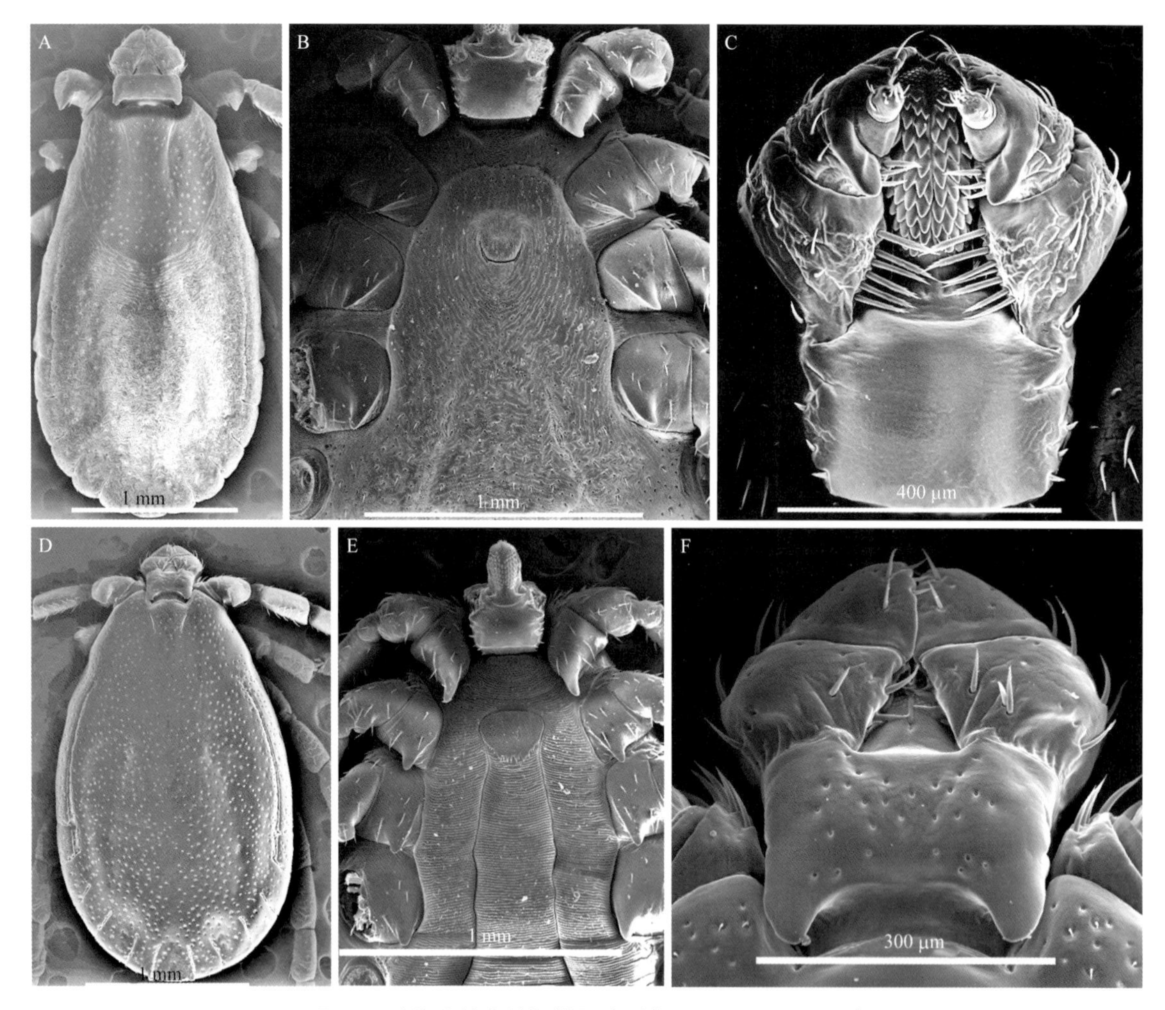

图 9-3 青海血蜱电镜扫描图（引自：Chen *et al.*, 2014）

A. 雌蜱背面；B. 雌蜱腹面；C. 雌蜱假头腹面；D. 雄蜱背面；E. 雄蜱腹面；F. 雄蜱假头背面

10 长须血蜱 *Haemaphysalis aponommoides* Warburton, 1913

【关联序号】87.2.1（99.4.1）/609

【同物异名】*H. inermis aponommoides*。

【宿主范围】牦牛 *Bos grunniens*、犏牛、黑熊。

【地理分布】西藏。

【形态结构】雌蜱长宽约 2.6 mm×1.7 mm。雄蜱长宽约 2.4 mm×1.5 mm。体淡褐色。假头基宽，侧缘弧形向外凸出，后缘平直；基突很宽短，不明显；孔区圆形。假头基腹面宽大。须肢长，棒状，外缘与内缘平行，前端圆钝；第Ⅰ节短小，背面和腹面的内缘各具刚毛 2 根；第Ⅲ腹面的刺付缺，雄蜱须肢粗短。口下板约与须肢等长，齿式雌蜱为 3/3，每列具齿约 8 枚，雄蜱为 2/2，每列具齿约 4 枚。

盾板卵圆形；肩突短钝。缘凹宽浅，颈沟几乎平行，较为宽浅，末端约达盾板中部。刻点有细有粗，分布较为稀疏；雄蜱粗细刻点分布稠密，缘垛 11 块。雌蜱生殖孔位于基节Ⅲ之间，雄蜱生殖帷位于基节Ⅱ之间，椭圆形。气门板逗点形，背突粗短，末端钝。

足粗细适中。基节Ⅰ内距粗短，末端稍钝，基节Ⅱ、Ⅲ内距宽三角形，末端略超出该节后缘，基节Ⅳ内距略窄长。转节Ⅰ背距粗大，末端稍钝；各转节腹距付缺。跗节亚端部逐渐收窄，腹缘端齿付缺。爪垫约达爪长的 2/3，雄蜱基节Ⅰ～Ⅲ内距略超出该节后缘，爪垫略超过爪长的 1/2。

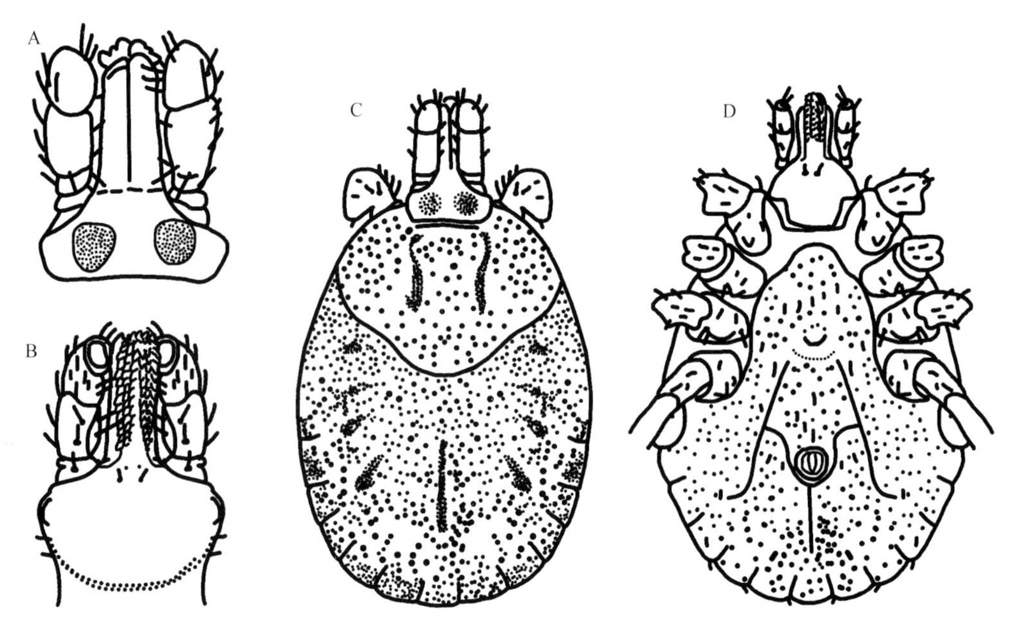

图 10 长须血蜱雌蜱（绘制者：杨晓军，陈泽；仿邓国藩和姜在阶，1991）
A. 假头背面观；B. 假头腹面观；C. 背面观；D. 腹面观

11 缅甸血蜱 *Haemaphysalis birmaniae* Supino, 1897

【关联序号】87.2.2（99.4.2）/610

【同物异名】无。

【宿主范围】赤麂 *Muntiacus muntjak*、扫尾豪猪 *Atherurus macrourus*、苏门羚 *Capricornis sumatraensis*、牦牛等偶蹄类。

【地理分布】台湾、云南。

【形态结构】雌蜱长宽约 2.1 mm×1.2 mm；雄蜱体长 1.9～2.1 mm，宽 1.2～1.3 mm。体浅褐黄色。

假头基宽，两侧缘平行，后缘直；基突相当粗短；孔区大而深，卵圆形，斜置，间距宽。

须肢粗短，后外角向外略凸出；第Ⅱ节宽约等于长，背面内缘刚毛 2 根，腹面内缘刚毛 3 根；第Ⅲ节宽胜于长，背面无刺，腹面的刺粗壮，末端超过第Ⅱ节前缘。假头基腹面宽阔。口下板较须肢稍短，前端较钝；齿式 4/4。

盾板雌蜱为亚圆形，雄蜱为卵圆形，前侧缘圆弧形，后侧缘向后收窄，后缘窄钝。颈沟短，前深后浅，约达盾板中部。刻点浅，粗细不匀，稀密适中，分布大致均匀。气门板卵圆形，背突粗短，雄蜱气门短逗点形，背突短小，末端窄钝。缘垛窄长而明显。

足长度和粗细适中。基节Ⅰ内距短锥形，末端钝，基节Ⅱ～Ⅳ内距较粗，三角形。转节腹距明显。跗节亚端部逐渐收窄，腹面端齿很小。爪垫大，将达到爪端。

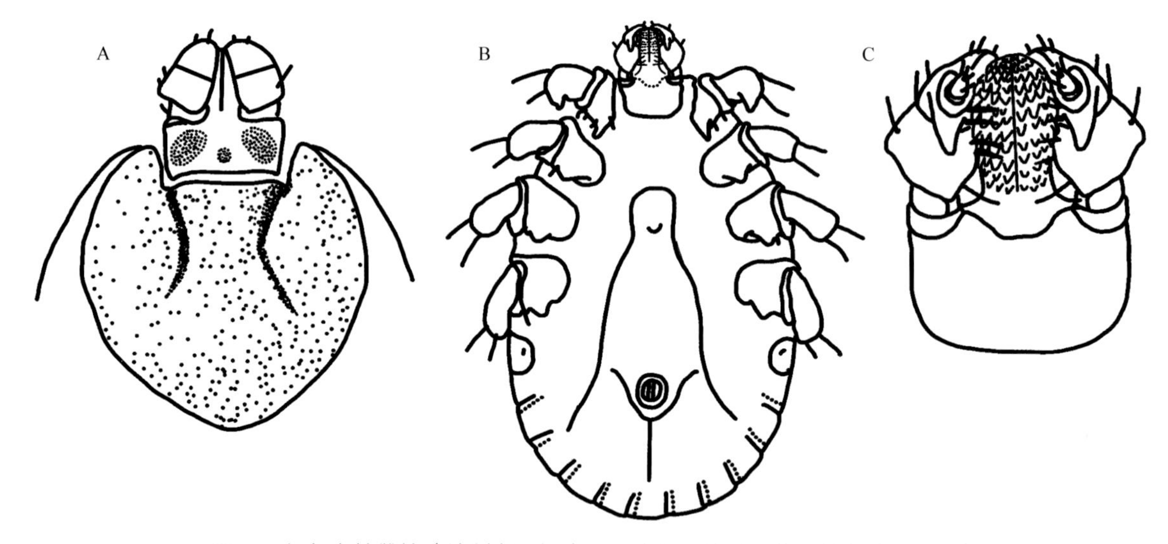

图 11　缅甸血蜱雌蜱（绘制者：杨晓军，陈泽；仿邓国藩和姜在阶，1991）

A. 假头及盾板背面观；B. 腹面观；C. 假头腹面

12 铃头血蜱 *Haemaphysalis campanulata* Warburton, 1908

【关联序号】(99.4.4)

【同物异名】*H. campanulata hoeppliana*。

【宿主范围】常寄生在犬上，在牛、马、鹿、猫、家鼠上也寄生。

【地理分布】北京、河北、黑龙江、湖北、江苏、内蒙古、山东、山西、四川。

【形态结构】雌蜱长宽约为 8.5 mm×5.8 mm，雄蜱长宽为 2.17 mm×1.44 mm～2.31 mm×1.33 mm，呈褐黄色。

假头基宽，基突粗短而钝。孔区大，卵圆形。假头其余部分呈铃形。须肢粗短，第Ⅱ节外侧显著凸出；第Ⅲ节腹刺粗短而钝，约达第Ⅱ节前缘。假头基腹面宽短，侧缘向后弧形收窄，后缘较直。口下板较须肢稍短；齿式 4/4，雌蜱每列约 9 枚齿，雄蜱为 8 枚，外侧的齿列最发达。

盾板为心形，亮褐色或黄色。刻点细而浅，不甚稠密。颈沟明显，外弧形；雄蜱盾板卵圆形，刻点细而稍密，大致均匀。颈沟深，浅外弧形。侧沟明显，缘垛窄长而明显。生殖孔大，位于基节Ⅱ之间。雌蜱气门板亚圆形，背突短小而不显著；雄蜱气门板短逗点形，背突窄短而钝。

足粗壮。基节Ⅰ～Ⅳ各具一粗短内距，各距均略向外斜，基节Ⅱ～Ⅳ内距位于后缘中部。各转节腹距很不明显。跗节Ⅳ亚端部显著斜窄，腹面末端的齿不明显。爪垫较小，不及爪长之半；雄蜱基节Ⅰ内距稍长而粗钝，爪垫中等大小，略超过爪长之半，其余类似雌蜱。

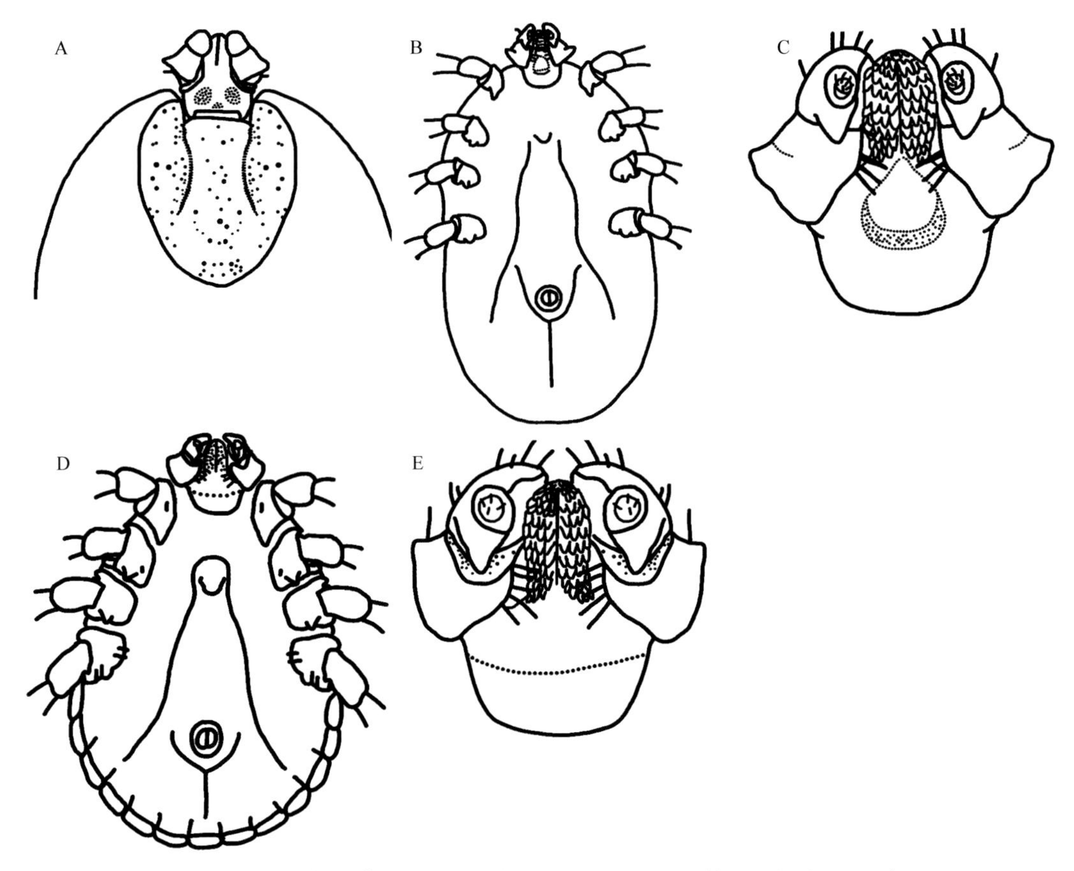

图 12　铃头血蜱（绘制者：杨晓军，陈泽；仿邓国藩和姜在阶，1991）

A．雌蜱背面；B．雌蜱腹面；C．雌蜱假头腹面；D．雄蜱腹面；E．假头腹面

13 嗜群血蜱 *Haemaphysalis concinna* Koch, 1844

【关联序号】87.2.6（99.4.6）/612

【同物异名】*H. concinna concinna*, *H. concinna kochi*, *H. kochi, Ixodes chelifer*。

【宿主范围】成蜱寄生于大型哺乳动物（包括有蹄类和食肉类）及人。幼蜱和若蜱寄生于小型哺乳类及鸟类。

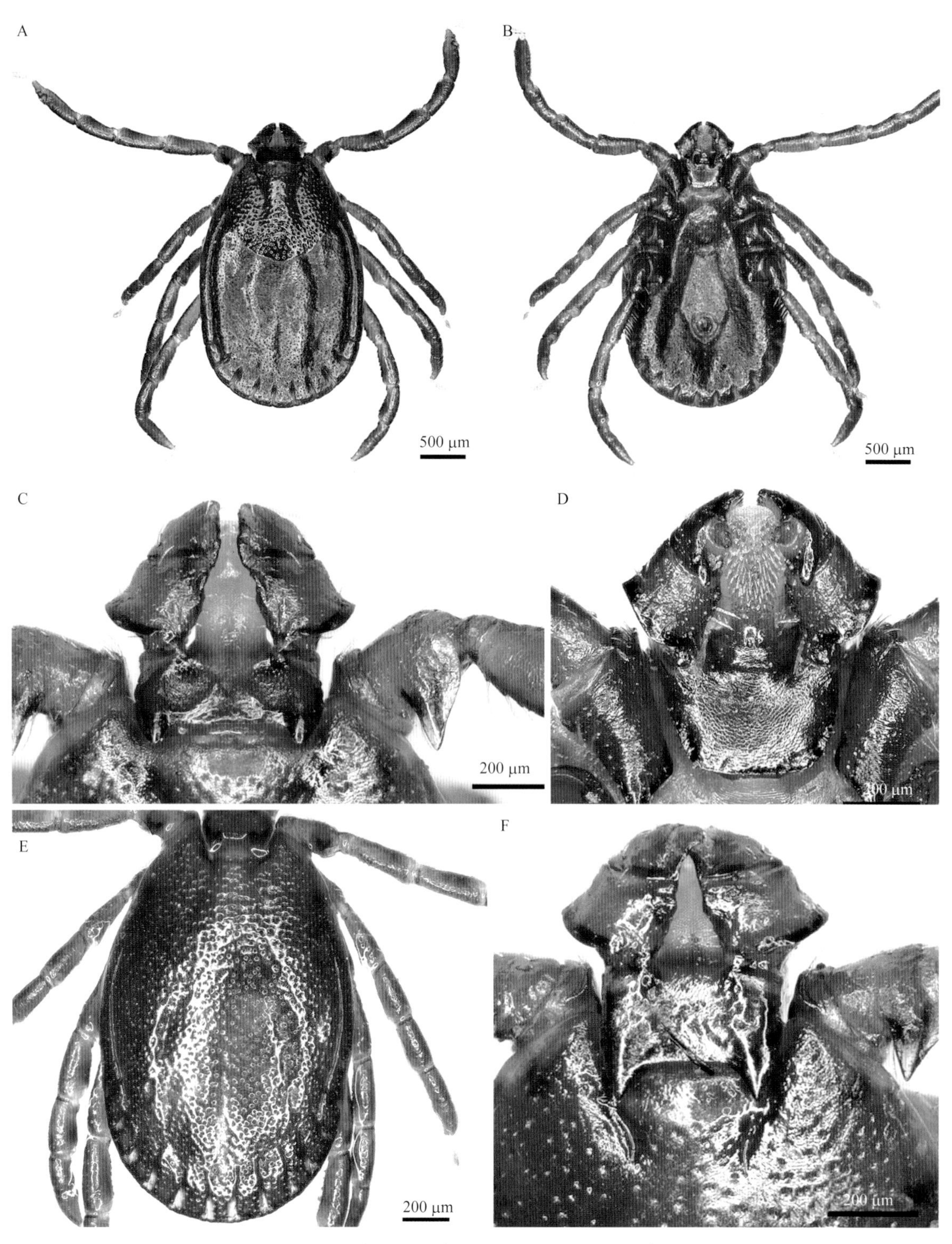

图 13 嗜群血蜱（拍摄者：陈泽，刘光远）

A．雌蜱背面观；B．雌蜱腹面观；C．雌蜱假头背面；D．雌蜱假头腹面；E．雄蜱盾板；F．雄蜱假头

【地理分布】甘肃、黑龙江、吉林、辽宁、内蒙古、新疆。

【形态结构】雌蜱长宽约 2.80 mm×1.75 mm，雄蜱长宽约 2.63 mm×1.58 mm，体黄褐色。

假头基宽短呈矩形，侧缘及后缘直。基突粗短，末端钝。孔区大而浅，亚圆形。须肢粗短，前窄后宽；第Ⅱ节宽稍大于长，第Ⅲ节宽短，三角形，腹面的刺粗短，末端约达第Ⅱ节前缘。假头基腹面宽短。口下板粗短；齿式 5/5，有时为 6/6（雄蜱）或 4/4，齿大小均匀。

盾板略呈圆形（雌蜱）或卵圆形（雄蜱），表面有光泽，刻点细而密，分布均匀。颈沟宽浅，外弧形，侧沟明显。气门板大，亚圆形（雌蜱）或近似椭圆形（雄蜱）。

雌蜱足粗细中等，雄蜱足长而壮。基节Ⅰ内距较长而尖；基节Ⅱ～Ⅳ内距粗短而钝，基节Ⅱ、Ⅲ内距位于后缘中部。各转节腹距短小，呈脊状。跗节Ⅳ亚端部逐渐细窄，腹面末端有一小齿。爪垫中等大小，约达爪长的 2/3。

14 豪猪血蜱 *Haemaphysalis hystricis* Supino, 1897

【关联序号】87.2.10（99.4.11）/613

【同物异名】*H. genevrayi, H. iwasakii, H. nishiyamai, H. tieni, H. trispinosa*。

【宿主范围】犬、水牛、野猪、猪獾、水鹿、小麂、豪猪、黄喉貂、虎、人。

【地理分布】福建、广东、台湾、云南。

【形态结构】雌蜱长宽约 3.4 mm×2.2 mm，体黄色或褐黄色；雄蜱长宽 2.7～3.2 mm×1.8～2.1 mm，体色浅黄或浅褐黄色。

假头基宽，呈矩形，基突粗短，末端钝。孔区小，卵圆形。须肢粗短，第Ⅱ节长宽约等，外缘浅凹，腹面后缘呈角状凸出；第Ⅲ后缘中部具一粗短的刺，末端稍钝，腹面的刺较窄长，

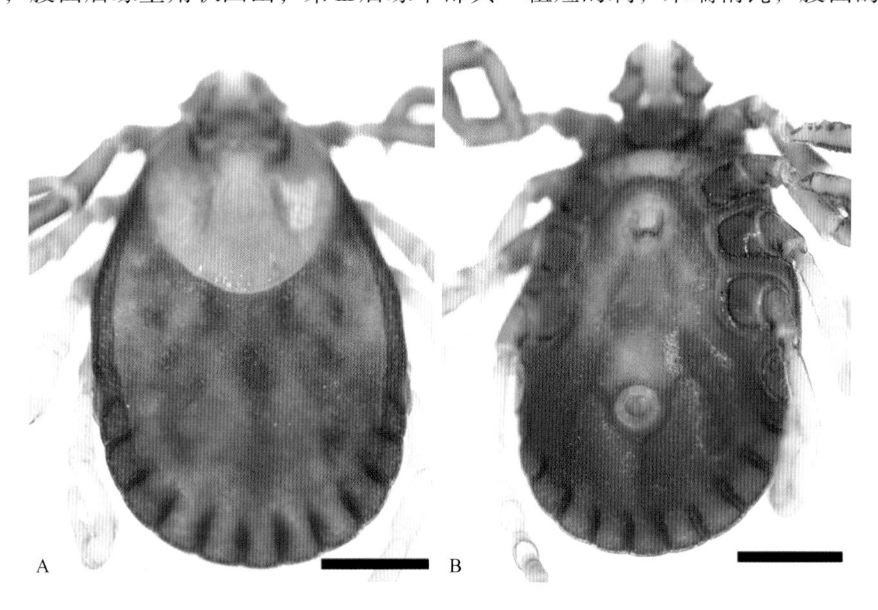

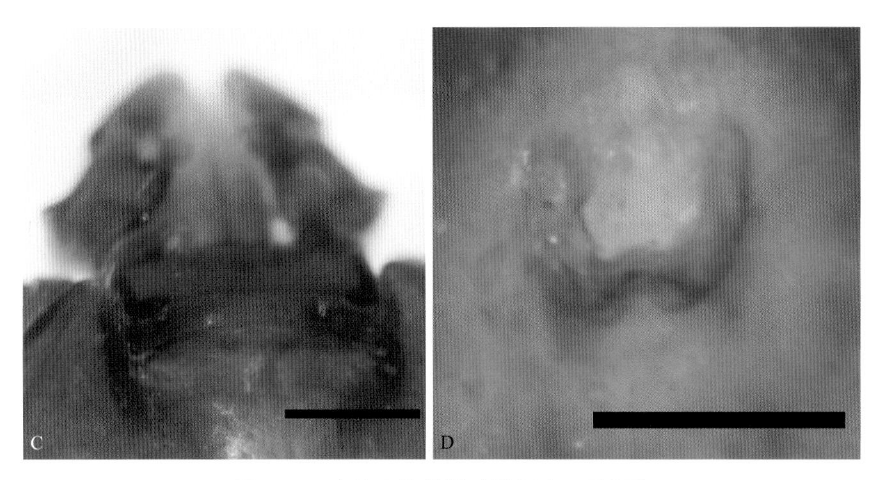

图 14-1　豪猪血蜱雌蜱（拍摄者：陈泽）

A．背面观；B．腹面观；C．假头背面；D．生殖孔；A，B 标尺为 0.5 mm；C，D 标尺为 0.25 mm

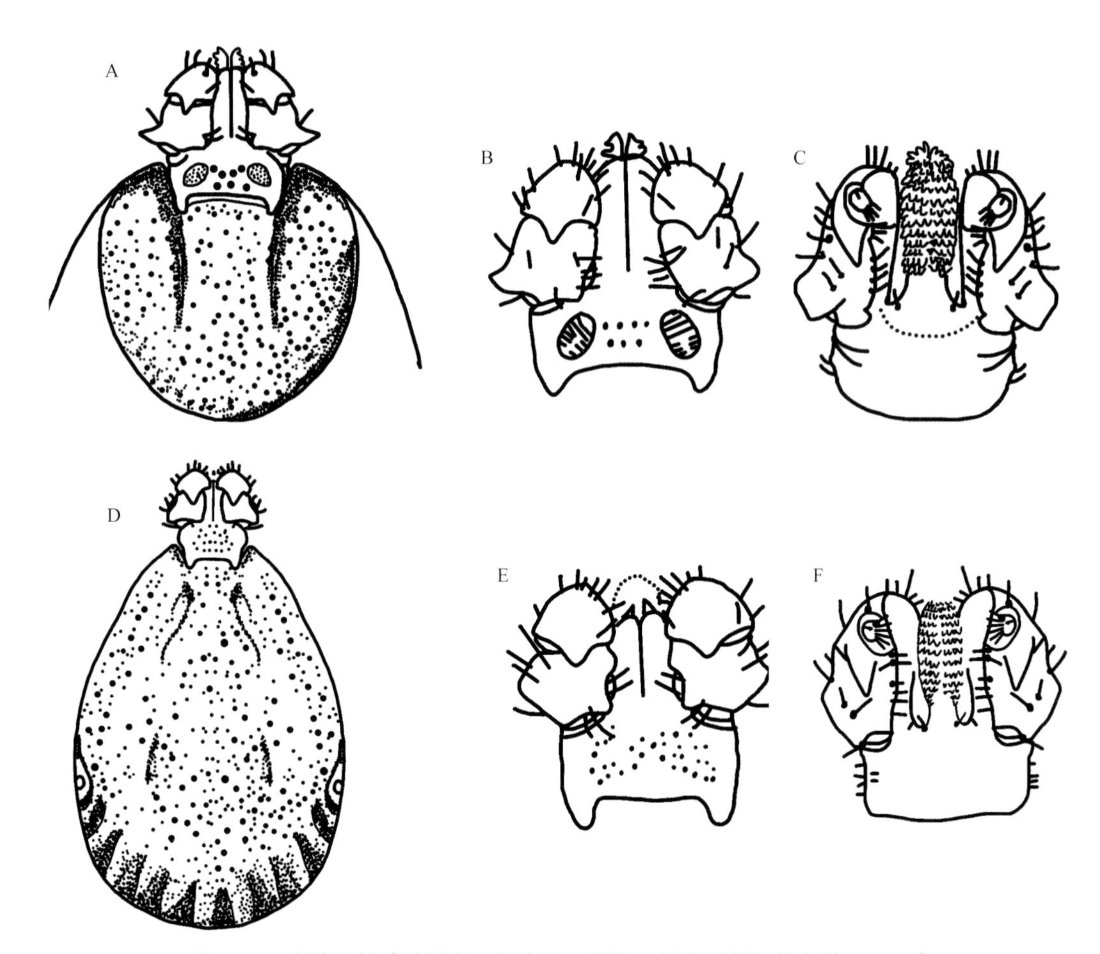

图 14-2　豪猪血蜱（绘制者：杨晓军，陈泽；仿邓国藩和姜在阶，1991）

A．雌蜱背面观；B．雌蜱假头背面；C．雌蜱假头腹面；D．雄蜱背面；E．雄蜱假头背面；F．雄蜱假头腹面

呈锥状。假头基腹面宽短。齿式 4/4，每列具 11～13 枚（雌蜱）或 8～9 枚（雄蜱）齿。

盾板亚圆形（雌蜱）或宽卵形（雄蜱）。颈沟呈浅外弧形，前端深陷。刻点少而浅，粗细不均，散布稀疏。气门板逗点形，背突短，向端部渐窄，末端钝。

足粗壮。基节Ⅰ内距中等长，末端钝；基节Ⅱ～Ⅳ内距粗短，三角形，大小约等。转节腹距短小，以转节Ⅰ、Ⅱ的腹距较明显。跗节亚端部逐渐细窄，腹面端齿很小。爪垫约达爪长的3/4。

15 日本血蜱 *Haemaphysalis japonica* Warburton, 1908

【关联序号】87.2.12（99.4.13）/614

【同物异名】*H. douglasi, H. japonica douglasi, H. japonica japonica, H. jezoensis*。

【宿主范围】成蜱寄生于马、山羊、牦牛、野猪等大型哺乳类动物。幼蜱和若蜱寄生于鸟类和啮齿类。

【地理分布】甘肃、河北、黑龙江、吉林、辽宁、宁夏、青海、山西、陕西。

【形态结构】雌蜱长宽 2.65～2.95 mm×1.61～1.84 mm；雄蜱长宽 2.38～2.52 mm×1.47～1.54 mm。体褐色。

假头基宽短，呈矩形；基突粗短而钝。孔区大，椭圆形。须肢粗短，第Ⅱ节后外角明显凸出，外缘浅凹；第Ⅲ节短，三角形，腹刺粗短。假头基腹面宽阔，后缘略弯。口下板短小；齿式 4/4（雌蜱）或 5/5（雄蜱），大小均一。

盾板黄褐色，有光泽；亚圆形（雌蜱）或卵圆形（雄蜱）。刻点小而明显，雌蜱分布均匀，雄蜱不甚均匀。颈沟宽浅，外弧形，末端约达盾板长的2/3。雄蜱颈沟短且深陷，侧沟细窄，缘垛明显，长稍大于宽。气门板大，短逗点形，背突圆钝。足粗细中等。基节Ⅰ内距呈锥形。

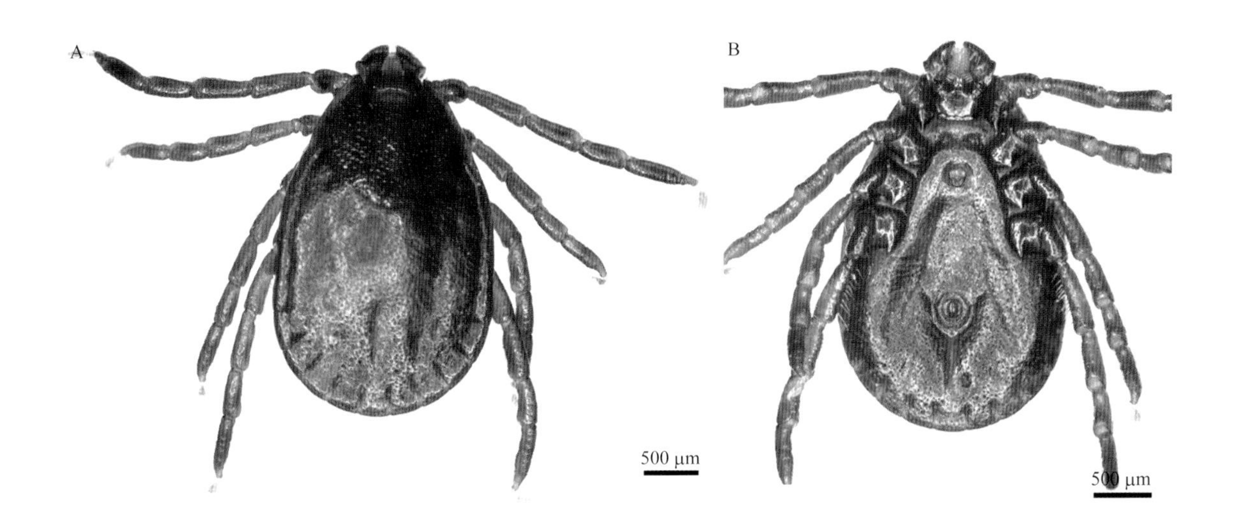

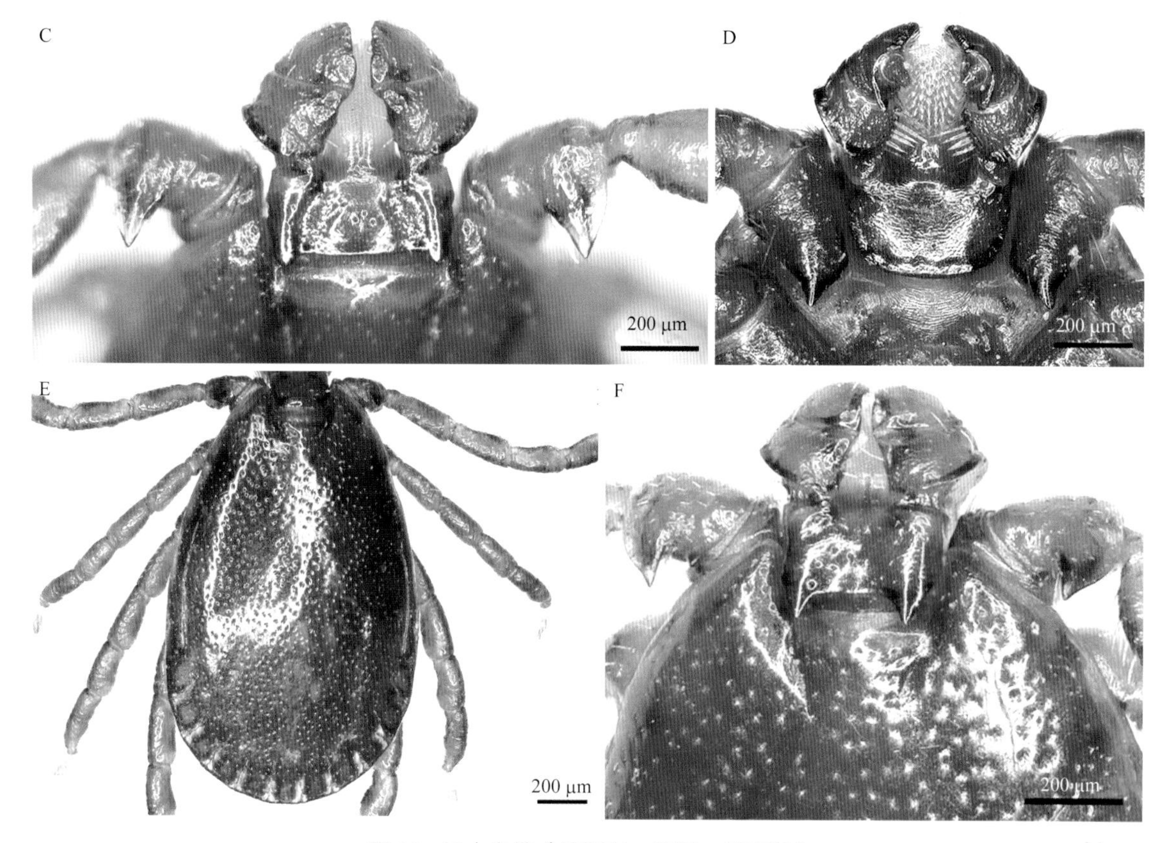

图 15　日本血蜱（拍摄者：陈泽，刘光远）
A．雌蜱背面；B．雌蜱腹面；C．雌蜱假头背面；D．雌蜱假头腹面；E．雄蜱背面；F．雄蜱假头背面

基节Ⅱ宽大于长（按躯体方向），基节Ⅲ长宽约等，基节Ⅳ长大于宽；各节内距较基节Ⅰ内距稍粗短。各转节腹距短小，呈脊状。跗节Ⅳ腹面末端具尖齿。雌蜱爪垫中等大小，约达爪长的2/3，雄蜱爪垫发达，将近达到爪端。

1.3　革蜱属

Dermacentor Koch, 1844

【形态结构】盾板珐琅斑明显，呈图案花纹。肛沟围绕肛门之后。假头基矩形，宽大于长。须肢粗短，眼扁平，有 11 个缘垛。口下板压舌板状或两侧缘近平行。眼明显，位于盾板侧缘。基节Ⅰ有 2 距，分叉明显，距裂深，较基节Ⅱ～Ⅳ的距大，转节Ⅰ背面后缘距较发达，呈三角形，气门板近卵圆形或逗点形。雄性腹面无几丁质板。

16 草原革蜱 *Dermacentor nuttalli* Olenev, 1929

【关联序号】87.3.7（99.3.7）/620

【同物异名】无。

【宿主范围】成蜱主要寄生于家畜如牛、马、骆驼、绵羊、山羊、犬等，有时也侵袭人；幼蜱和若蜱寄生于啮齿动物和小型兽类，如黑线仓鼠、草原黄鼠、蒙古兔、艾鼬等。

【地理分布】北京、甘肃、河北、黑龙江、吉林、辽宁、内蒙古、宁夏、青海、陕西、新疆。

【形态结构】雌蜱长宽约 5.6 mm×3.4 mm；雄蜱长宽约 6.2 mm×4.4 mm，体卵圆形。

假头基矩形，后缘平直；基突很短或不明显；孔区卵圆形，间距小于其短径。须肢粗短，外缘弧度大，背、腹面均无刺，雄蜱仅在第Ⅱ节背面后缘有细小的刺。口下板齿式雌蜱前段为 4/4，后段为 3/3；雄蜱齿式为 3/3。

盾板大，似长圆的多角形，长略胜于宽；珐琅彩浓厚，覆盖盾板大部分表面，雄蜱较浅，在前侧部及中部色彩较浓，靠近缘垛极不明显。粗细刻点混杂，分布大致均匀。眼圆形，略微凸出；位于盾板侧缘。生殖孔有翼状突。气门板椭圆形（雌蜱）或逗点形（雄蜱），背突极短而钝，其背缘无几丁质粗厚部。

足粗细中等，雌蜱在除跗节外的各节背面有珐琅彩，雄蜱类似，但基节背面无。基节Ⅰ外距略微长于内距；基节Ⅱ～Ⅳ外距约等长，基节Ⅳ外距末端不超出该节后缘。转节Ⅰ背距短钝。胫节Ⅳ、后跗节Ⅳ和跗节Ⅳ腹面各有 3 对小齿；跗节Ⅳ末端有一尖齿。雄蜱基节Ⅰ外距短

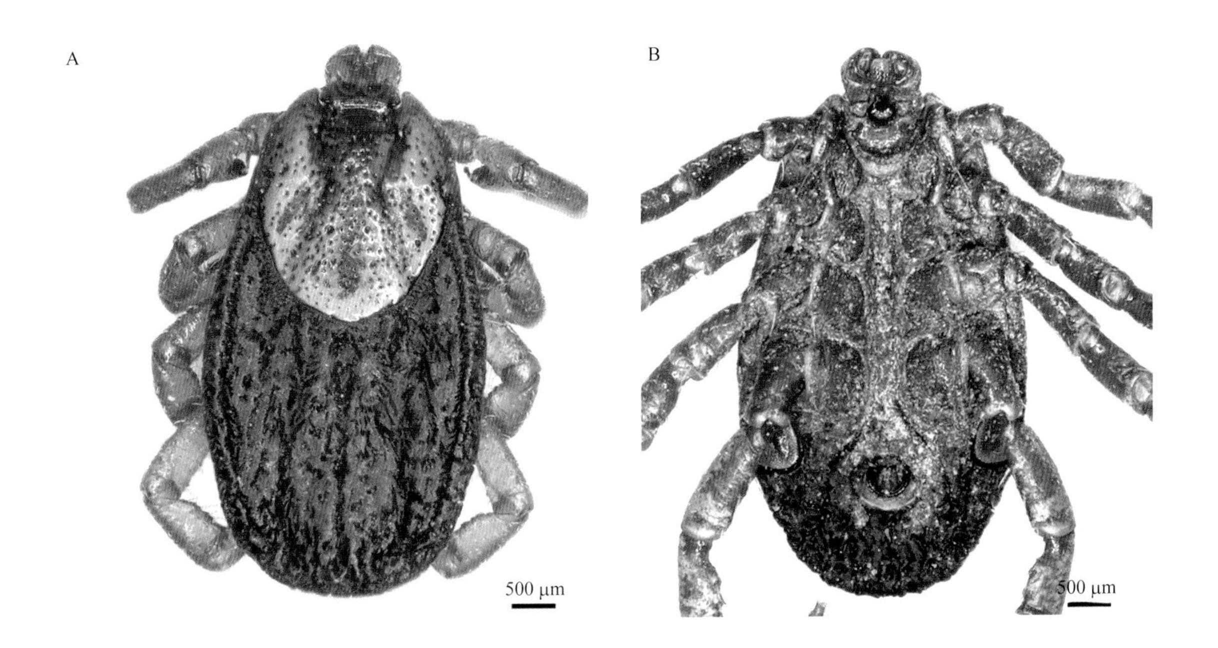

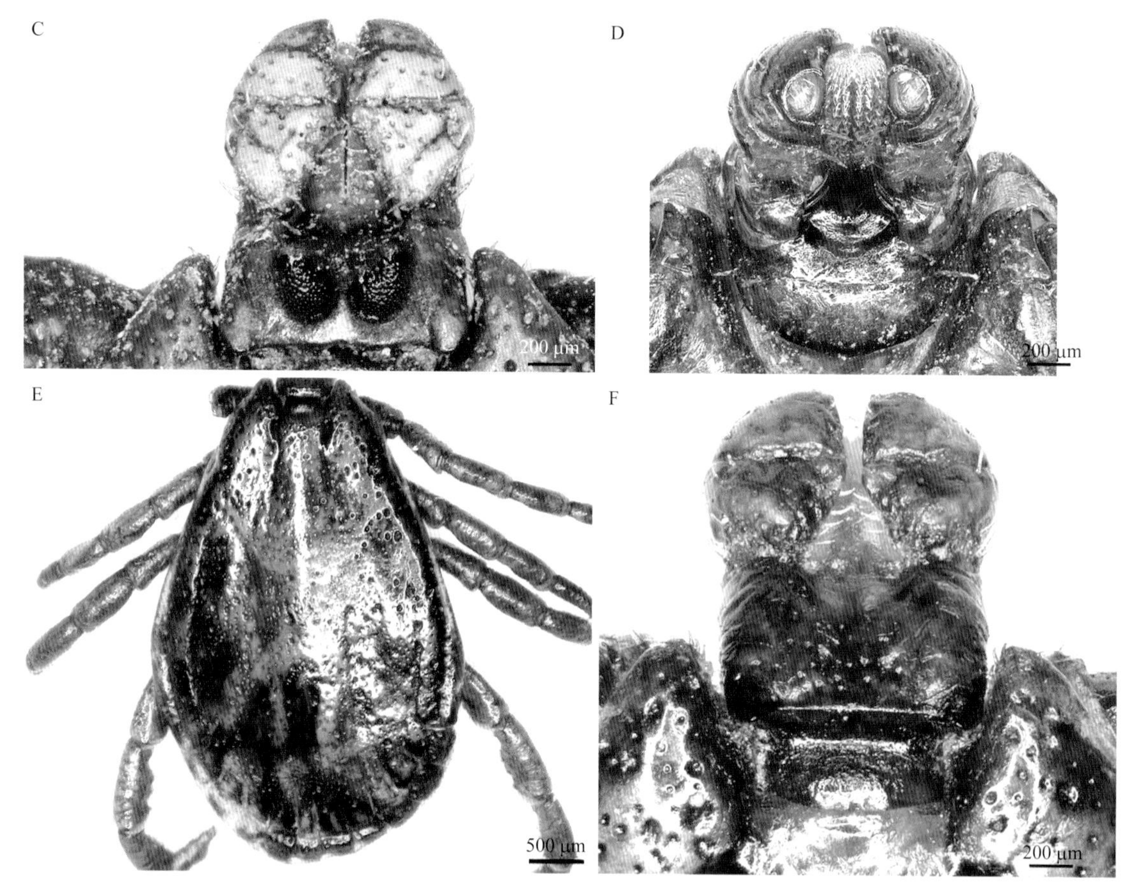

图16 草原革蜱（拍摄者：陈泽，刘光远）

A. 雌蜱背面；B. 雌蜱腹面；C. 雌蜱假头背面；D. 雌蜱假头腹面；E. 雄蜱背面；F. 雄蜱假头背面

于或等于内距之长，转节Ⅰ～Ⅲ腹面各有一细小的距。

17 胫距革蜱 *Dermacentor pavlovskyi* Olenev, 1927

【关联序号】(99.3.8)

【同物异名】*Cynorhaestes pavlovskyi*。

【宿主范围】成蜱寄生于绵羊、山羊、牛、马、骆驼。幼蜱和若蜱寄生于野兔、啮齿类。

【地理分布】新疆。

【形态结构】雌蜱长 4.0～5.0 mm，雄蜱长宽 3.0～4.3 mm×2.2～2.8 mm，体卵圆形。

假头基矩形，后缘平直；雌蜱基突很短或不明显，雄蜱基突强大；孔区亚圆形，间距约等于其长径。须肢粗短，外缘弧度大，背、腹面均无刺，雄蜱仅在第Ⅱ节背面后缘有细小的刺。口下板齿式 3/3。

雌蜱近圆形，长稍大于宽；珐琅彩浓厚，覆盖盾板大部分表面，雄蜱珐琅彩相当明显，侧缘的彩斑自肩突延伸至第Ⅰ缘垛前缘，后部2对彩斑与缘垛连接。粗细刻点混杂，分布大致均匀。眼圆形，略微凸出，位于盾板侧缘。生殖孔无翼状突。气门板逗点形，背突窄短，其背缘无几丁质粗厚部。

足背面有珐琅彩。基节Ⅰ外距较内距稍长，其基部粗壮，末端尖窄。基节Ⅱ、Ⅲ有外距和短小内距；基节Ⅳ只有外距，其末端超出该节后缘。转节Ⅰ背距发达，末端尖细。转节Ⅰ～Ⅲ有

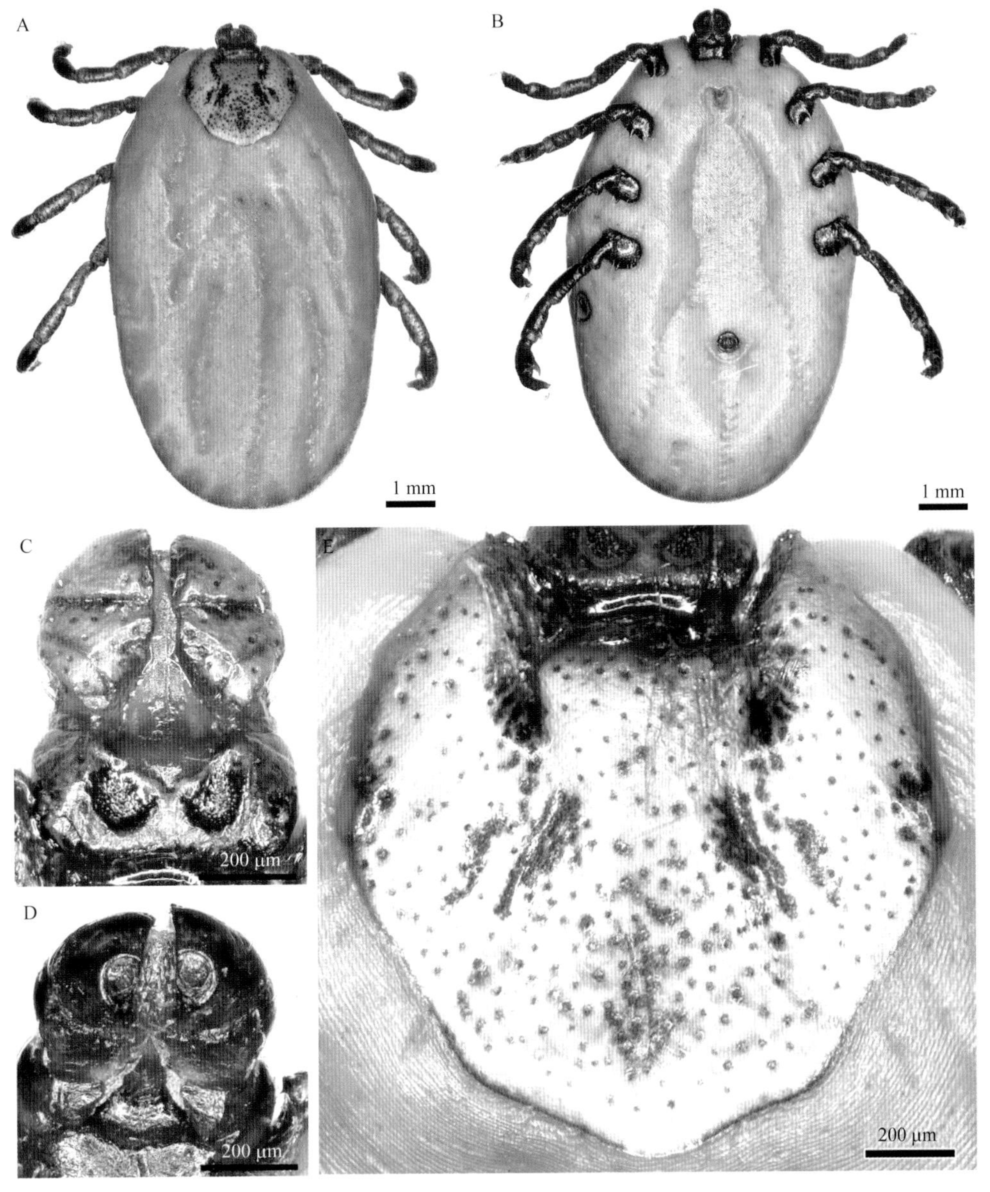

图 17-1　胫距革蜱雌蜱（拍摄者：陈泽，刘光远）
A. 背面；B. 腹面；C. 假头背面；D. 假头腹面；E. 盾板

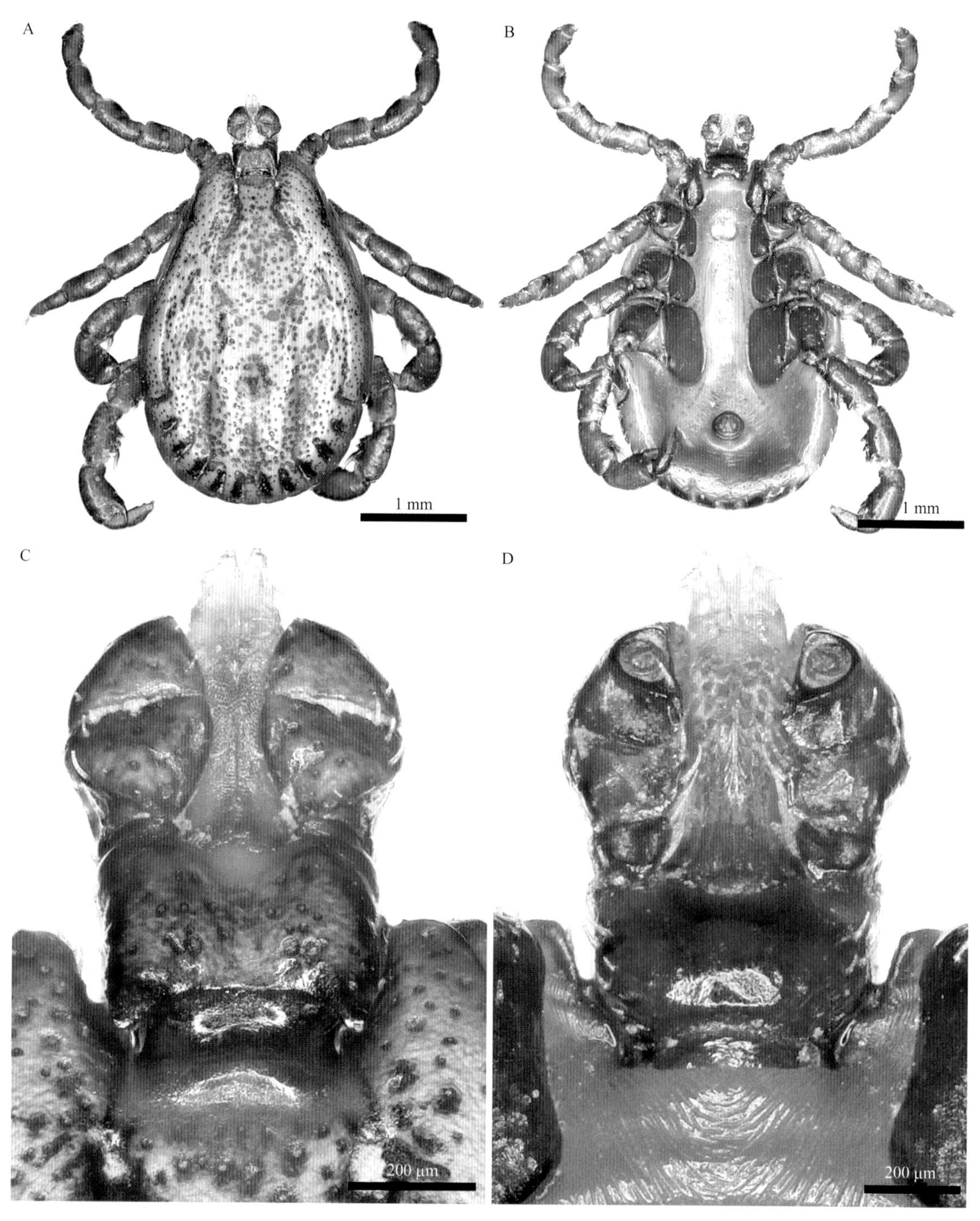

图 17-2　胫距革蜱雄蜱（拍摄者：陈泽，刘光远）

A. 背面；B. 腹面；C. 假头背面；D. 假头腹面

短小的腹距。足Ⅱ～Ⅳ胫节和后跗节端部各有一强大的腹距。雄蜱足与雌蜱足相似，但较雌蜱足强大。

18 网纹革蜱 *Dermacentor reticulatus* Fabricius, 1794

【关联序号】（99.3.9）

【同物异名】*Acarus reticulatus, Cynorhaestes pictus, D. ferrugineus, D. pictus, D. reticulatus reticulatus, Ixodes pictus, I. reticulatus*。

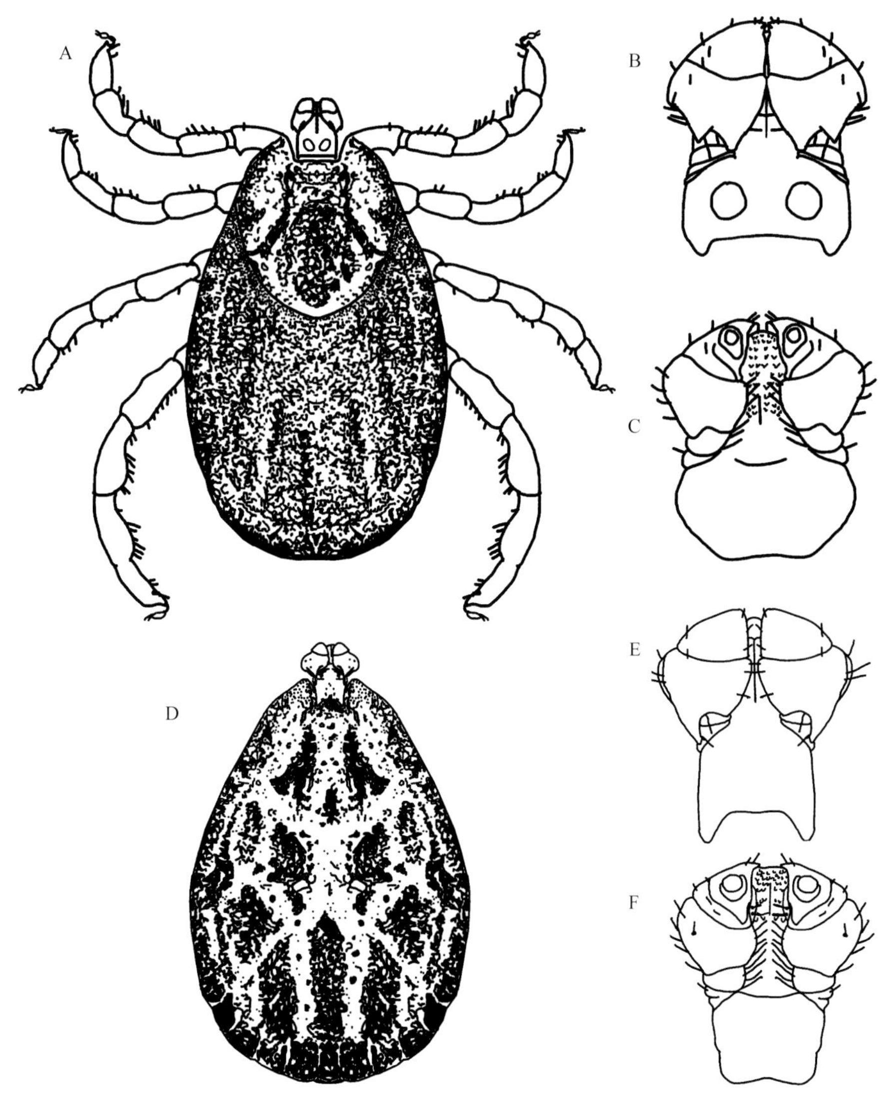

图 18 网纹革蜱（绘制者：杨晓军，陈泽；仿邓国藩和姜在阶，1991）

A. 雌蜱背面；B. 雌蜱假头背面；C. 雌蜱假头腹面；D. 雄蜱背面；E. 雄蜱假头背面；F. 雄蜱假头腹面

【宿主范围】成蜱寄生于牛、马、绵羊、犬等家畜及野猪、鹿、狐、野兔、刺猬等野生动物。幼蜱和若蜱寄生于啮齿类和食虫类。

【地理分布】新疆。

【形态结构】雌蜱长宽约 3.4 mm×2.2 mm，雄蜱长宽约 3.2 mm×2.0 mm，体卵圆形，盾板、假头及足珐琅彩明显。

假头基矩形，基突较长，末端窄钝。孔区大，圆形或近圆形。须肢短粗；第Ⅱ节背面后缘有明显的三角形刺；第Ⅲ节宽短，三角形，雄蜱第Ⅲ节腹面的刺短小。口下板齿式前段为 4/4，后段为 3/3。

盾板卵圆形，表面珐琅彩较少，在后中区及其两侧及眼附近有褐斑。颈沟短，卵形深陷，刻点有粗细两种，细者浅平，粗者较少。雄蜱珐琅彩明显，颈沟深，侧沟浅，不与缘垛相连。缘垛明显，盾板上珐琅彩延伸至亚中部和最外的 2 个缘垛。生殖孔无翼状突。气门板大，近卵形或长卵圆形，背突宽短，末端钝。

足中等大小，基节Ⅰ外距较内距稍短，末端细窄；基节Ⅱ、Ⅲ外距三角形，中等长，末端稍尖；基节Ⅳ外距粗短，末端稍钝，超过该节后缘。转节Ⅰ背距显著凸出，末端尖细。跗节短，近端部背面显著变窄，腹面末端有小齿。

19 森林革蜱 *Dermacentor silvarum* Olenev, 1931

【关联序号】87.3.10（99.3.10）/621

【同物异名】*Cynorhaestes silvarum, D. asiaticus, D. silvarum ablutus*。

【宿主范围】成蜱寄生于牛、马、山羊、绵羊、猪等家畜和野生动物，也侵袭人。幼蜱寄生于松鼠、花鼠、黑线姬鼠等啮齿类及刺猬等小型野生动物，偶见于鸟类。

【地理分布】北京、甘肃、河北、黑龙江、吉林、辽宁、内蒙古、宁夏、山西、陕西、新疆。

【形态结构】雌蜱长宽 0.44～0.62 mm×0.28～0.40 mm，雄蜱长宽约 4.5 mm×2.9 mm。

假头短，假头基矩形；基突粗短而钝；孔区小，卵圆形。须肢粗短，外缘圆弧形；第Ⅱ节宽略胜于长，后缘背刺不明显；第Ⅲ节近直角三角形，前靠内侧细窄。口下板齿式前段为 4/4，以后为 3/3，雄蜱齿式为 3/3。

盾板略近圆形或卵圆形。眼略凸出。珐琅彩覆盖盾板大部分表面，前部颈沟之间珐琅彩很淡，颈沟周围及其后方留下 2 对明显的条状褐斑；雄蜱表面珐琅彩不明亮，后部 2 对彩斑后伸与缘垛连接。表面粗、细刻点混杂，分布较为稠密。颈沟很短，深陷。侧沟浅，夹杂有粗、细刻点，缘垛明显。生殖孔有翼状突。气门板逗点形。

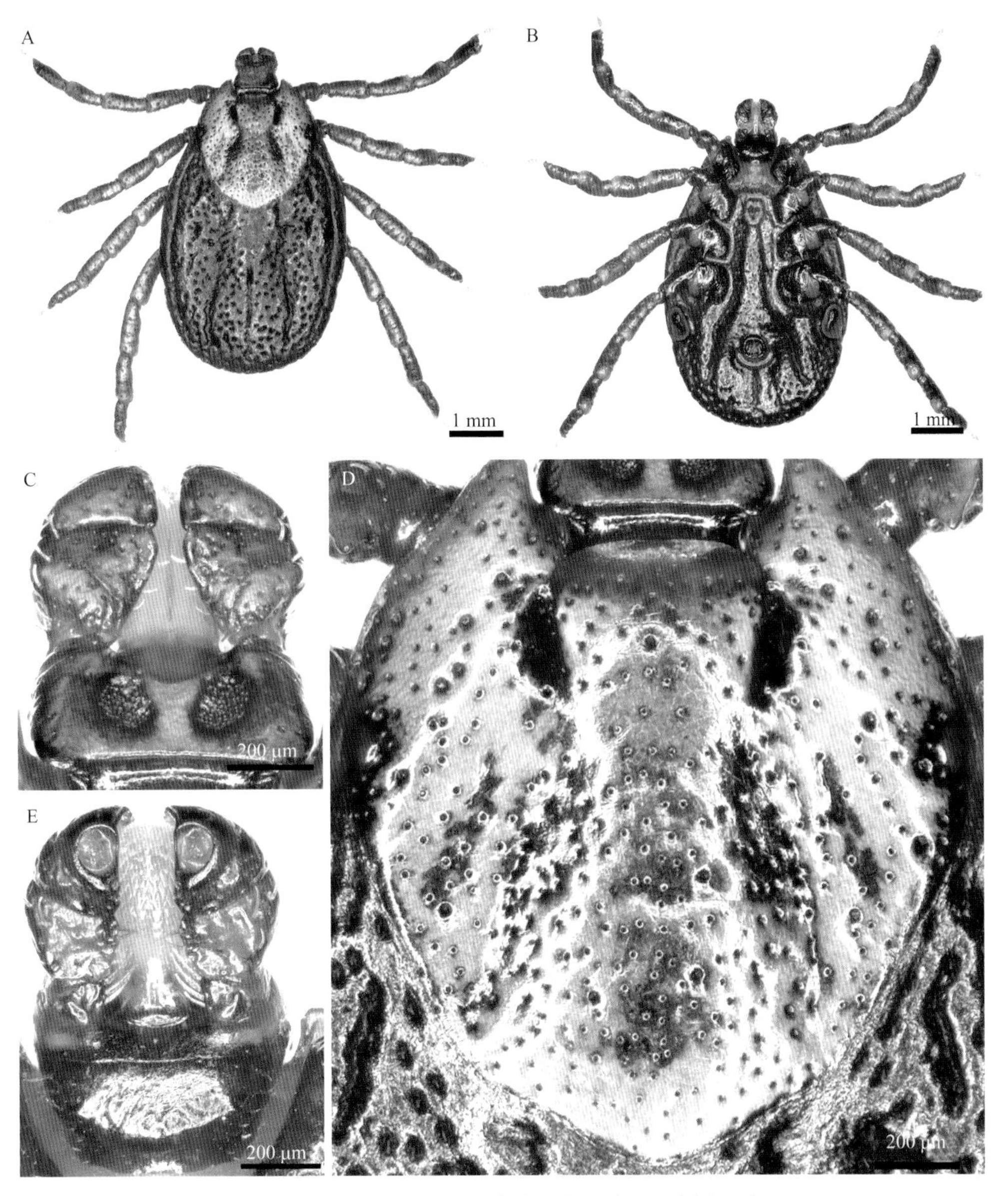

图 19-1 森林革蜱雌蜱（拍摄者：陈泽，刘光远）
A. 背面；B. 腹面；C. 假头背面；D. 盾板；E. 假头腹面

足粗细中等或强大。基节Ⅰ内距宽；外距逐渐细窄，较内距稍长。基节Ⅱ～Ⅳ外距发达，尖锥形。转节Ⅰ背距显著凸出，末端尖细。跗节Ⅰ腹面末端有一小齿。跗节Ⅳ略微细短；腹面末端的小齿明显。

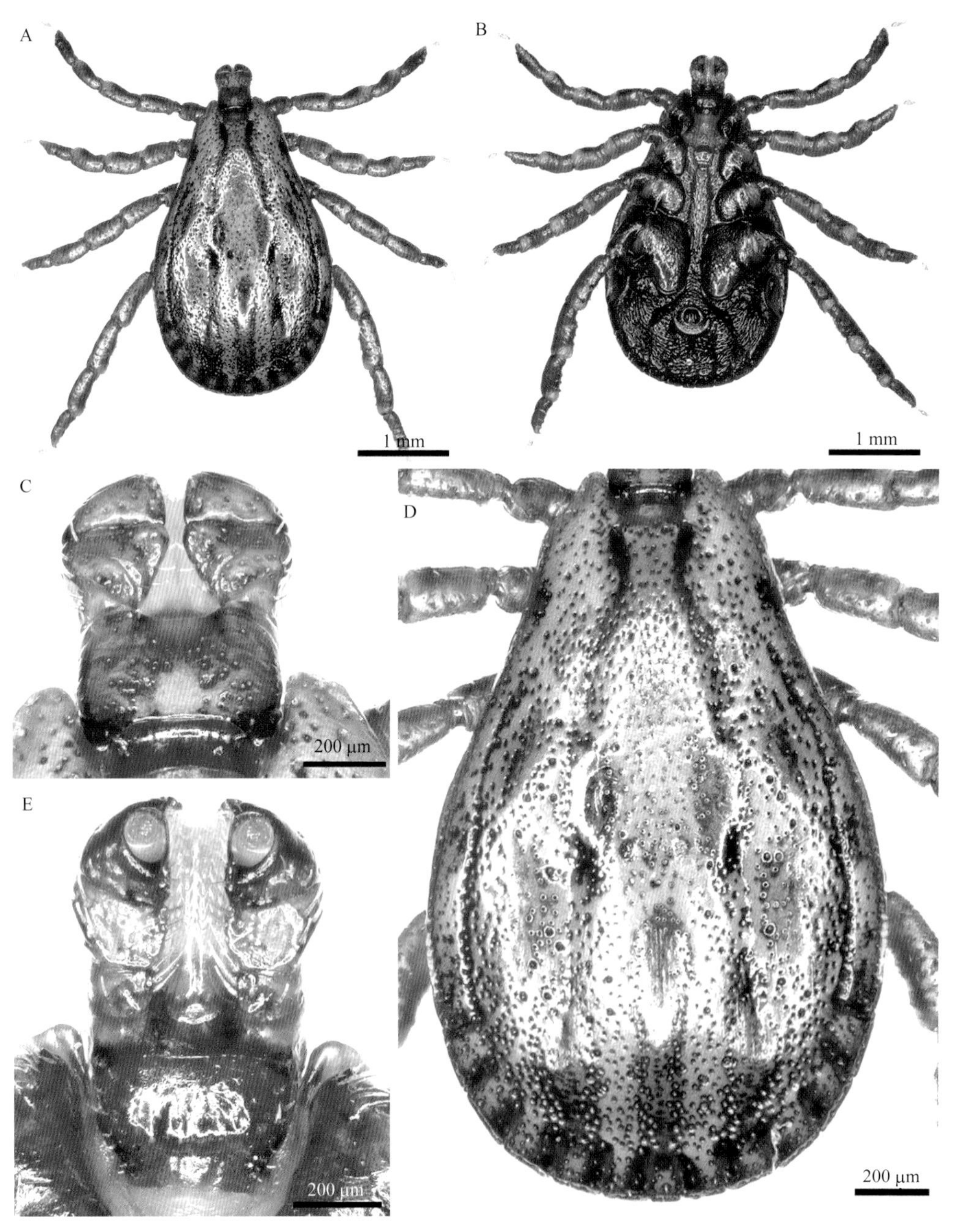

图 19-2　森林革蜱雄蜱（拍摄者：陈泽，刘光远）

A. 背面；B. 腹面；C. 假头背面；D. 盾板；E. 假头腹面

20 中华革蜱　*Dermacentor sinicus* Schulze, 1931

【关联序号】（99.3.11）

【同物异名】*D. sinicus pallidior, D. sinicus sinicus*。

【宿主范围】成蜱寄生于马、骡、牛、骆驼、山羊、绵羊、犬等家畜。幼蜱和若蜱主要寄生于刺猬及啮齿类等小野生动物。

【地理分布】北京、河北、黑龙江、吉林、辽宁、内蒙古、山东、山西、新疆。

【形态结构】雌蜱长宽达 13.5 mm×9.5 mm。

假头基宽短，呈矩形，基突缺如或不明显；表面扁平无刻点。孔区深陷，卵圆形。须肢略长，外缘弧度浅，不明显凸出；第Ⅱ节后缘背脊窄；第Ⅲ节近圆锥形，前端圆钝。口下板齿式前段为 4/4，以后为 3/3。

盾板略似盾形。表面珐琅彩不浓，在中部两颈沟之间及后方相当浅淡，沿盾板前侧缘及眼周围也出现底色褐斑。刻点粗细不一，靠近边缘细的居多，在中部的较粗而密。颈沟明显，深陷。生殖孔无翼状突。气门板逗点形，背突明显伸出，末端钝。

足粗细中等，除跗节外各节背面有浅的珐琅彩。基节Ⅰ距裂劈口状，外距端部向外微弯，较内距稍长。基节Ⅱ～Ⅳ外距发达，呈锥状。转节Ⅰ背距明显，末端尖窄。足Ⅳ胫节、后跗节及跗节腹面的齿突不明显，足端腹面有一小齿。

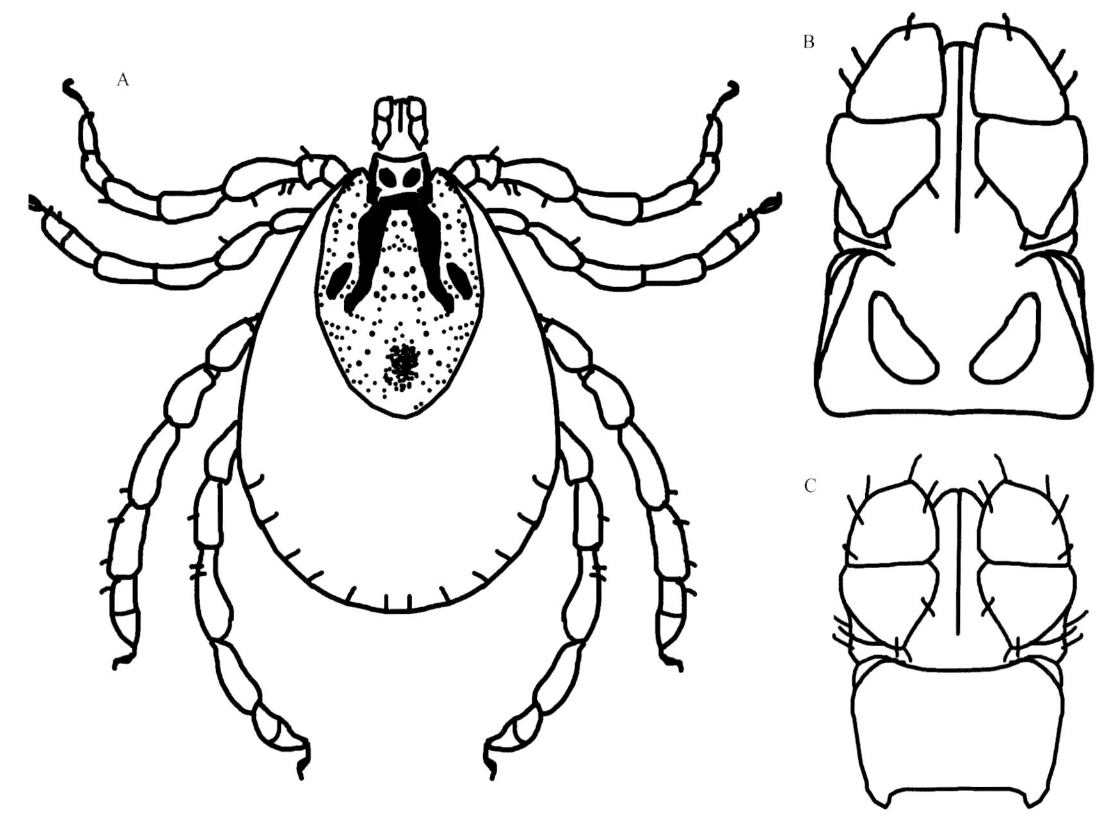

图 20 中华革蜱（绘制者：杨晓军，陈泽；仿邓国藩和姜在阶，1991）

A. 雌蜱背面观；B. 雌蜱假头；C. 雄蜱假头

1.4 扇头蜱属

Rhipicephalus Koch, 1844

【形态结构】体色单一，无色斑；具眼，缘垛明显或付缺，一般有 11 个缘垛；肛沟围绕在肛门之后。假头基六角形；须肢短而尖削；雄蜱具肛侧板，一般也具副肛侧板，或具尾突；基节Ⅰ分叉，距裂深；转节Ⅰ有背距 1 个，呈三角形，较为宽钝；气门板逗点形或长逗点形。

21 微小扇头蜱（微小牛蜱）

***Rhipicephalus* (*Boophilus*) *microplus* (Canestrini, 1887)**

【关联序号】87.4.1（99.2.1）/622

【同物异名】*Boophilus annulatus argentinus, B. annulatus australis, B. annulatus caudatus, B. annulatus microplus, B. argentinus, B. australis, B. caudatus, B. cyclops, B. distans, B. microplus, B. microplus annulatus, B. minningi, B. sharifi, Haemaphysalis micropla, Margaropus annulatus argentinus, M. annulatus australis, M. annulatus caudatus, M. annulatus mexicanus, M. annulatus microplus, M. argentinus, M. australis, M. caudatus, M. micropla, M. microplus, Palpoboophilus brachyuris, P. minningi, Rhipicephalus annulatus argentinus, R. annulatus australis, R. annulatus caudatus, R. annulatus microplus, R. argentinus, R. caudatus, R. sharifi, Uroboophilus australis, U. caudatus, U. cyclops, U. distans, U. indicus, U. microplus*。

【宿主范围】黄牛、奶牛、水牛、牦牛、犏牛、绵羊、山羊、马、驴、猪、犬、猫等家畜，水鹿、青羊、野兔等野生动物上也有寄生，有时也侵袭人。

【地理分布】安徽、北京、福建、甘肃、广东、广西、贵州、海南、河北、河南、湖北、湖南、江苏、江西、辽宁、山东、山西、陕西、上海、四川、台湾、西藏、云南、浙江。

【形态结构】雌蜱长宽为 2.1～2.7 mm×1.1～1.5 mm，雄蜱体小，长宽为 1.9～2.4 mm×1.1～1.4 mm。

假头宽，假头基六角形，前侧缘直，后侧缘浅凹；基突付缺或很粗短；孔区大，卵圆形，向前显著外斜。须肢很粗短，雌蜱第Ⅱ节内缘中部略现缺刻，向侧方延成短沟，雄蜱腹面后内角向后凸出，呈钝突状。口下板齿式 4/4，每纵列有 8～9 枚齿。

盾板长胜于宽，略呈五边形，雄蜱较窄，黄褐色或浅赤褐色。刻点付缺或稀少。颈沟浅而宽，末端达盾板后侧缘或前 1/3（雄蜱）。肩突粗大而长。缘凹深。眼小，卵圆形。侧沟及缘垛付缺。雄蜱后中沟较宽而深；后侧沟深，略呈窄三角形，尾突明显，肛侧板长，后缘内角向后

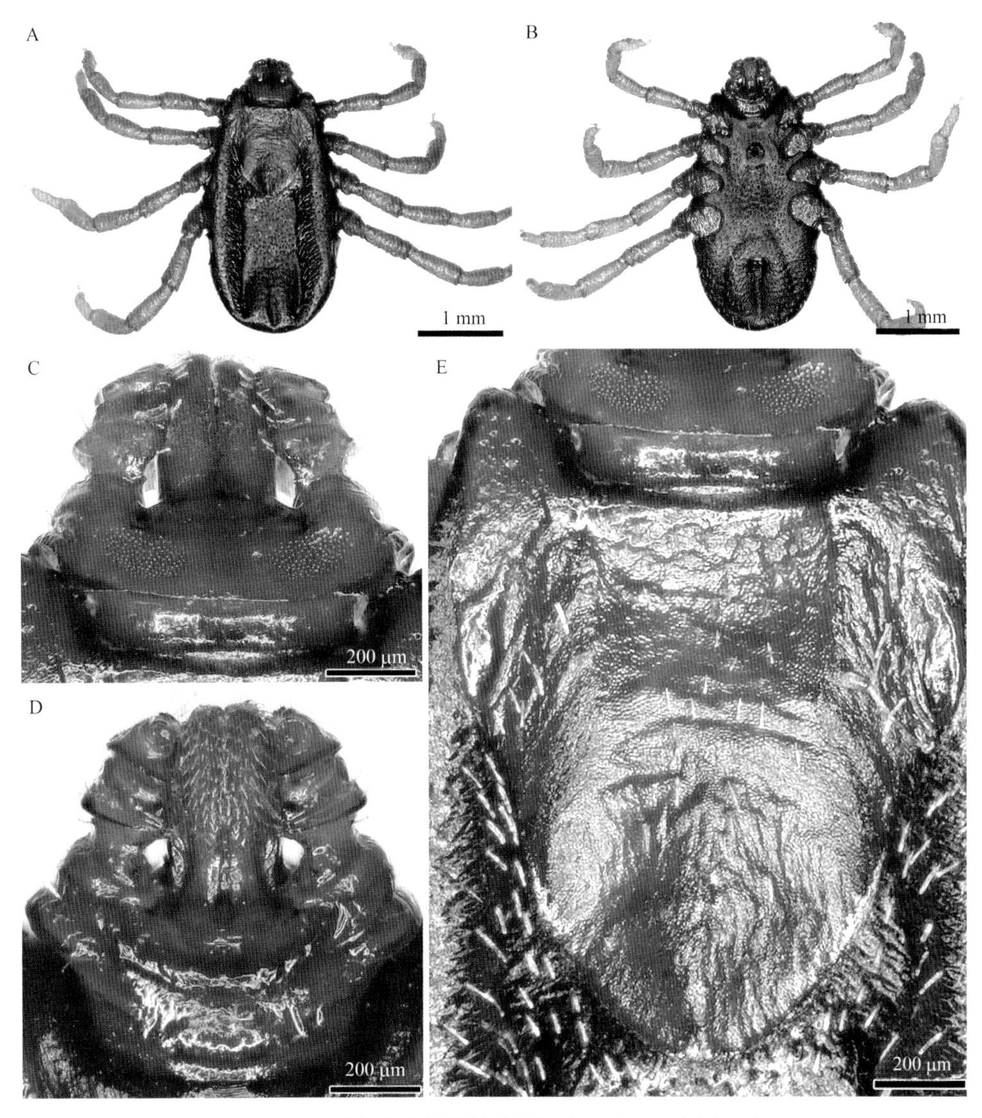

图 21-1　微小扇头蜱雌蜱（拍摄者：陈泽，刘光远）

A. 背面；B. 腹面；C. 假头背面；D. 假头腹面；E. 盾板

伸出成刺突。气门板长圆形。

足长中等。基节Ⅰ具粗短 2 距，大小约等；基节Ⅱ、Ⅲ外距相当粗短，宽显著大于长，内距更为粗短。基节Ⅳ外距不明显，内距缺如。跗节Ⅰ长而粗，腹面末端有一齿突。跗节Ⅱ～Ⅳ较细长，末端及亚末端各具一小齿突，末端的较细长。爪垫短，不及爪长之半。

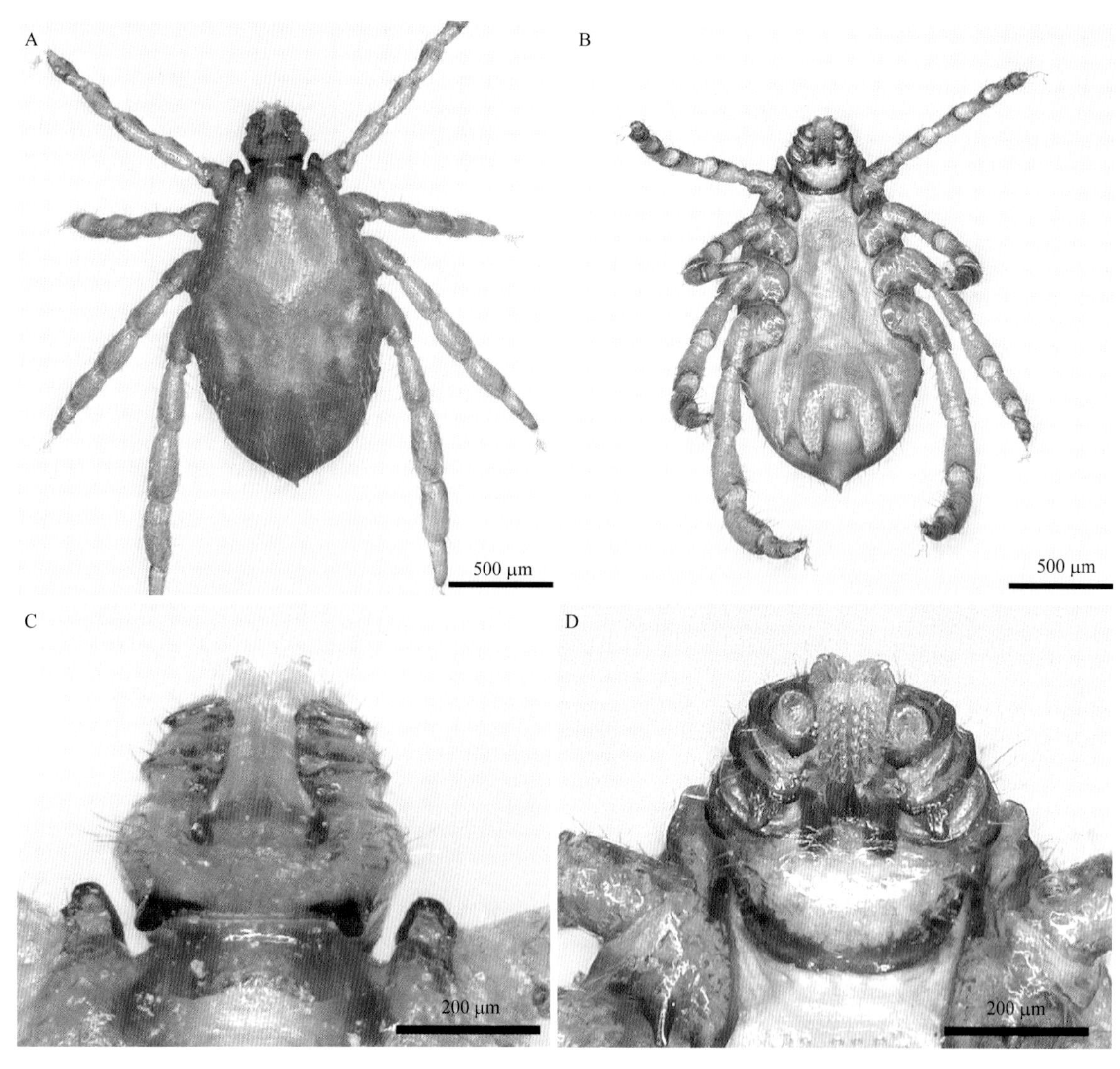

图 21-2 微小扇头蜱雄蜱（拍摄者：杨晓军，陈泽）
A. 背面；B. 腹面；C. 假头背面；D. 假头腹面

22 镰形扇头蜱 *Rhipicephalus haemaphysaloides* Supino, 1897

【关联序号】87.5.2（99.7.2）/623

【同物异名】*R. expeditus, R. haemaphysaloides expedita, R. haemaphysaloides expeditus, R. haemaphysaloides haemaphysaloides, R. haemaphysaloides niger, R. haemaphysaloides ruber, R. ruber*。

【宿主范围】绵羊、山羊、水牛、黄牛、驴、犬、猪及野猪、麅、狼、黑熊、水鹿、野兔等野生动物，有时也侵袭人。

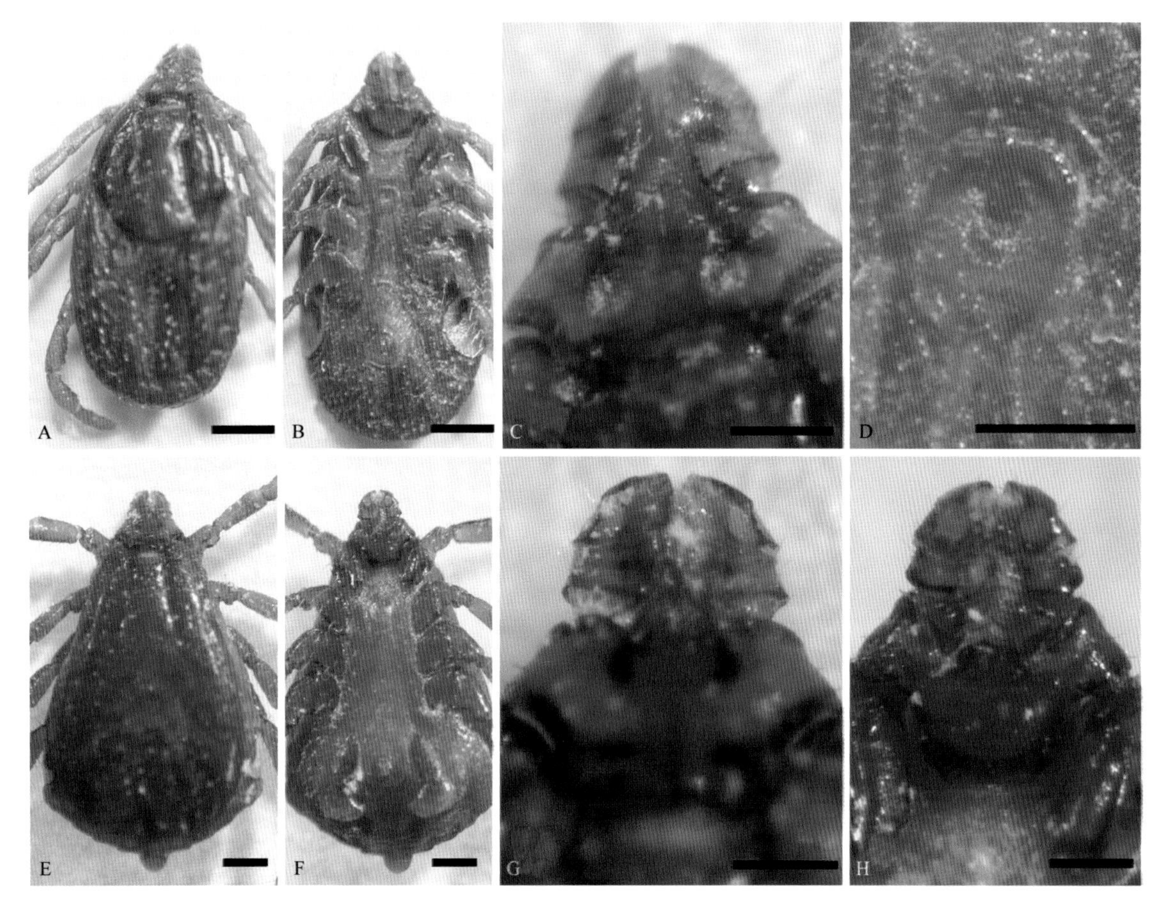

图 22-1 镰形扇头蜱（拍摄者：陈泽，刘光远）

A. 雌蜱背面；B. 雌蜱腹面；C. 雌蜱假头背面；D. 雌蜱生殖孔；E. 雄蜱背面；F. 雄蜱腹面；G. 雄蜱假头背面；H. 雄蜱假头腹面；A，B，E，F 标尺为 0.5 mm；C，D，G，H 标尺为 0.25 mm

【地理分布】安徽、福建、广东、贵州、海南、湖北、江苏、江西、台湾、西藏、云南、浙江。

【形态结构】雌蜱长宽为 3.4～3.9 mm×1.9～2.2 mm，雄蜱长宽为 3.1～3.7 mm×1.9～2.2 mm。

假头基宽短，六角形；基突粗短而钝，雄蜱稍尖；孔区呈直立卵形。须肢粗短，中部稍宽，前端略窄而平钝；第Ⅰ、第Ⅱ节腹面内缘具粗毛，排列紧密。口下板短，齿式 3/3，每纵列 9～11 枚齿。

盾板卵圆形，赤褐色，有时暗褐色。粗刻点少，细刻点多而浅，分布零散。颈沟前部深陷，内弧形，末端将达盾板边缘。侧沟明显。眼大，长卵形（雌蜱）或卵圆形（雄蜱）。雄蜱肛侧板镰刀形，副肛侧板短小；气门板逗点形，背突粗短。

足粗细均匀，稍粗壮。基节Ⅰ外距直；基节Ⅱ～Ⅳ有粗短外距。跗节Ⅱ～Ⅳ腹面末端和亚末端各具一齿突。爪垫约及爪长之半。

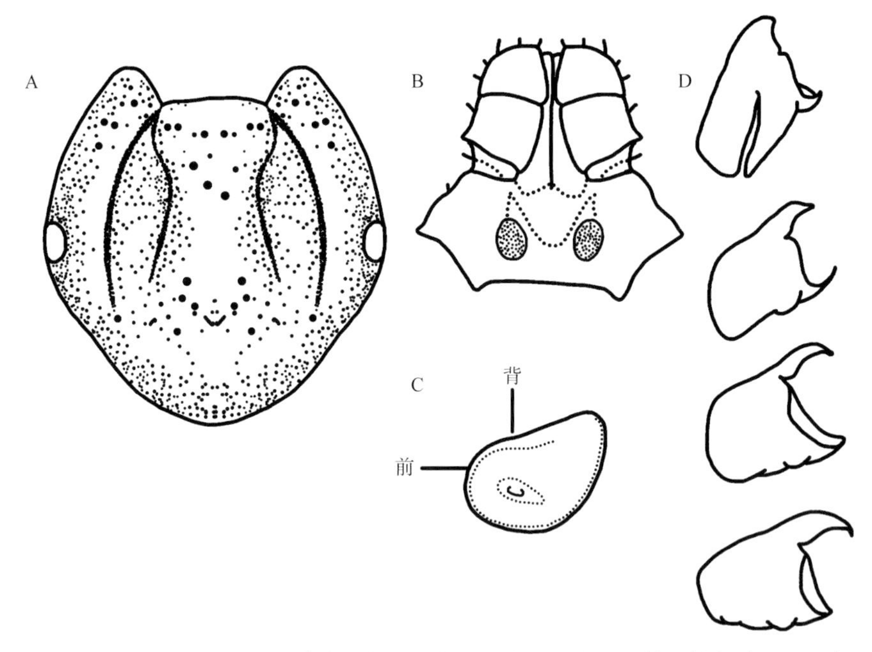

图 22-2 镰形扇头蜱雌蜱（绘制者：杨晓军，陈泽；仿邓国藩和姜在阶，1991）

A. 盾板；B. 假头背面；C. 气门板；D. 基节

23 短小扇头蜱 *Rhipicephalus pumilio* Schulze, 1935

【关联序号】87.5.3（99.7.3）/624

【同物异名】无。

【宿主范围】成蜱寄生于塔里木兔及大耳猬，也在绵羊、山羊、牛、驴、双峰驼、犬等家畜和鹅喉羚、狼、艾鼬、大沙鼠等野生动物上寄生。若蜱和幼蜱主要寄生于小型哺乳动物。

【地理分布】内蒙古、新疆。

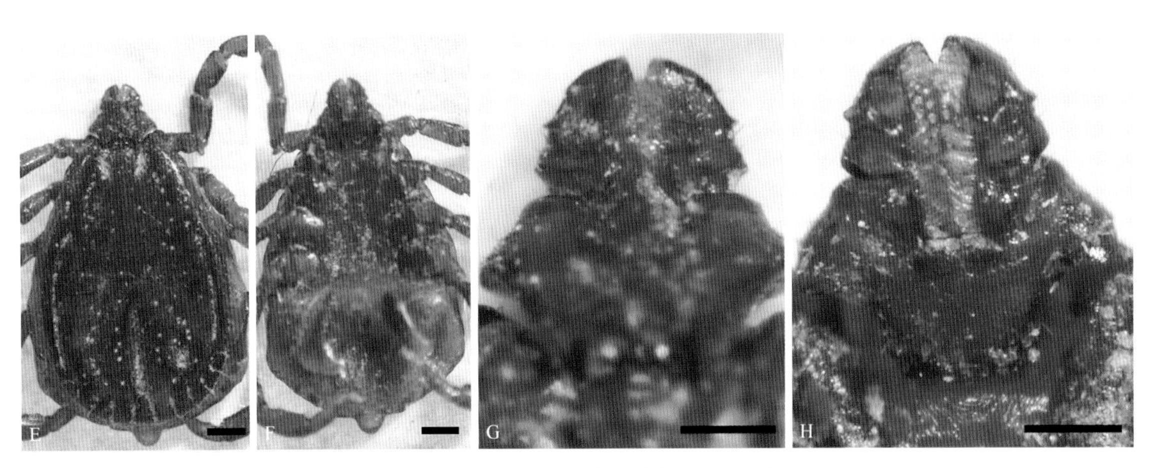

图 23-1 短小扇头蜱（拍摄者：陈泽，田占成，罗金）

A．雌蜱背面；B．雌蜱腹面；C．雌蜱假头背面；D．雌蜱假头腹面；E．雄蜱背面；F．雄蜱腹面；G．雄蜱假头背面；H．雄蜱假头腹面；A，B，E，F 标尺为 0.5 mm；C，D，G，H 标尺为 0.25 mm

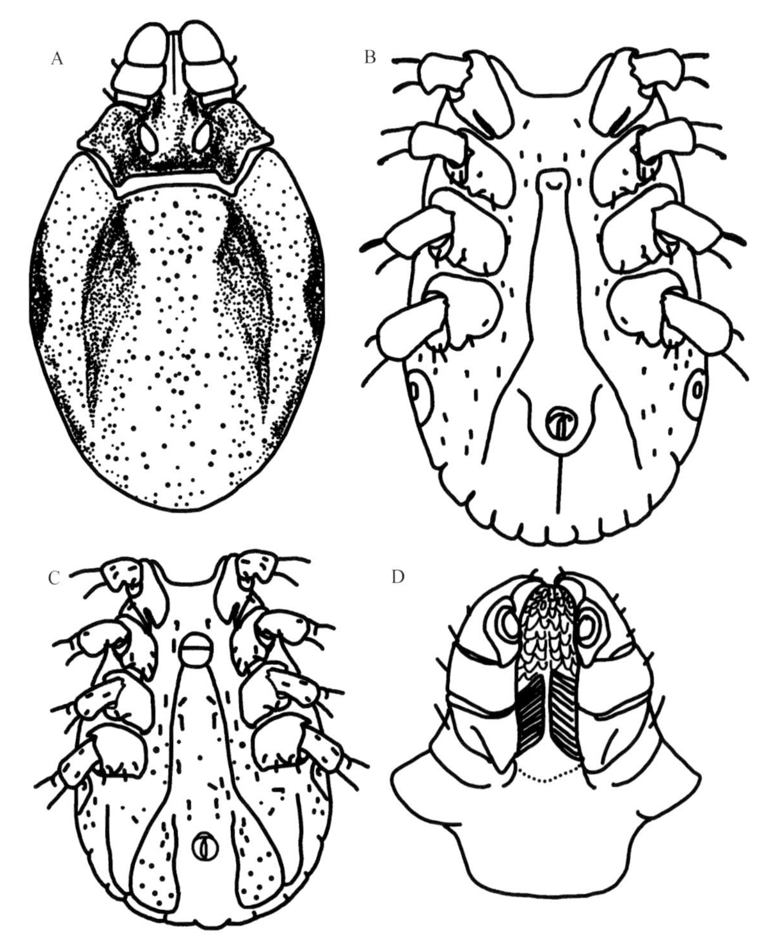

图 23-2 短小扇头蜱（绘制者：杨晓军，陈泽；仿邓国藩和姜在阶，1991）

A．雌蜱盾板；B．雌蜱腹面；C．雄蜱腹面；D．雄蜱假头腹面

【形态结构】雌蜱长宽为 2.6 mm×1.3 mm；雄蜱长宽为 1.8～2.6 mm×1.0～1.5 mm。

假头基宽短，基突短钝（雌蜱）或粗大（雄蜱）；孔区亚圆形。须肢短宽，顶端平钝；第Ⅰ、第Ⅱ节腹面内缘具粗长毛，排列紧密。口下板具 3/3 列齿。

盾板椭圆形（雌蜱）或长卵形（雄蜱），赤褐色。颈沟前深后浅，末端不达盾板边缘。侧沟明显细长。刻点粗细不均；眼明显，略微凸起。雄蜱后中沟粗短，缘垛窄长；肛侧板前窄后宽。气门板逗点形或近匙形，背突明显伸出。

足稍细长或略粗壮。基节Ⅰ外距直长；基节Ⅱ～Ⅳ外距粗短，按节序渐小；跗节Ⅱ～Ⅳ腹面末端和亚末端各具齿突。爪垫短小。

24 血红扇头蜱 *Rhipicephalus sanguineus* (Latreille, 1806)

【关联序号】87.5.5（99.735）/625

【同物异名】无。

【宿主范围】主要寄生于犬，未成熟蜱可寄生于啮齿动物或其他小型哺乳动物，成蜱也寄生在家畜或野生小型哺乳类动物上。

【地理分布】北京、福建、甘肃、广东、广西、贵州、海南、河北、河南、江苏、辽宁、宁夏、山东、山西、陕西、台湾、西藏、新疆、云南。

【形态结构】雌蜱长卵圆形，饥饿长宽为 2.1～2.8 mm×1.3～1.6 mm，饱血个体达 11.2 mm×7.0 mm。雄蜱长宽为 2.7～3.3 mm×1.6～1.9 mm。

假头基宽短，六角形；基突粗短；孔区小，卵圆形。须肢粗短，中部最宽，前端窄钝。口下板棒形，齿式 3/3，大小均一。

盾板长卵形，赤褐色，带亮光。刻点有细有粗，细刻点多，粗刻点少。颈沟弓形，侧沟

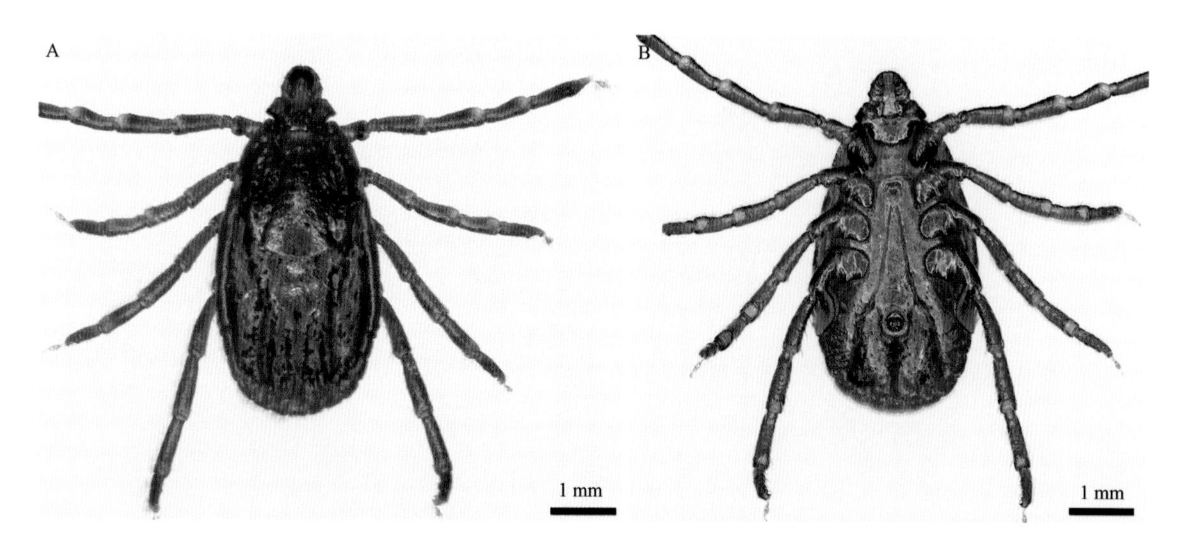

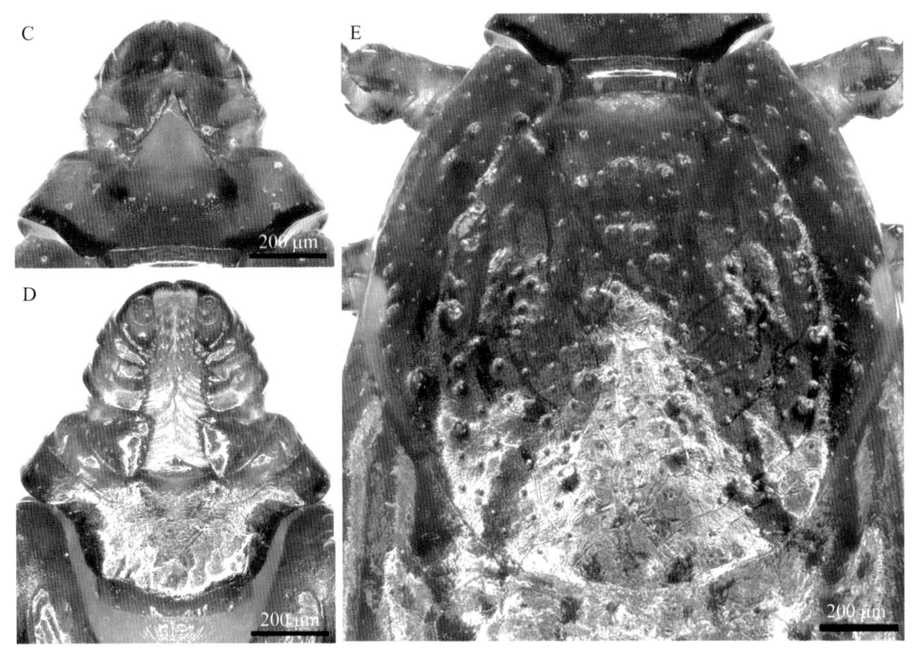

图 24-1 血红扇头蜱雌蜱（拍摄者：陈泽，刘光远）

A．背面；B．腹面；C．假头背面；D．假头腹面；E．盾板

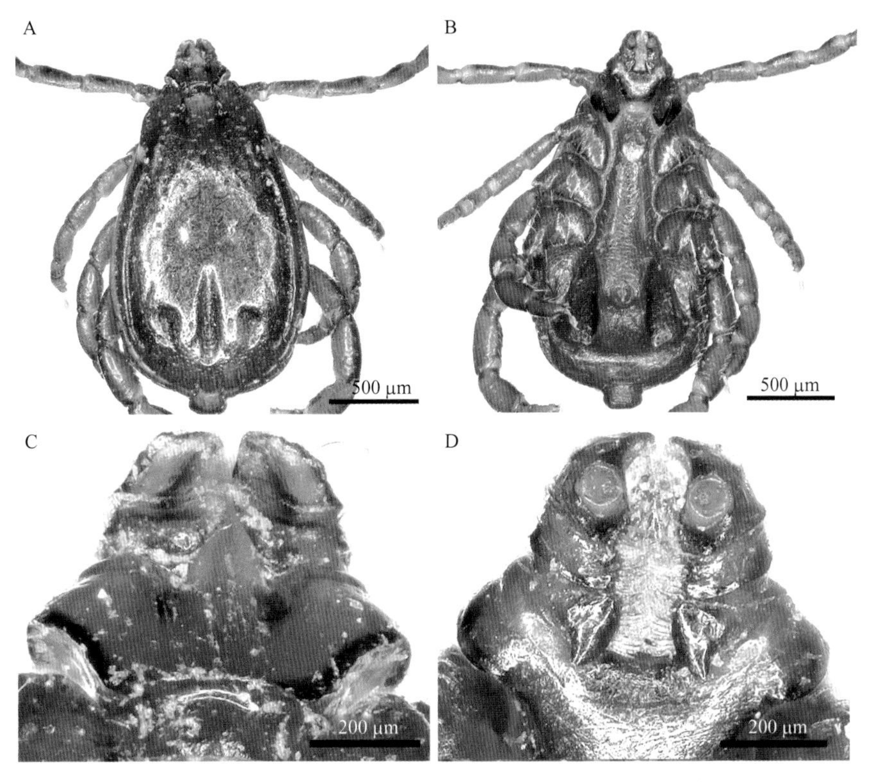

图 24-2 血红扇头蜱雄蜱（拍摄者：陈泽，刘光远）

A．背面；B．腹面；C．假头背面；D．假头腹面

明显。眼大，卵圆形。雄蜱肛侧板近似三角形，副肛侧板锥形。缘垛明显。气门板逗点形（雌蜱）或长逗点形（雄蜱），背突较长，明显伸出。生殖孔开口于基节Ⅱ的水平线上。

足稍细长。基节Ⅰ距裂很窄，外距直短。基节Ⅱ～Ⅳ各具粗短外距，按节序渐小；基节Ⅱ、Ⅲ后内角扁锐，基节Ⅳ后内角略微凸出。跗节Ⅰ端部无齿；跗节Ⅱ～Ⅳ腹面末端有一略弯的尖齿，亚端部还有一较小的钝齿。爪垫短小，约及爪长的1/3。

25 图兰扇头蜱 *Rhipicephalus turanicus* Pomerantzev, 1940

【关联序号】（99.7.6）

【同物异名】无。

【宿主范围】成蜱寄生于绵羊、山羊、牛、马等家畜及野生哺乳动物。若蜱和幼蜱则寄生于啮齿类及其他小型哺乳类动物。

【地理分布】甘肃、陕西、新疆。

【形态结构】雌蜱长宽约3.0 mm×1.7 mm；雄蜱长宽为2.8～3.4 mm×1.4～1.9 mm。

假头基宽短，基突短而圆钝；孔区不大，亚圆形。须肢粗短，第Ⅰ、第Ⅱ节腹面内缘具粗大长毛，排列紧密。口下板短，齿式3/3，大小均一。

盾板卵圆形，赤褐色，带亮光。细刻点遍布表面；粗刻点少而零散。颈沟外弧形；侧沟较短（雌蜱）或窄长（雄蜱），不达盾板后侧缘。眼卵圆形，略微凸起。气门板短逗点形（雌蜱）或长卵形（雄蜱）。雄蜱肛侧板窄长，副肛侧板短小，呈锥形。

雌蜱足细长，基节Ⅰ距裂窄，外距较内距稍短。基节Ⅱ～Ⅳ各具一粗短外距，按节序渐小；后内角均扁平无距。爪垫短小。雄蜱足粗壮，基节Ⅰ外距稍长于或等于内距。

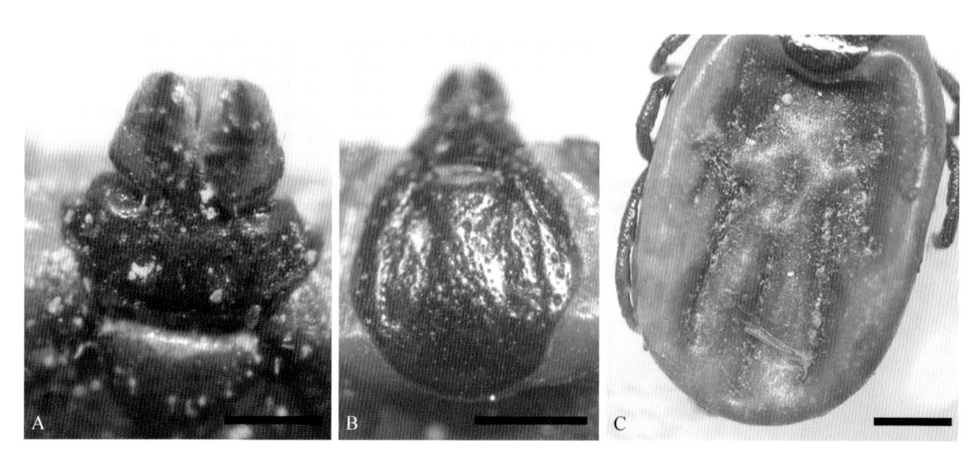

图25-1 图兰扇头蜱（拍摄者：陈泽）

A. 雌蜱假头背面；B. 雌蜱盾板；C. 雌蜱躯体；A标尺为0.25 mm；B、C标尺为0.5 mm

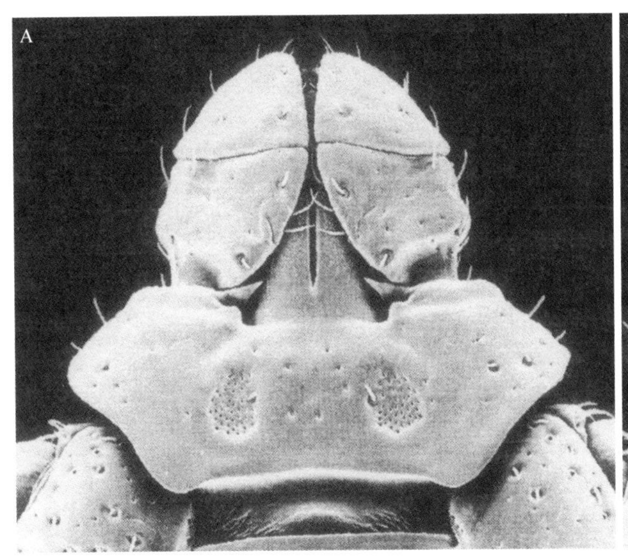

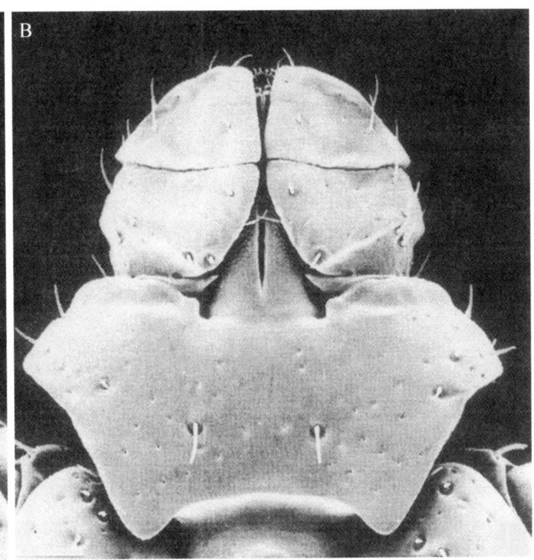

图 25-2 图兰扇头蜱（引自：Walker *et al*., 2000）

A. 雌蜱假头背面；B. 雌蜱假头腹面

1.5 璃眼蜱属 *Hyalomma* Koch, 1844

【形态结构】体色单一，有些种类足肢节背面有浅色纵带或环带。眼明显，半球形凸出。假头长，假头基多为三角形。缘垛 11 个，中垛色较淡，部分种缘垛完全并合或付缺。须肢一般窄长。盾板上有许多刻点，肛沟围绕肛门之后。雄蜱有肛侧板和副肛侧板各 1 对，在肛门附近有 2～4 对几丁质板。足基节 I 分叉明显，距裂深，形成大的内距和外距。转节 I 背距短小。气门板多为逗点形。口下板各侧有 3 列纵齿。

26 小亚璃眼蜱 ***Hyalomma anatolicum*** **Koch, 1844**

【关联序号】（99.5.1）

【同物异名】*H. aegyptium aegyptium brunnipes, H. aegyptium excavata, H. aegyptium excavatum, H. aegyptium mesopotamium, H. aegyptium ornatipes, H. anatolicum anatolicum, H. armeniorum, H. depressum, H. detritum albipictum ornatipes, H. lusitanicum depressum, H. marginatum balcanicum brunnipes, H. marginatum marginatum brunnipes, H. mesopotamium, H. pavlovskyi, H. pusillum, H. pusillum alexandrinum, H. pusillum ornatipes, H. pusillum pusillum, H. savignyi armeniorum, H.*

savignyi exsul, H. savignyi mesopotamium, H. savignyi pusillum。

【宿主范围】寄生于牛、绵羊、骆驼、马、驴等家畜，少数也寄生于野生动物。

【地理分布】新疆。

【形态结构】雌蜱较小，饱血个体约 8.0 mm×5.6 mm；雄蜱长宽为 2.9～4.5 mm×1.6～2.4 mm。

假头长。假头基宽短，基突付缺或不明显；孔区卵圆形。须肢长，外缘较直，内缘浅弧形凸出，中部最宽；雄蜱两侧缘近平行。

盾板略似菱形（雌蜱）或长卵形（雄蜱），后缘窄盾；黄褐色或赤褐色。粗细刻点分布不均。颈沟短浅，但延至盾板后侧缘。雌蜱侧沟约达盾板后侧缘。雄蜱侧沟相当短，后中沟浅，后侧沟不明显；肛侧板宽，前端尖窄，后缘平钝；肛门板细小。眼相当明显。气门板逗点形

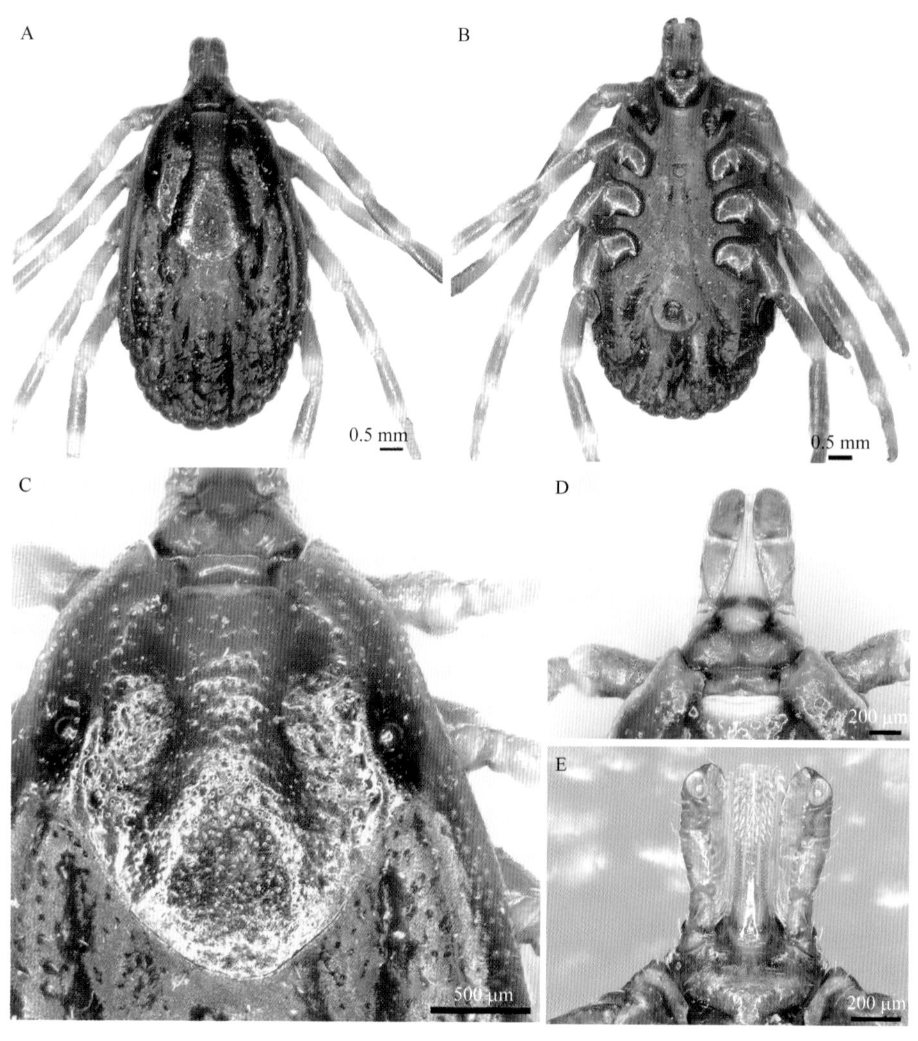

图 26-1　小亚璃眼蜱雌蜱（拍摄者：陈泽，刘光远）

A. 背面；B. 腹面；C. 盾板；D. 假头背面；E. 假头腹面

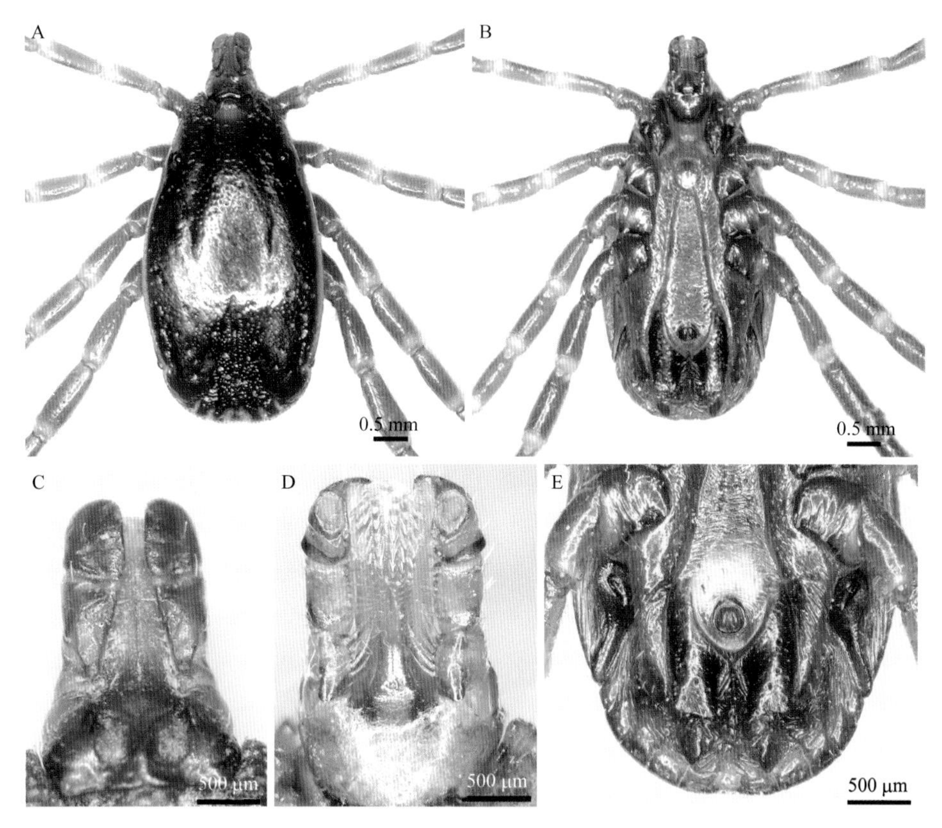

图 26-2 小亚璃眼蜱雄蜱（拍摄者：陈泽，刘光远）
A．背面；B．腹面；C．假头背面；D．假头腹面；E．气门板、副肛侧板、肛侧板及肛下板

（雌蜱）或曲颈瓶形或近似匙形（雄蜱），背突稍宽。

足细，雄蜱有时足Ⅲ、Ⅳ稍粗，黄褐色；在关节附近有不明显的淡色环带。爪垫短小。

27 残缘璃眼蜱 *Hyalomma detritum* Schulze, 1919

【关联序号】87.6.4（99.5.4）/626

【同物异名】无。

【宿主范围】主要寄生于牛、马、驴、绵羊、骆驼等家畜，偶见于野生动物体上。

【地理分布】甘肃、宁夏、青海、新疆。

【形态结构】雌蜱（图 27A，B）近小型，饥饿个体长宽约 4.4 mm×2.4 mm，饱血个体约 15 mm×11 mm。

假头基亚三角形，基突付缺；孔区较大而浅，椭圆形。须肢前端宽圆，从第Ⅲ节基部向后渐窄；第Ⅱ、第Ⅲ节长度之比约为 1.4：1。

盾板近椭圆形（雌蜱）或卵圆形（雄蜱），赤褐色；表面光滑或具横皱褶；刻点稀少。颈沟浅而长，末端达盾板后侧缘（雌蜱）或中部（雄蜱）。侧沟不明显或付缺。眼半球形凸出，明亮。雄蜱后中沟深而直，延伸至中垛；后侧沟窄长三角形。中垛明显，淡黄色。肛侧板较短；副肛侧板稍窄。气门板逗点形或曲颈瓶形。

足较短，赤褐色，肢节短细，背缘淡色纵带不完整或付缺，关节附近无淡色环带。基节Ⅰ外距基部粗大，末端尖细；基节Ⅱ～Ⅳ外距粗短，按节序渐小。爪垫不及爪长之半。

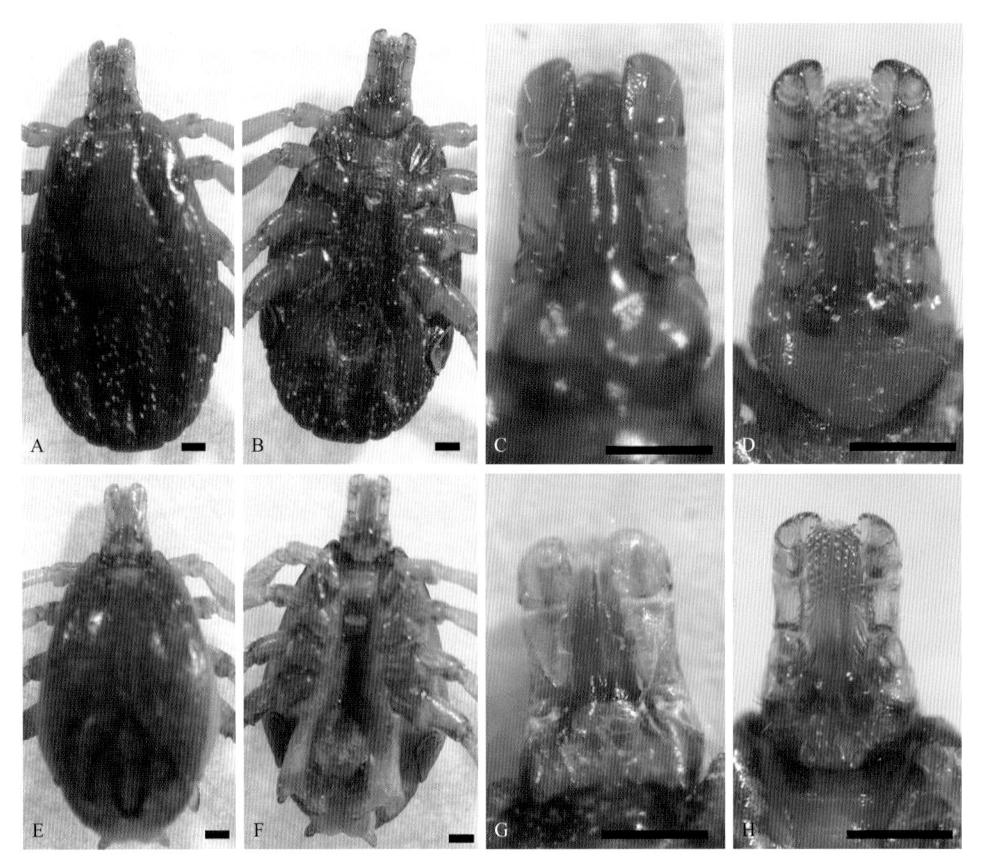

图 27 残缘璃眼蜱（拍摄者：陈泽，田占成，罗金）

A. 雌蜱背面；B. 雌蜱腹面；C. 雌蜱假头背面；D. 雌蜱假头腹面；E. 雄蜱背面；F. 雄蜱腹面；G. 雄蜱假头背面；H. 雄蜱假头腹面；标尺为 0.5 mm

28 盾糙璃眼蜱 *Hyalomma scupense* Schulze, 1918

【关联序号】（99.5.11）

【同物异名】*H. aegyptium ferozedini*, *H. dardanicum*, *H. detritum*, *H. detritum albipictum*,

H. detritum annulatum, H. detritum damascenium, H. detritum dardanicum, H. detritum detritum, H. detritum mauritanicum, H. detritum perstrigatum, H. detritum rubrum, H. detritum scupense, H. mauritanicum, H. mauritanicum annulatum, H. scupense detritum, H. scupense scupense, H. sharifi, H. steineri, H. steineri enigkianum, H. steineri steineri, H. uralense, H. verae, H. volgense。

【宿主范围】主要寄生于牛、马、驴、绵羊、骆驼等家畜，偶见于野生动物。

【地理分布】新疆。

【形态结构】雌蜱（图 28A）近小型，饥饿个体长宽约 4.4 mm×2.4 mm，饱血个体约 15 mm×11 mm。

假头基亚三角形，基突付缺；孔区较大而浅，椭圆形。须肢前端宽圆，从第Ⅲ节基部向后渐窄；第Ⅱ、第Ⅲ节长度之比约为 1.4∶1。

盾板近椭圆形（雌蜱）或卵圆形（雄蜱），赤褐色；表面光滑或具横皱褶；刻点稀少。颈沟浅而长，末端达盾板后侧缘（雌蜱）或中部（雄蜱）。侧沟不明显或付缺。眼半球形凸出，明亮。雄蜱后中沟深而直，延伸至中垛；后侧沟窄长三角形。中垛明显，淡黄色。肛侧板较短；副肛侧板稍窄。气门板逗点形或曲颈瓶形。

足较短，赤褐色，肢节短细，背缘淡色纵带不完整或付缺，关节附近无淡色环带。基节Ⅰ外距基部粗大，末端尖细；基节Ⅱ～Ⅳ外距粗短，按节序渐小。爪垫不及爪长之半。

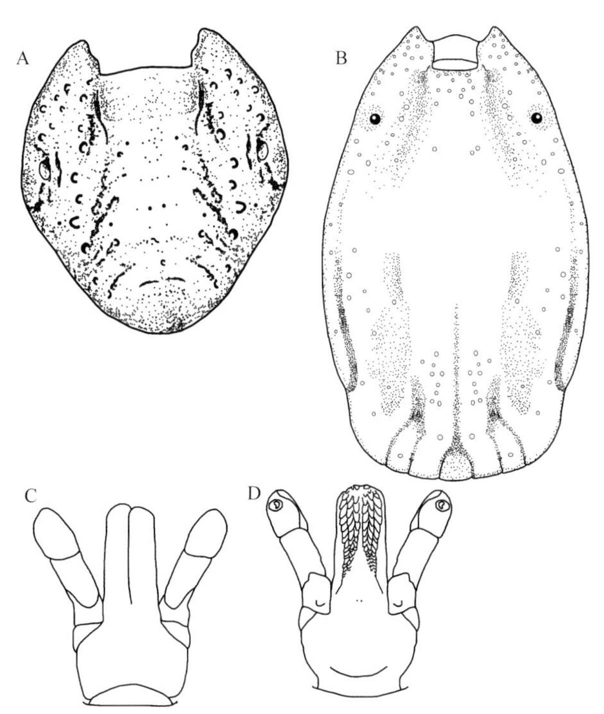

图 28 盾糙璃眼蜱（绘制者：杨晓军，陈泽；仿邓国藩和姜在阶，1991）

A. 雌蜱盾板；B. 雄蜱盾板；C. 雄蜱假头背面；D. 雄蜱假头腹面

29 麻点璃眼蜱 *Hyalomma rufipes* Koch, 1844

【关联序号】（99.5.10）

【同物异名】*H. aegyptium impressum rufipes, H. aequipunctatum, H. impressum rufipes, H. marginatum impressum, H. marginatum rufipes, H. plumbeum impressum, H. rufipes rufipes, H. savignyi impressa*。

【宿主范围】成蜱主要寄生于山羊、绵羊、牛、马、双峰驼等家畜。幼蜱及若蜱宿主为鸟、兔及刺猬等。

【地理分布】甘肃、内蒙古、宁夏、山西、新疆。

【形态结构】雌蜱半饱血个体约 7.5 mm×5.3 mm；雄蜱长宽约 5.2 mm×2.9 mm。

假头基近五边形，基突付缺或粗短；孔区卵圆形。须肢长，中部稍宽，两端略窄；第Ⅱ节约为第Ⅲ节长的 1.5 倍。

盾板宽大，雄蜱为卵圆形，后缘圆钝；暗褐色至黑褐色。刻点粗而稠密，遍布整个表面。颈沟深而长；侧沟明显或短浅，伸至盾板后侧缘。眼凸出，大而明亮。生殖帷宽短，圆弧形。雄蜱肛侧板近三角形，前端尖细，后缘平钝；肛下板小。气门板逗点形或曲颈瓶形，

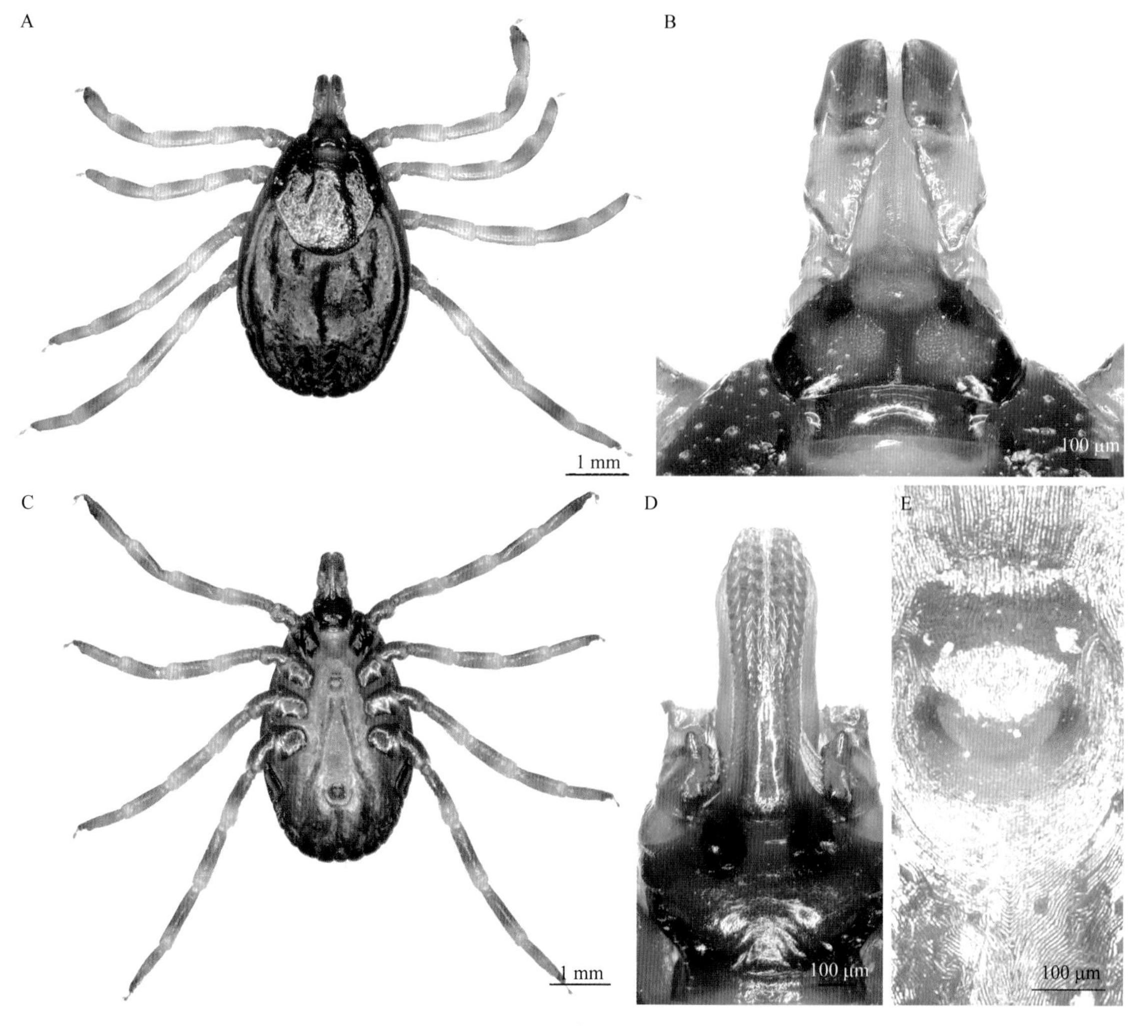

图 29-1　麻点璃眼蜱雌蜱（拍摄者：陈泽，刘光远）

A．背面；B．假头背面；C．腹面；D．口下板；E．生殖孔

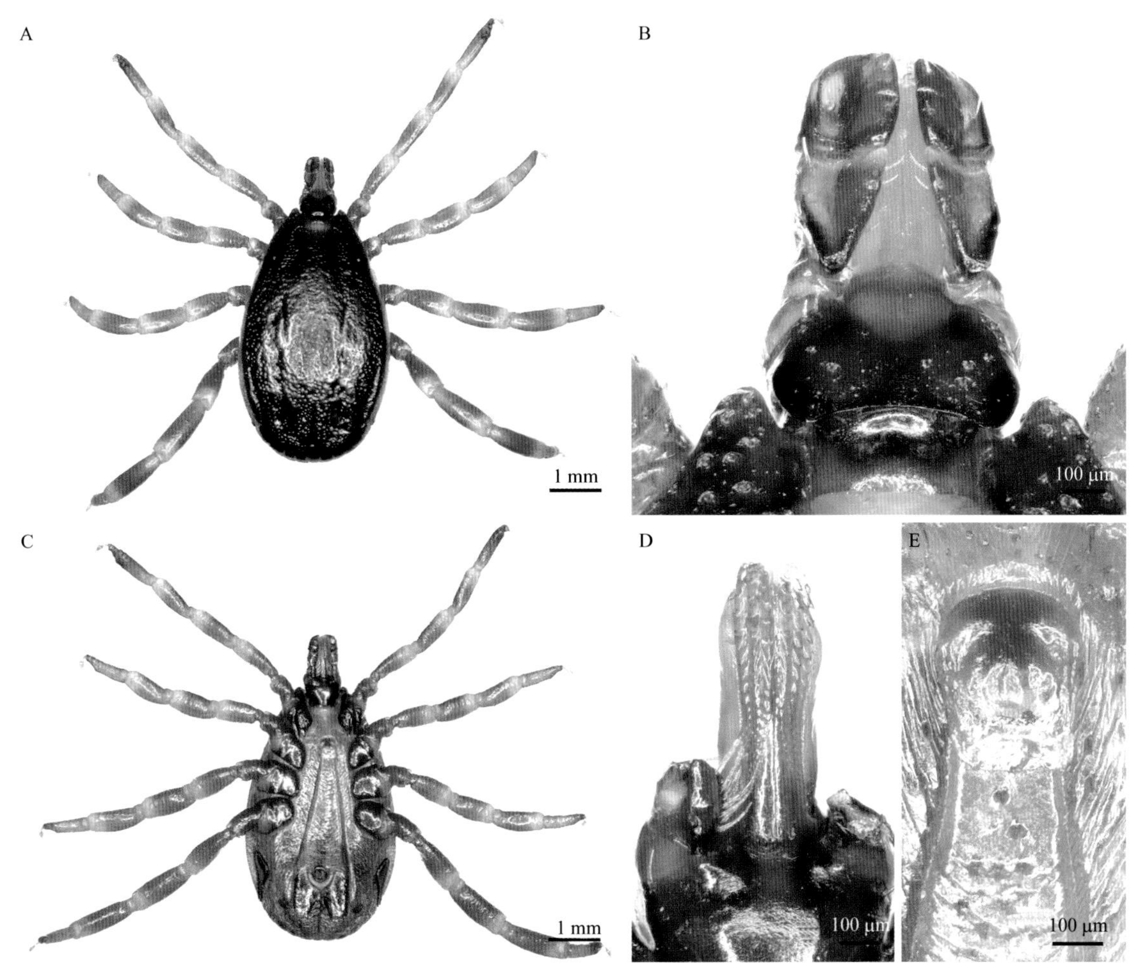

图 29-2 麻点璃眼蜱雄蜱（拍摄者：陈泽，刘光远）
A．背面；B．假头背面；C．腹面；D．口下板；E．生殖孔

背突窄长。

足粗细适中，赤褐色，在关节附近有明亮淡色环带，背缘无淡色纵带。基节 I 外距发达，较内距长，末端尖细，稍向外弯。爪垫短小。

30 亚洲璃眼蜱 *Hyalomma asiaticum* Schulze & Schlottke, 1929

【关联序号】（99.5.2）

【同物异名】*H. amurense, H. anatolicum asiaticum, H. asiaticum asiaticum, H. asiaticum caucasicum, H. asiaticum citripes, H. asiaticum kozlovi, H. dromedarii asiaticum, H. dromedarii citripes, H. kozlovi, H. tunesiacum amurense*。

【宿主范围】成蜱寄生于绵羊、骆驼、山羊、牛、马等家畜及刺猬、家兔等，有时还侵袭人。幼蜱和若蜱寄生于刺猬、野兔和其他啮齿类动物。

【地理分布】甘肃、吉林、内蒙古、宁夏、陕西、新疆。

【形态结构】雌蜱盾板长 1.92～3.17（2.44±0.24）mm，宽 1.78～2.88（2.28±0.23）mm，长宽比为 0.97～1.18（1.07±0.04）。雄蜱盾板长 3.07～6.53（4.72±0.96）mm，宽 1.82～4.32（2.88±0.70）mm，长宽比为 1.48～1.86（1.65±0.09）。假头基背部侧缘凸出，侧凸宽短，腹面无。背部后缘近直；基突雌蜱不明显，雄蜱发达。须肢窄长；第Ⅰ节腹中毛多于 5 根，第Ⅱ、第Ⅲ节两侧缘大致平行。口下板棒状，齿区稍大于非齿区。盾板黄色至红褐色，无珐琅斑。颈沟很深，相当明显。大刻点相当稀少，中刻点、小刻点数量变异较大，从无到中等密度，但分布均匀。眼半球形凸出。

雌蜱气门板逗点形，背突中等宽阔至非常窄，向背部弯曲，背缘有几丁质粗厚部。气门板上刚毛稀少。气门板背突窄长，呈中度宽阔或非常窄向背后方斜伸，其上刚毛稀少。

足粗细适中。各关节处有明亮淡色环带，在背缘也有同样淡色的连续纵带。基节Ⅰ内外距均发达，长度约等，或内距长于外距，末端渐细。基节Ⅱ～Ⅳ外距粗短，按节序渐小。爪垫短小，不及爪长之半。

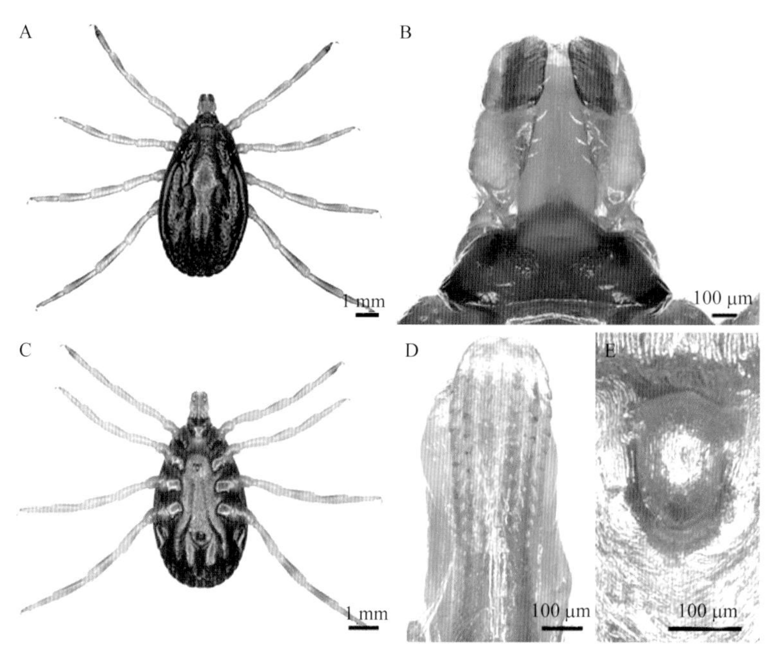

图 30-1　亚洲璃眼蜱雌蜱（拍摄者：陈泽，刘光远）

A. 背面；B. 假头背面；C. 腹面；D. 口下板；E. 生殖孔

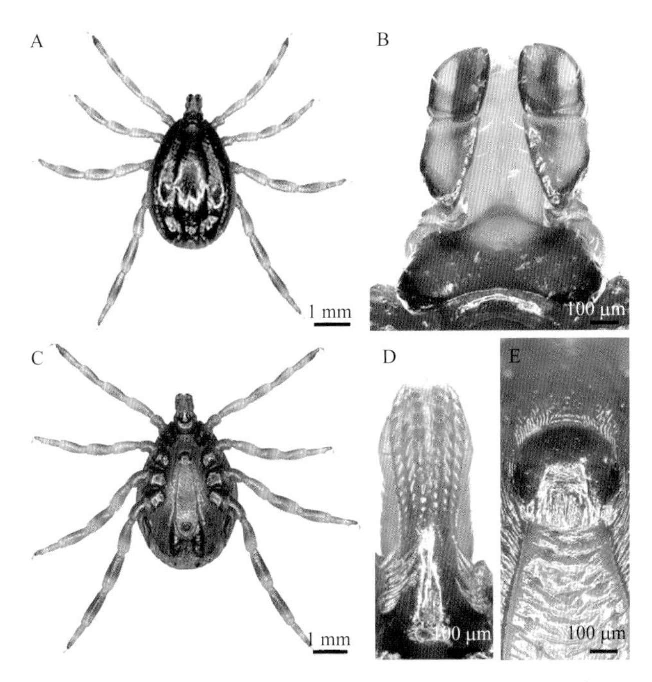

图 30-2 亚洲璃眼蜱雄蜱（拍摄者：陈泽，刘光远）
A. 背面；B. 假头背面；C. 腹面；D. 口下板；E. 生殖孔

1.6 花 蜱 属

Amblyomma Koch, 1844

【形态结构】肛沟围绕在肛门之后。眼发达，部分种不明显。盾板通常具鲜明色斑，少数种无。缘垛明显，11 个。须肢窄长，尤其第 2 节，长度为宽度的 2 倍以上，不向外侧凸出。假头长，假头基形状不一，多数呈矩形。体形宽卵形或亚圆形。雄蜱无肛侧板，靠近缘垛处常有小腹板。气门板亚三角形或逗点形。

31 龟形花蜱 ***Amblyomma testudinarium* Koch, 1844**

【关联序号】87.7.1（99.1.2）/628

【同物异名】*A. compactum, A. fallax, A. infestum, A. infestum borneense, A. infestum infestum, A. infestum taivanicum, A. infestum testudinarium, A. testudinarium taivanicum, A. yajimai, Haemalastor infestum, H. infestum testudinarium, H. testudinarium, Ixodes auriscutellatus*。

【宿主范围】水牛、黄牛、马、山羊、犬、家猪、野猪、水鹿、虎，也侵袭人。

【地理分布】广东、海南、台湾、云南、浙江。

【形态结构】雌蜱未吸血个体长宽约 8.2 mm×5.8 mm，饱血个体达 20.5 mm×16.5 mm；雄蜱长宽为 6.5～7.0 mm×4.8～5.2 mm。

假头基矩形，基突不明显或付缺；孔区稍大而深，卵圆形。须肢长，前端稍宽；第Ⅱ节长

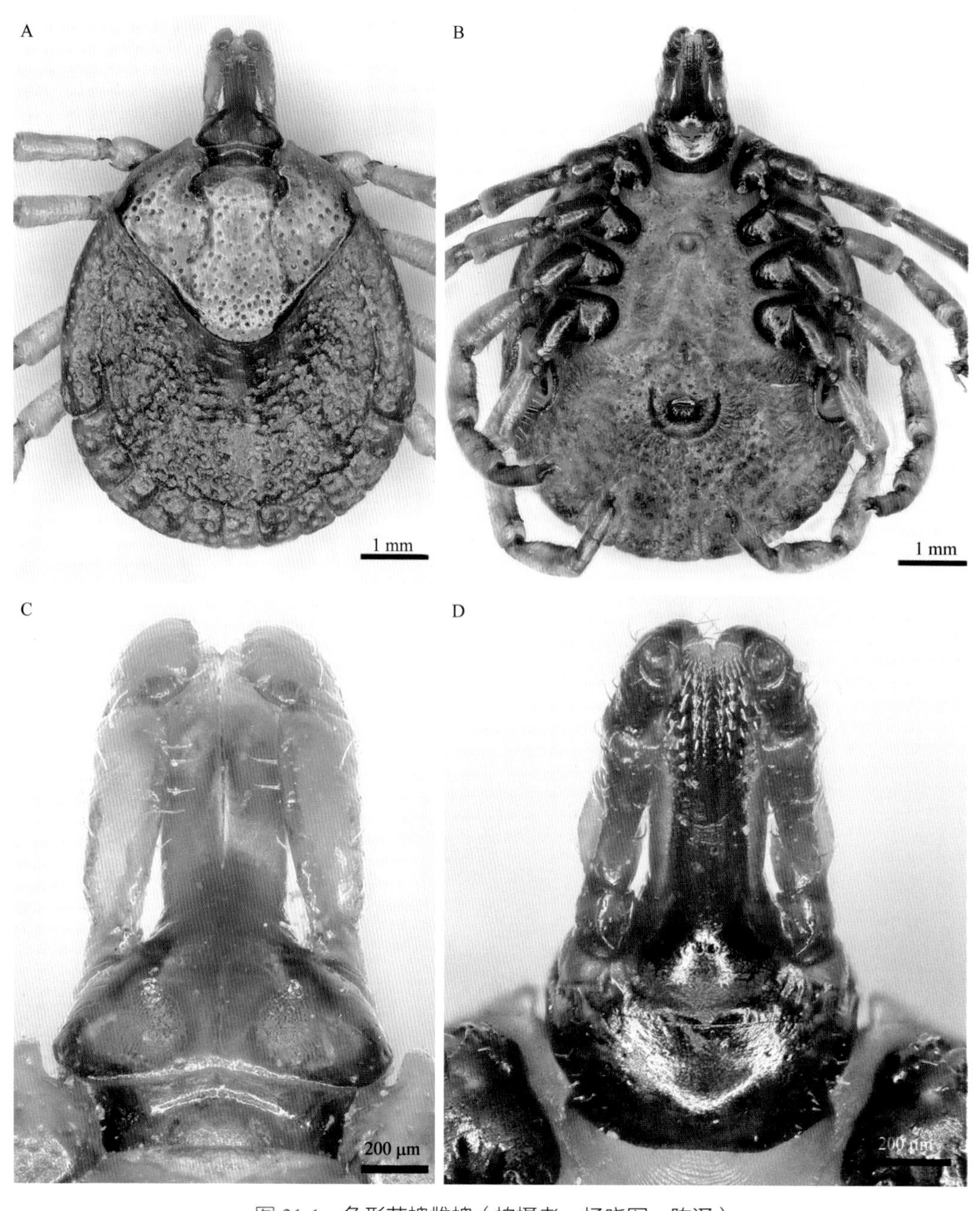

图 31-1 龟形花蜱雌蜱（拍摄者：杨晓军，陈泽）

A. 背面观；B. 腹面观；C. 假头背面观；D. 假头腹面观

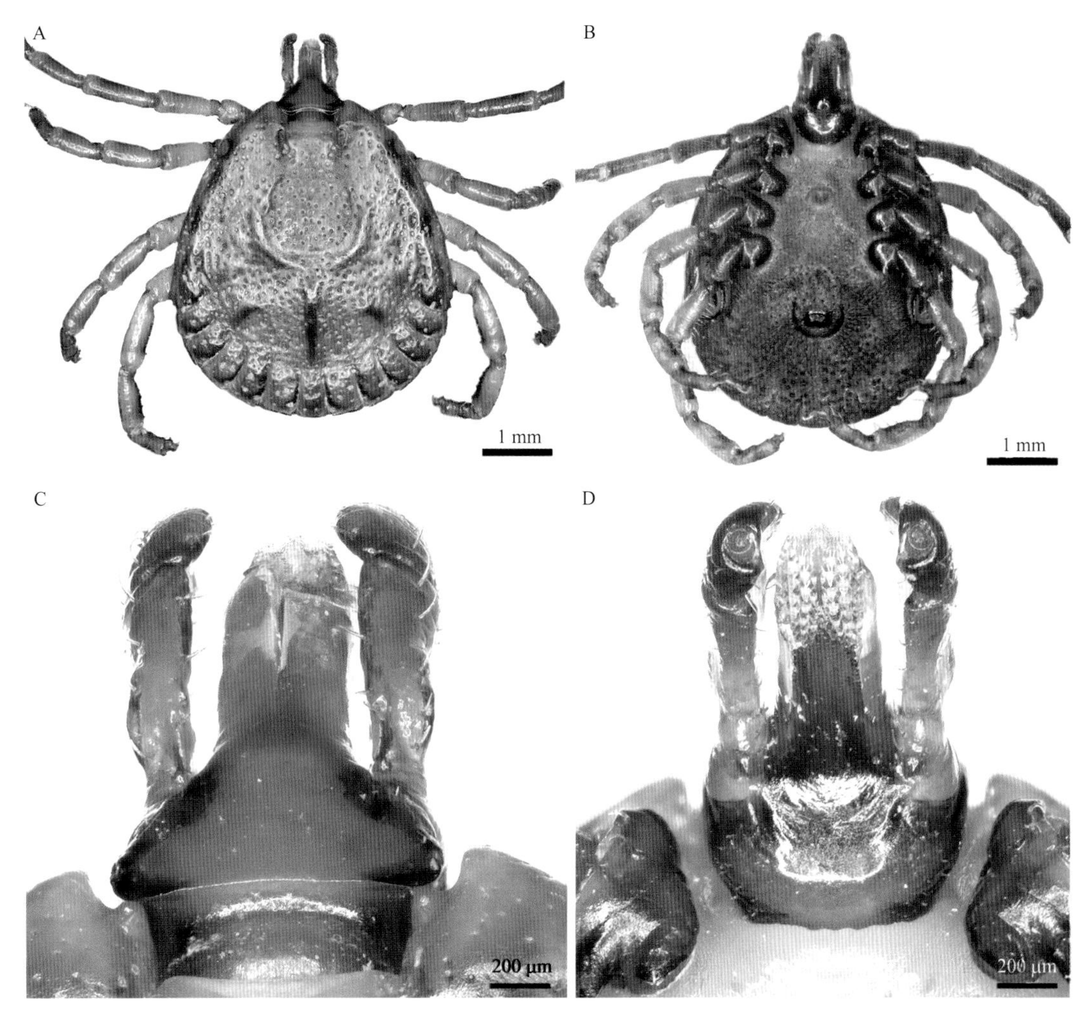

图 31-2 龟形花蜱雄蜱（拍摄者：杨晓军，陈泽）
A. 背面观；B. 腹面观；C. 假头背面观；D. 假头腹面观

约为第Ⅲ节的 2 倍，表面均着生淡色细长毛。口下板窄长；齿式为 4/4。

盾板呈圆三角形或宽卵形。表面大部分呈现珐琅色斑。刻点粗细不一，较为稠密，但分布不甚均匀。颈沟短而深，内弧形。雄蜱侧沟付缺；缘垛明显，长大于宽。眼大而明亮。气门板大而宽，呈圆角三角形或长逗点形。

足粗细中等，中部各肢节远端有浅色环带。基节Ⅰ具 2 个明显的钝距，相互分离，外距较内距窄长。基节Ⅱ～Ⅳ各具一很粗短的钝距，以基节Ⅳ的稍长。跗节Ⅱ～Ⅳ较跗节Ⅰ短，亚端部急行收窄，末端及亚末端各具一小齿。爪垫短，不及爪长之半。

2 软蜱科 Argasidae Canestrini, 1890

1. 体缘扁；背腹间有明显的缝线相隔；体缘具方形或栅状的外围细胞；背面有呈放射状排列的盘窝 ························· 锐缘蜱属 *Argas*

体缘圆钝；背腹间无明显的缝线相隔；体缘无外围细胞；背面表皮变异大，常呈痈状或颗粒状 ························· 钝缘蜱属 *Ornithodoros*

【形态结构】体形扁平，多呈卵圆形，前端稍窄，大部分接近土色，少数灰黄色，一般体长2～15 mm，吸血后可增重至十几倍。背面无坚硬盾板，表皮革质，布满皱纹或颗粒，甚至呈结节状。假头位于腹面前下方，假头基小，无孔区，须肢各节可自由活动，呈圆柱形。口下板不发达，齿亦较小。螯肢结构同硬蜱，大多无眼，生殖孔与肛门同硬蜱，而爪垫不发达或已退化。气门 1 对，位于腹侧缘第Ⅳ基节后方。

2.1 锐缘蜱属 *Argas* Latreille, 1796

【形态结构】体缘薄锐，背腹面之间以缝线分界，表皮上有各种细纹和盘窝，系背腹肌附着处形成的凹陷。

32 波斯锐缘蜱 *Argas persicus* (Oken, 1818)

【关联序号】88.1.1（97.1.1）/629

【同物异名】*Rhynchoprion persicum, A. mauritianus, A. americanus firmatus, A. miniatus firmatus, A. radiates, Carios fischeri*。

【宿主范围】主要寄生于家鸡、野鸽、麻雀、燕子、牛、羊等，常侵袭人。

【地理分布】北京、河北、吉林、辽宁、宁夏、台湾。

【形态结构】成蜱体卵圆形，雌蜱体长宽为 7.2～8.8 mm×4.8～5.8 mm；雄蜱体长宽为 6.2～7.5 mm×4.2～5.4 mm。

背部表皮凹凸不平；盘窝大小不一，圆形或卵圆形；圆突（button）数目一般较多，体缘由许多不规则方格形小室组成。侧面表皮有背、腹 2 层小室，背层小室短，呈方形，腹层小室

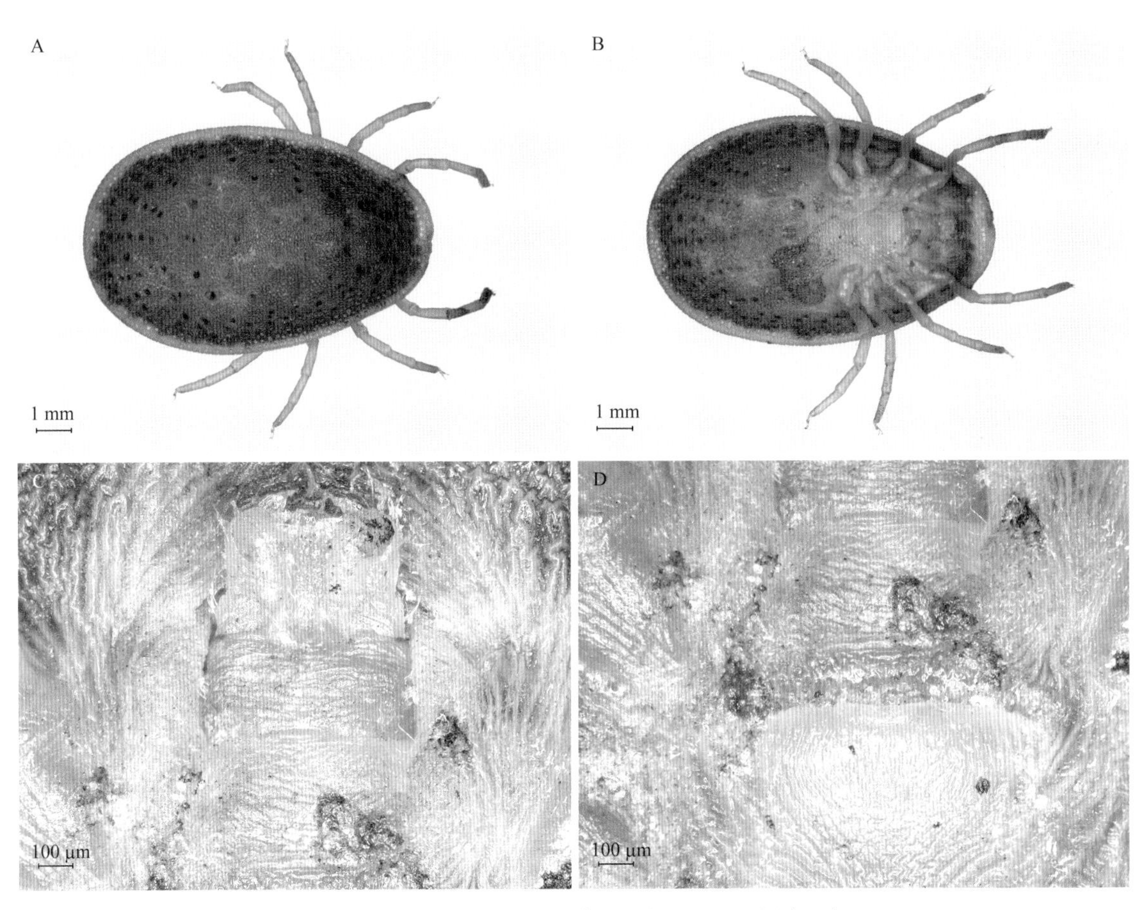

图 32-1 波斯锐缘蜱雌蜱（拍摄者：陈泽，刘光远）

A. 雌蜱背面观；B. 雌蜱腹面观；C. 雌蜱假头；D. 雌蜱生殖孔

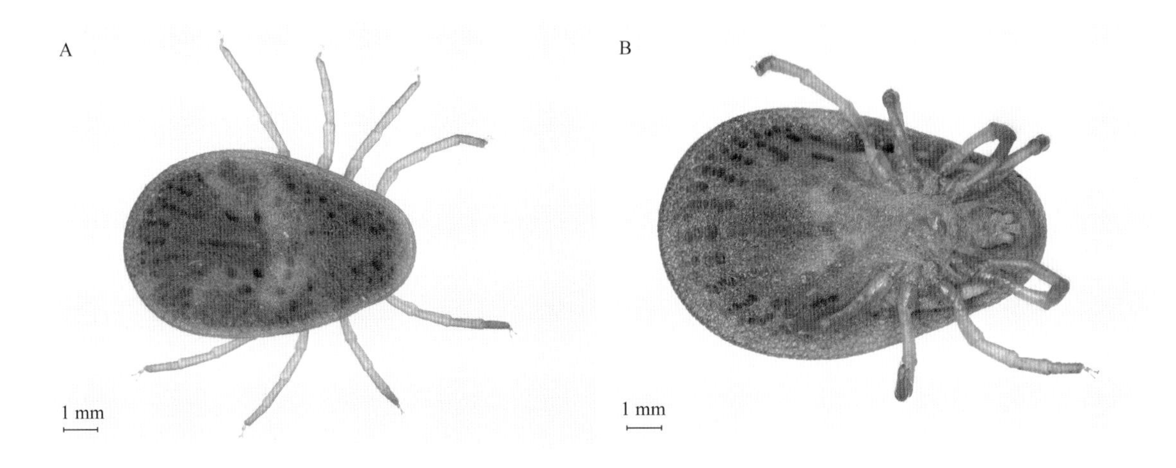

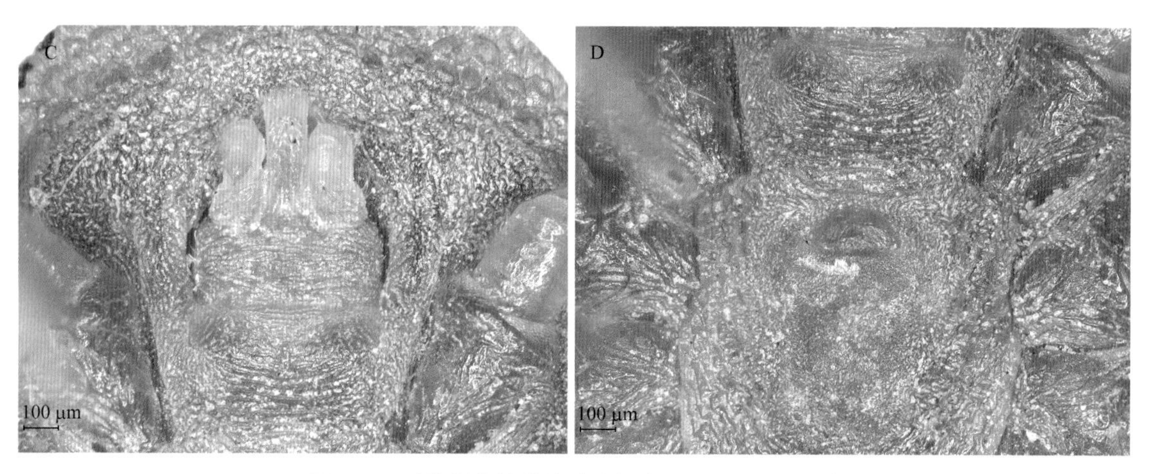

图 32-2 波斯锐缘蜱雄蜱（拍摄者：陈泽，刘光远）
A. 雄蜱背面观；B. 雄蜱腹面观；C. 雄蜱假头；D. 雄蜱生殖孔

稍长，呈矩形。腹面表皮与背面相似。

假头中等大小。假头基矩形，长约等于宽的 1/2；须肢第Ⅰ节与口下板基部连接。口下板前部略微收窄，顶端中部浅凹；大齿排列为 2/2，中部小齿排列为 3/3。雄蜱口下板较雌蜱的稍短，且小齿数目较少。雌蜱生殖孔位于基节Ⅰ后缘，呈横裂形；雄蜱生殖孔半圆形，约位于基节Ⅰ与Ⅱ之间的水平线上。肛门椭圆形；气门板新月形。基节褶及基节上褶明显。眼付缺。

足长度和粗细适中。基节Ⅰ与Ⅱ分开，其余各基节互相靠近；各基节表面有纵皱纹。跗节Ⅰ～Ⅲ亚端部背突短小，跗节Ⅳ亚端部背突付缺或极不明显。爪正常；爪垫退化。

2.2 钝缘蜱属

Ornithodoros Koch, 1844

【形态结构】体形椭圆，前端明显窄，体缘厚钝，背面与腹面间无缝线分隔。表皮革质，上面布有乳突状或结节状突起。

33 拉合尔钝缘蜱 ***Ornithodoros lahorensis*** **Neumann, 1908**

【关联序号】88.2.1（97.2.1）/630

【同物异名】 *Alveonasus lahorensis, Av. macedonicus, Av. canestrinii canestrinii, Av. canestrinii sogdianus, Alectorobiius lahorensis, Argas* (*Av.*) *lahorensis*。

【宿主范围】绵羊、骆驼、山羊、牛、马、犬等家畜。

【地理分布】新疆。

【形态结构】成蜱体略呈卵圆形，前端尖窄，后缘宽圆。雌蜱长宽约 10 mm×5.6 mm；雄蜱长宽约 8 mm×4.5 mm。体色土黄色，足色稍浅。

背面凹凸不平。表皮呈皱纹状，遍布很多星状小窝。头窝三角形，较深而窄。躯体前半部中段有 1 对长形盘窝；中部有 4 个圆形盘窝；后部两侧还有几对圆形盘窝。

假头中等大小。假头基矩形，宽约为长的 1.4 倍；须肢长筒形，第Ⅱ、第Ⅲ节背面有向前弯曲的长毛。口下板窄长，矛头状，齿仅在前部，齿式 2/2，每纵列具齿 6～8 枚。

腹面表皮结构与背面相似，但细毛稍多而长，靠近前缘尤为显著。生殖孔位于基节Ⅰ之间，雌蜱的呈横裂状，雄蜱的呈半圆形。肛门约位于生殖孔与体后缘间的中点偏后；无肛前沟；肛后沟紧靠肛门之后，相当明显。在肛后沟两侧有几对不规则的盘窝。气门板位于基节Ⅳ背侧方，呈新月形。眼付缺。

足中等粗细。基节略呈圆锥形，基节Ⅰ与Ⅱ略微分开，其余各节互相靠近。跗节Ⅰ背缘有 2 个粗大的瘤突和 1 个粗大的亚端瘤突；跗节Ⅱ～Ⅳ的假关节短，背缘有一小瘤突，亚端部背缘还有一大的瘤突，斜向上方。爪正常，爪垫退化。

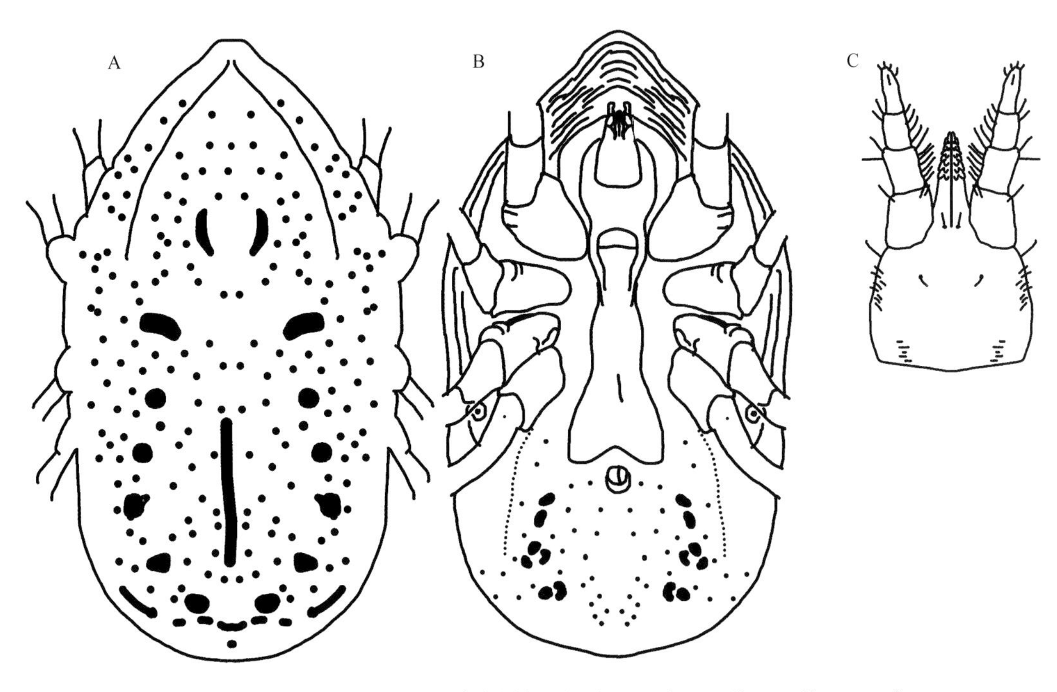

图 33-1 拉合尔钝缘蜱雌蜱（绘制者：杨晓军，陈泽；仿邓国藩，1978）

A．背面观；B．腹面观；C．假头腹面

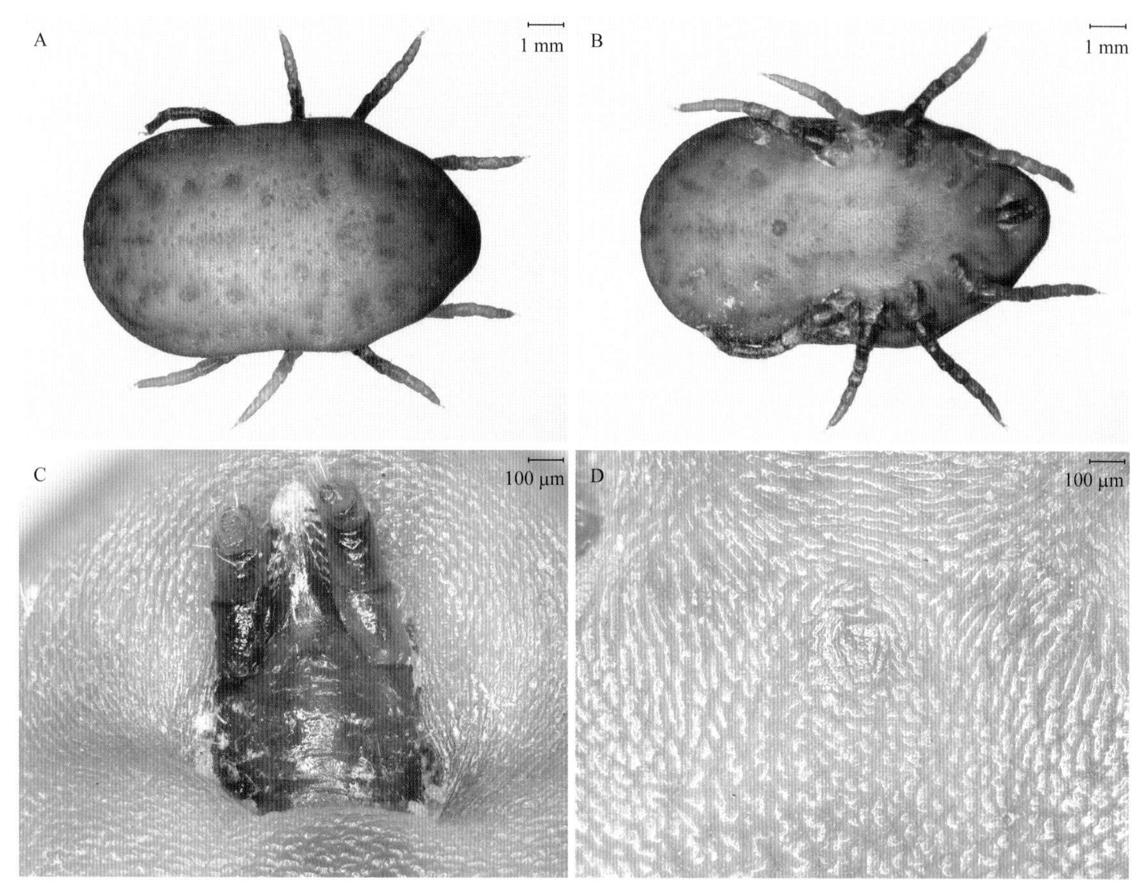

图 33-2 拉合尔钝缘蜱若蜱（拍摄者：陈泽，刘光远）
A. 背面观；B. 腹面观；C. 假头；D. 生殖孔

3 皮刺螨科 Dermanyssidae Kolenati, 1859

【形态结构】虫体为宽卵圆形或椭圆形，背腹扁平。头盖突长舌状、薄，而前端呈针刺状。背面有 1 块或 2 块盾板；腹面有胸板、生殖板和肛板。背面雌雄基本相似，腹面则雌雄有别。胸板有 2～3 对刚毛。生殖板一般呈舌状或圆锥状，有 1 对刚毛。肛板有 3 根刚毛。气门在体侧缘中部，即第Ⅳ与第Ⅰ对足间，气门沟细长，至少超过基节Ⅲ。螯肢长，呈针状，螯钳很小。足上无哈氏器。

属检索表

1. 背板顶端向前延伸，呈钩状突；足基节Ⅱ前缘有大的钩状刺…………………………………棘刺螨属 *Echinonyssus*
   背板前端圆钝，无钩状突；足基节Ⅱ前缘无大的钩状刺……………………2
2. 背板分为2块；胸板长约等于宽……………………异皮螨属 *Allodermanyssus*
   背板一整块；胸板宽显著大于长……………………皮刺螨属 *Dermanyssus*

3.1 皮刺螨属 *Dermanyssus* Duges, 1834

【形态结构】雌虫螯肢细长，约达背板的一半长，呈鞭状，螯钳不发达。雄虫的定指比动指短一半或不发达。雌虫背板整块，板外有刚毛25～30对。雄虫背板无眼状器。

34 鸡皮刺螨 *Dermanyssus gallinae* de Geer, 1778

【关联序号】89.1.1（98.1.1）/631

【同物异名】红螨（red mite）、栖架螨、鸡螨。

【宿主范围】鸡、火鸡、麻雀、喜鹊、鸽子等数十种家禽和野禽。吸血性寄生虫，一般只有在采食时才侵袭宿主。偶尔侵袭人及其他哺乳动物，但不能在这些动物上长期存活。寄生于体表。

【地理分布】安徽、重庆、福建、甘肃、广东、广西、贵州、河北、河南、黑龙江、湖北、湖

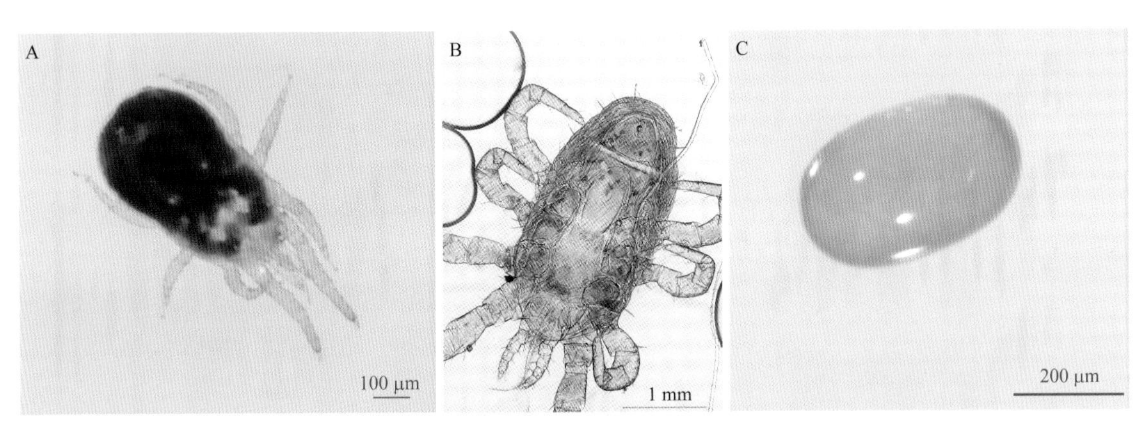

图34 鸡皮刺螨（拍摄者：潘保良）

A. 背部；B. 雌螨腹面；C. 虫卵

南、江苏、江西、辽宁、宁夏、山东、陕西、四川、天津、新疆、云南、浙江。

【形态结构】未吸血时虫体为白色，吸血后为红色，当体内血液部分消化时可呈灰色至黑色。雌螨长 0.72～0.75 mm，宽 0.4 mm，吸饱血后长可达 1.5 mm；雄螨长 0.6 mm，宽 0.32 mm。虫体呈长椭圆形，形似蜘蛛。体表有细纹和短刚毛。假头头盖骨呈长舌状，前端尖。螯肢细长，呈鞭状。若螨、成螨躯体前部有 4 对分节足，末端有吸盘。幼螨有 3 对足。背部有 1 块盾板，前部较宽，后部较窄，后缘平直。雌螨腹面有数块几丁质板，胸板扁，前缘呈弓形，后缘浅凹，常有 2～3 对刚毛；生殖板和腹板常愈合为生殖腹板，前宽后窄，后端钝圆，有 1 对刚毛；肛板呈三角形，前缘宽阔，有 3 对刚毛，肛门位于后端（图 34B）。雄螨腹面胸板与生殖板愈合为胸殖板；腹板与肛板愈合成腹肛板，两板相接。雌螨的生殖孔位于胸板后方，雄螨生殖孔位于胸板前缘。

真 螨 目

Acariformes Krantz, 1978

【形态结构】无气门，或有气门 1 对，位于假头上或其附近第 1 基节前，须肢为钳状，或为感觉器官；螯肢多作刺器，某些种类也有呈钳状的。可能有生殖吸盘，但均无肛吸盘。

4 蠕形螨科 Demodicidae Nicolet, 1855

【形态结构】虫体细长，呈蠕虫状，半透明乳白色。长 0.17～0.44 mm，宽 0.045～0.065 mm。体表有明显的环纹。虫体分为颚体、足体和末体三部分。颚体（假头）呈不规则四边形，由 1 对细针状的螯肢、1 对分三节的须肢和 1 个延伸为膜状构造的口下板组成。刺吸式口器。在假头腹面内部有一马蹄形的咽泡，其形状为分类依据。足体（胸部）有 4 对足，呈乳突状，基部较粗，位于躯体前部，基节与躯体腹壁愈合成扁平的基节片，第 4 对足基节片的形状为分类特征；其余 3 节呈套筒状，能活动、伸缩。末体（腹部）细长，呈指状，有横纹，占体长的 2/3 以上。雄性生殖孔位于胸部背面第 1、2 对背足体毛之间的长圆形突起上，阴茎末端膨大呈毛笔状。雌性阴门为一狭长裂口，位于腹面第 4 对足基节片之间的后方。

4.1 蠕形螨属

Demodex Owen, 1843

【形态结构】一般体长 0.25～0.3 mm，宽约 0.04 mm。雄螨的雄茎自胸部的背面突出。卵呈梭形，长 0.07～0.09 mm。

35 犬蠕形螨 *Demodex canis* Leydig, 1859

【关联序号】90.1.2（90.1.2）/633

【同物异名】犬毛囊虫。

【宿主范围】犬。3～6月龄幼犬多发。多发生于眼、唇、耳和前腿内侧的无毛处，严重时可蔓延至全身。多寄生于毛囊，少见于皮脂腺。

【地理分布】世界各地，包括我国大部分地区，如安徽、重庆、甘肃、广东、广西、河北、黑龙江、吉林、江苏、江西、辽宁、宁夏、陕西、上海、四川、天津、新疆、云南、浙江。

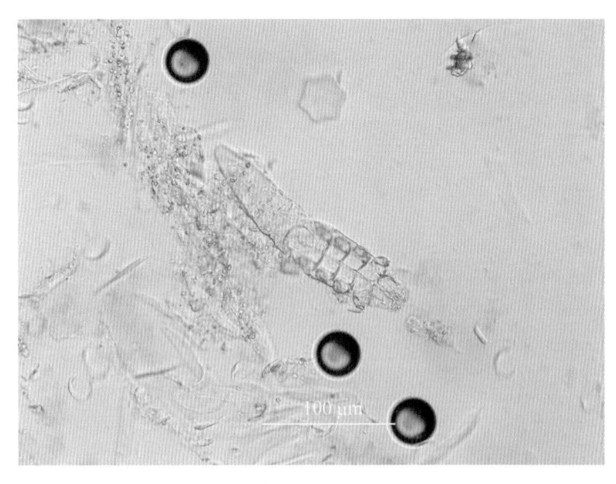

图35　犬蠕形螨（拍摄者：刘贤勇，潘保良）

【形态结构】虫体呈乳白色半透明，狭长如蠕虫状，外形上可区分为颚体、足体、末体3个部位；颚体呈半圆形，在其腹面内部有一马蹄形的咽泡；足体着生有4对短足，其背面有2对背足体毛，短粗呈瘤状，称为足体瘤；末体长形，其表面密布横纹。雌螨：体长0.25～0.30 mm，体宽约为0.045 mm；雄螨：体长0.22～0.25 mm，体宽约为0.045 mm。虫体自足体至末端逐渐变细，呈细圆柱状。

36 *Demodex injai* Desch and Hillier, 2003

【关联序号】无。

【同物异名】无。

【宿主范围】犬。毛囊，少寄生于皮脂腺。

【地理分布】世界各地，包括我国大部分地区，如安徽、重庆、甘肃、广东、广西、河北、黑龙江、吉林、江苏、江西、辽宁、宁夏、陕西、上海、四川、天津、新疆、云南、浙江。

【形态结构】与犬蠕形螨相似，但末体较长。

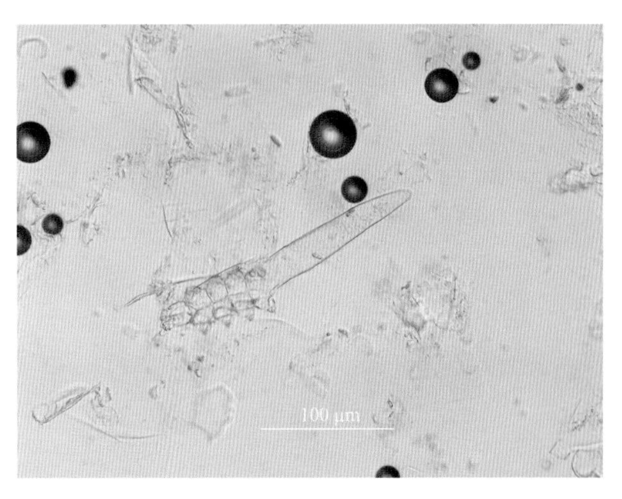

图36　*D. injai*（刘贤勇）

5 恙螨科 Trombiculidae Ewing, 1944

【形态结构】成虫、若虫在土中自由生活，幼虫寄生于动物体上。幼虫呈囊状，不分头、胸、腹。背毛在体背呈弧形成行排列，盾板形状各异，盾板上有盾板刚毛及感觉毛。螯肢裸，端节呈爪状，须跗节生于须胫节腹面，呈拇指状。3 对足。

5.1 纤恙螨属 *Leptotrombidium* Nagayo *et al.*, 1916

【形态结构】盾板纤细而长，近似矩形，边缘却很不平直，刻点明显。感器基间距不很宽，背板前缘与感毛间距离 3 倍于后缘与感毛间距离，前中毛在两前侧毛水平线之后，后侧毛与前中毛均长于前侧毛，感毛端部一半分支。眼中等大小。须爪有 3 个分叉。足具 7 节，小型至大型螨。

37 地理纤恙螨 *Leptotrombidium deliense* Walch, 1922

【关联序号】91.2.1（96.1.1）/637

【同物异名】无。

【宿主范围】多见于鸡。但恙螨宿主特异性不强，可侵害多种宿主（包括禽类和哺乳动物）。

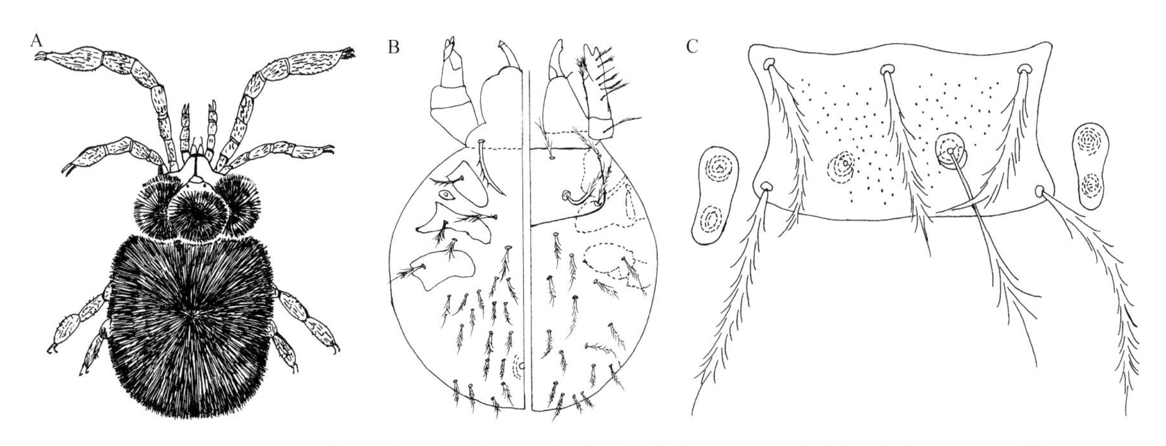

图 37　地理纤恙螨［绘制者：韩娇娇，潘保良；仿李德昌，1996（引自：赵辉元，1996）］
A．成虫；B．幼虫；C．背板

恙螨幼虫多侵害禽类的翅内侧、胸两侧和腿内侧的皮肤，吸食血液和体液。

【地理分布】福建、广东、广西、贵州、江苏、上海、四川、台湾、西藏、云南、浙江。

【形态结构】恙螨幼虫体长 0.2～0.5 mm，椭圆形，饱血后多呈橘黄色。体分为颚体和躯体 2 部分。颚体由 1 对须肢和 1 对螯肢组成，螯基（螯肢基节）很大，近三角形。躯体包含背板、背毛、腹毛和足等结构。恙螨幼虫有 3 对足。背板位于躯体背部前端，呈长方形、方形、五角形、梯形或舌形，因种类不同而异。种类繁多，我国有 500 多种。仅幼虫营寄生生活，其他发育阶段在环境中完成。

5.2　奇 棒 属

Neöschöengastia Hirst, 1921

【形态结构】盾板近似梯形，后部掩埋表皮下，前缘无前中突及亚中刚毛。表面大部分有皮纹，感器基间距宽，几与背板前侧毛间距离相等，前侧毛与后侧毛均长于前中毛。感器梨形，密覆小棘，感觉毛末端膨大，呈球拍状。眼较大。无副亚端毛，亚端毛基端略远处有 1 小分支毛。足具 7 节。中型至大型螨。

38　鸡奇棒恙螨　*Neöschöengastia gallinarum* Hatori, 1920

【关联序号】91.1.1（96.2.1）/636

【同物异名】鸡新棒（恙）螨，鸡新勋恙螨。

【宿主范围】鸡、鸭、鹅。皮肤。

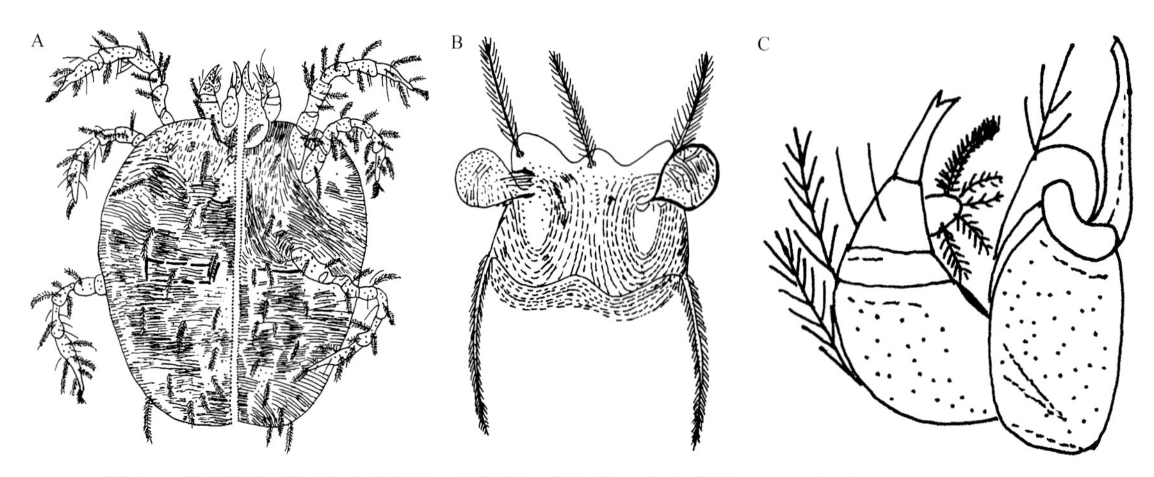

图 38　鸡奇棒恙螨幼虫［绘制者：韩娇娇，潘保良；仿李德昌，1996（引自：赵辉元，1996）］

A. 背面、腹面；B. 背板；C. 须肢与螯肢

【地理分布】安徽、重庆、福建、广东、广西、河北、河南、湖北、江苏、江西、辽宁、上海、台湾、天津、浙江。

【形态结构】其幼虫很小，长宽约为 0.42 mm×0.32 mm，饱食后呈橘黄色。分为头胸部和腹部。有 3 对短足。盾板呈梯形，有 5 根刚毛，前侧毛和后侧毛各 1 对，前中毛 1 根。盾板中央有感器 1 对，其远端部膨大呈球形，色淡，有密棘。有背刚毛 40～46 根。

6 肉食螨科 Cheyletidae Leach, 1814

【形态结构】虫体淡红色或淡黄色，柔软，但常有弱的盾板。颚体前端尖，侧缘凸出；螯基与颚体愈合，螯肢针状，须肢发达呈钳状。气门沟位于颚体上，常呈拱形或“M”形。躯体背面前后各有 1 块背板，前背板较宽，近似梯形，前缘有 3 对刚毛，后角有 1 对刚毛；后背板有 3～6 对侧缘刚毛。胸部多无骨板。趾节多样，爪间突常有黏毛。

6.1 姬螯螨属 *Cheyletiella* Canestrini, 1885

【形态结构】跗节上有许多羽毛状和梳状物。

39 兔皮姬螯螨 *Cheyletiella parasitivorax* Megnin, 1878

【关联序号】92.1.1（88.1.1）/639

【同物异名】无。

【宿主范围】 兔。体表。

【地理分布】重庆、江苏、四川。

【形态结构】淡黄色。雌螨卵圆形，0.34～0.50 mm×0.24～0.29 mm，雄螨 0.25～0.31 mm×0.18～0.23 mm，较透明。颚体大，突出于体前端。须肢粗壮，远端有一钩状的须肢爪，爪的内缘有细齿。螯肢呈针状。足 4 对，分 6 节，跗节端无爪，有一狭长的爪间突，爪间突两侧各有 1 列黏毛呈蓖

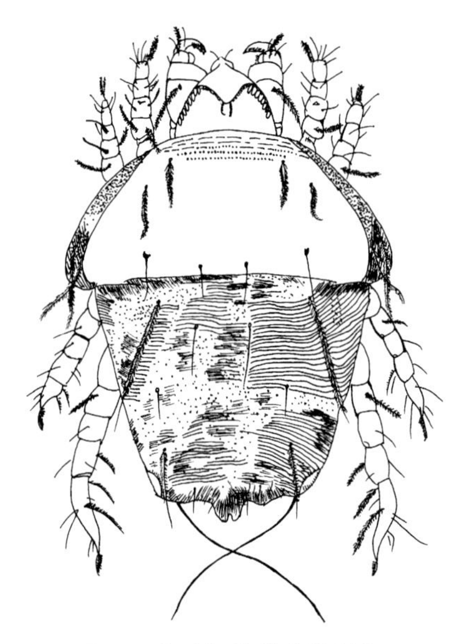

图 39 兔皮姬螯螨［绘制者：韩娇娇，潘保良；仿李德昌，1996（引自：赵辉元，1996）］
雌螨腹面

子状。后半体较前半体短，尾端钝圆。生殖孔位于虫体背面。

6.2　羽管螨属 *Syringophilus* Heller, 1880

【形态结构】体细长，足短，体背有长刚毛，须肢不为拇爪复合体，第 5 节和第 4 节末端相连接。螯肢动趾为细长针状。足末端有粗爪和爪间突，爪间突有黏毛 2 排。寄生于飞羽、小翼羽、尾羽等羽管中。

40　双梳羽管螨 *Syringophilus bipectinatus* Heller, 1880

【关联序号】92.2.1（88.2.1）/640

【同物异名】无。

【宿主范围】 鸡、鸭、鹅。羽管。

【地理分布】重庆、福建、甘肃、广东、广西、贵州、海南、河北、湖北、湖南、江苏、江西、青海、陕西、上海、四川、新疆。

【形态结构】雌螨乳白色，虫体柔软，体狭长，长宽为 0.73～0.99 mm×0.17～0.28 mm。背面微凸，腹面较平。身体可分为颚体和躯体。颚体有须肢和螯肢。螯肢前端有 1～2 个小齿。颚体背面有一气门沟，呈“U”形。躯体分为足体和末体。足体上有 4 对足，前后各 2 对，前后足相距较远。躯体背腹面和足上有刚毛。躯体背面前足体部有前足体板，末体部有肛板。生殖孔位于体后端背面，其稍下方为肛孔。雄螨较雌螨短，长宽为 0.59～0.77 mm×0.21～0.28 mm。螯肢无齿。气门沟呈“M”形。虫卵呈卵圆形或近圆形，乳白色，表面光滑，长宽为 0.23～0.29 mm×0.15～0.19 mm。

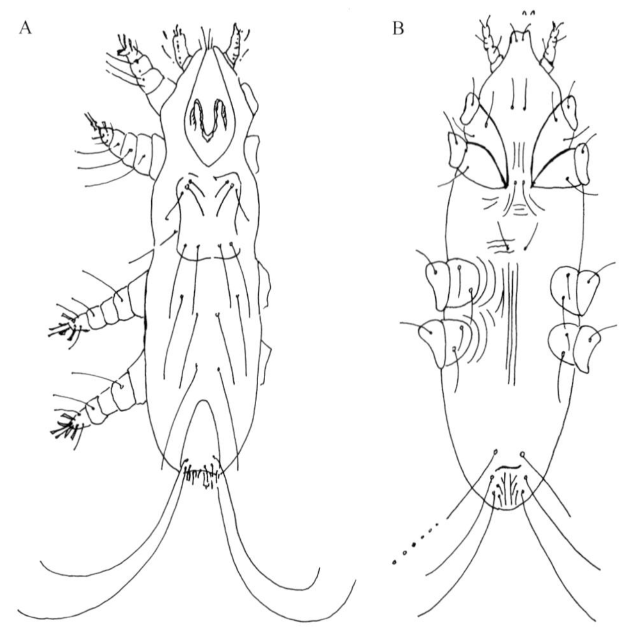

图 40　双梳羽管螨［绘制者：韩娇娇，潘保良；仿李德昌，1996（引自：赵辉元，1996）］

A．雌螨背面；B．雌螨腹面

7 疥螨科 Sarcoptidae Trouessart, 1892

【形态结构】虫体为圆形或囊状，虫体较短。身体分为假头和躯体。假头位于虫体前端，短而宽，有一短的口器。口器由 1 对须肢和 1 对螯肢组成；螯肢退化成钳状；须肢简单。躯体的胸、腹部完全愈合在一起。背部有盾板，足有基节内突。成螨 4 对足，足短，呈圆锥形，套叠状；雌螨后 2 对足不突出体缘；足末端为吸盘或刚毛，吸盘柄不分节。雄螨外生殖器骨化较深，呈钟形，前方有一细长的生殖器前突；无肛吸盘及尾突。

7.1 疥 螨 属 *Sarcoptes* Latreille, 1802

【形态结构】虫体近圆形或龟形，背面隆起似半球形，腹面扁平，身体上有横、斜的皱纹。咀嚼式口器，呈蹄铁形。躯体背面前端有一几丁质背甲，呈长方形；末端正中有一肛门；体表有大量的波状皮纹、三角形鳞片、棒状刺。成虫腹面有 4 对粗短的、圆锥形的足。虫卵长椭圆形，灰色，壳很薄、透明，内含卵胚或幼螨。幼螨、若螨与成螨相似，但生殖器官发育不完全；前者 3 对足，后者 4 对足。

41 猪疥螨 ***Sarcoptes scabiei* var. *suis* Gerlach, 1857**

【关联序号】93.1.1.9（95.3.1.9）/643

【同物异名】无。

【宿主范围】 猪；偶尔感染人及其他哺乳动物，但在这些动物上不能长期存活。仔猪多发，常起始于眼周、颊部和耳根，后蔓延至背部、躯干两侧、后肢内侧及全身。

【地理分布】安徽、北京、重庆、福建、甘肃、广东、广西、贵州、海南、河北、河南、黑龙江、湖北、湖南、吉林、江苏、江西、辽宁、内蒙古、宁夏、青海、山东、山西、陕西、上海、四川、台湾、天津、西藏、新疆、云南、浙江。

【形态结构】多为浅黄色。虫体近圆形，背面隆起，腹面扁平。雌螨：0.34～0.60 mm×0.25～0.36 mm；雄螨比雌螨小，长宽为 0.23～0.35 mm×0.17～0.29 mm。雌螨第 1、第 2 对足末端有吸盘，雄螨第 1、第 2、第 3 对足末端有吸盘。背面有横纹、锥突、鳞片和刚毛。虫卵长椭圆形，灰色。

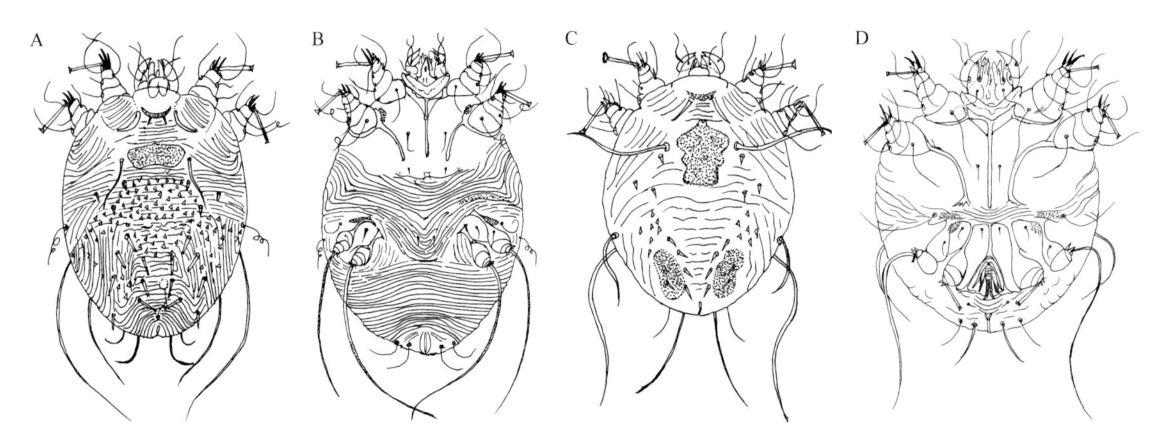

图 41-1　猪疥螨［绘制者：韩娇娇，潘保良；仿李德昌，1996（引自：赵辉元，1996）］

A. 雌螨背面；B. 雌螨腹面；C. 雄螨背面；D. 雄螨腹面

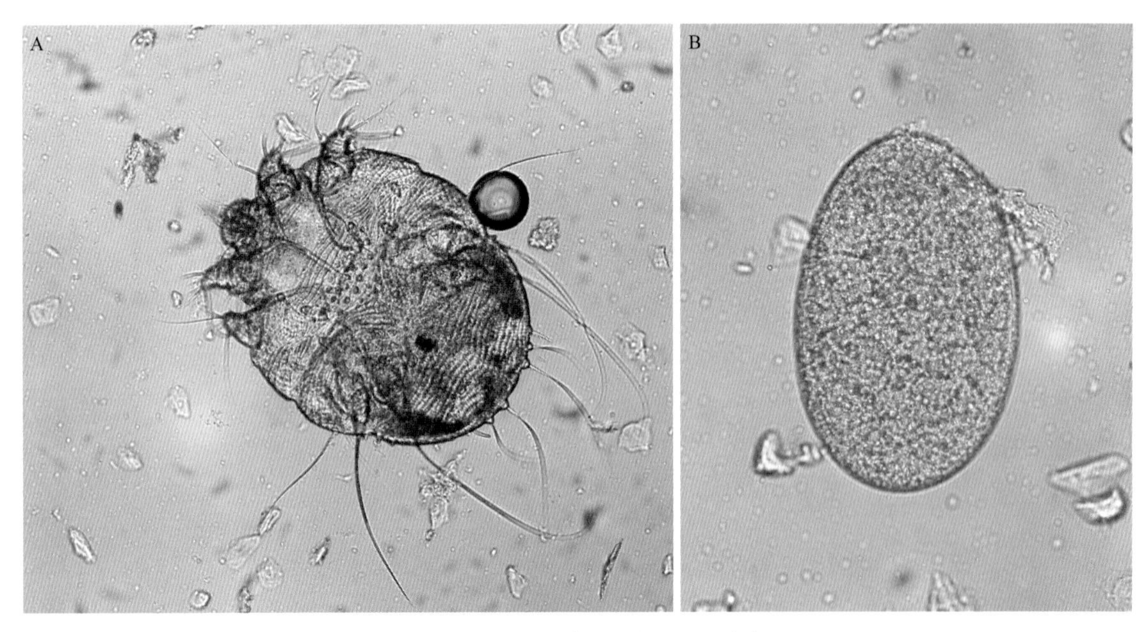

图 41-2　猪疥螨（拍摄者：潘保良）

A. 成虫雌螨腹面；B. 虫卵

42 兔疥螨 *Sarcoptes scabiei* var. *cuniculi*

【关联序号】（95.3.1.5）

【同物异名】无。

【宿主范围】兔。皮肤。常先发于四肢，后蔓延到嘴及鼻周围等处。

【地理分布】安徽、北京、重庆、福建、甘肃、广东、广西、贵州、河南、黑龙江、湖南、吉林、江苏、内蒙古、宁夏、山西、陕西、四川、新疆、云南。

【形态结构】形态与猪疥螨相似。雌螨：0.34～0.40 mm×0.26～0.30 mm；雄螨：0.21～0.23 mm×0.16～0.18 mm。

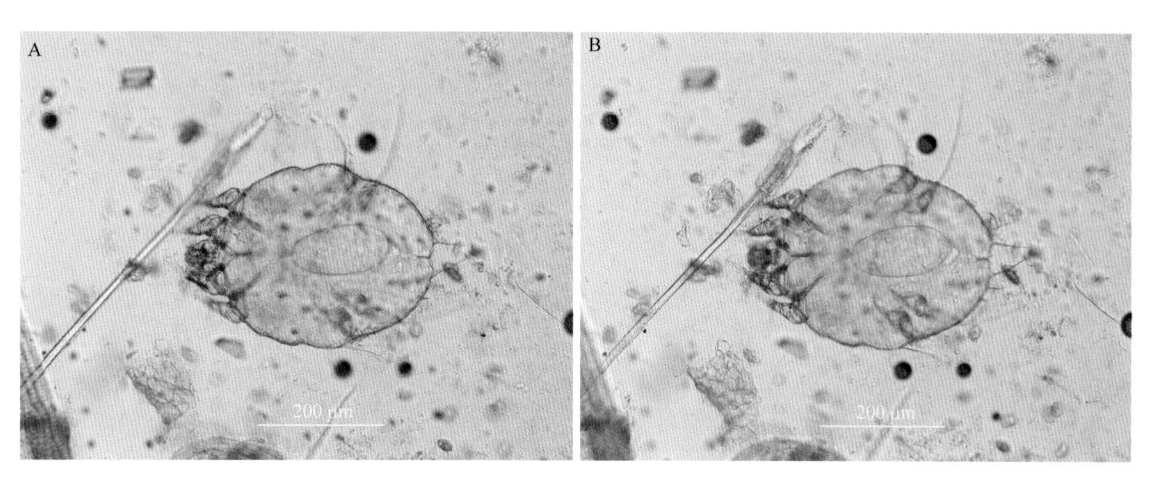

图 42 兔疥螨（拍摄者：刘贤勇）
A. 背面；B. 腹面

43 犬疥螨 ***Sarcoptes scabiei* var. *canis* Gerlach, 1857**

【关联序号】（95.3.1.3）

【同物异名】无。

【宿主范围】犬。皮肤，多发于头部，严重时波及全身，幼犬较为严重。偶尔感染人及其他哺乳动物，但在这些动物上不能长期存活。

【地理分布】北京、重庆、福建、甘肃、广西、河南、江苏、江西、辽宁、陕西、四川、新疆、浙江。

【形态结构】雌螨：0.29～0.38 mm×0.24～0.39 mm；雄螨：0.19～0.23 mm×0.14～0.17 mm（图 43）。

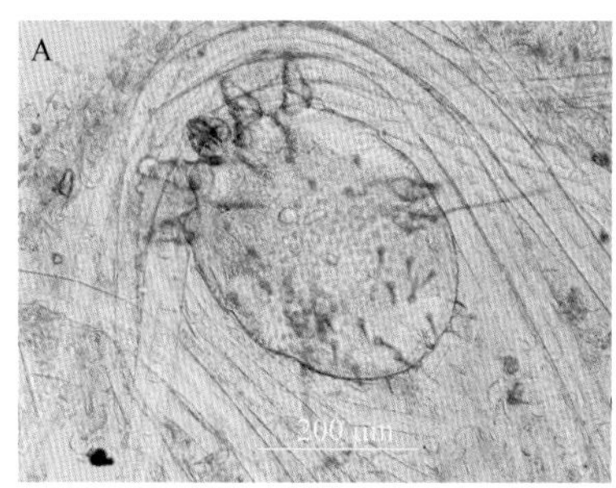

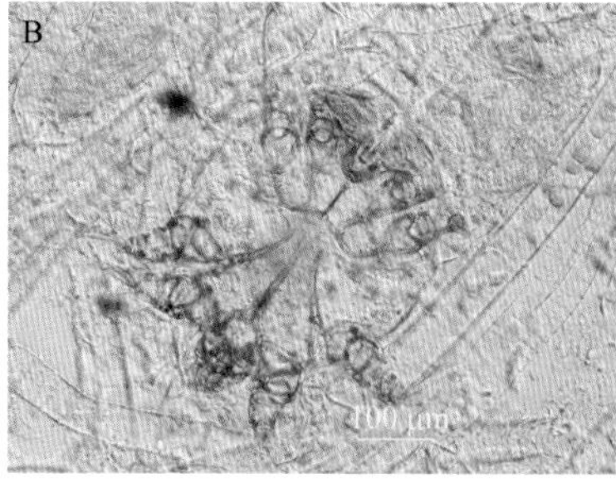

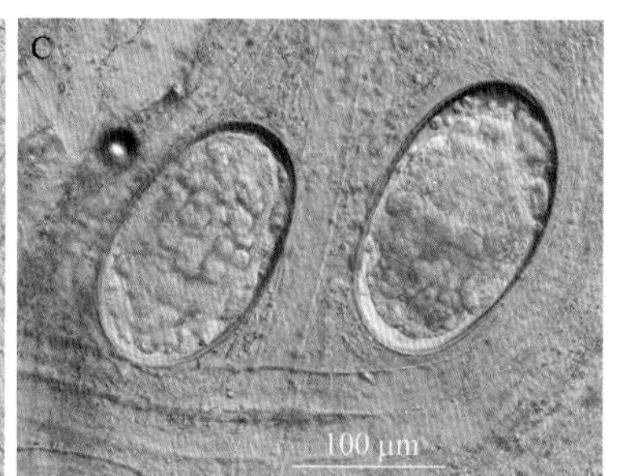

图 43 犬疥螨（拍摄者：刘贤勇）
A. 成虫背面；B. 成虫腹面；C. 虫卵

44 羊驼疥螨 *Sarcoptes scabiei* var. *aucheniae*

【关联序号】无。

【同物异名】无。

【宿主范围】美洲驼属的动物，包括原驼、骆马、美洲驼和羊驼。体表。

【地理分布】北京、广东、山东、山西、天津。

【形态结构】与猪疥螨相似。背部有较多的棒状刺。虫卵长椭圆形，淡黄色。

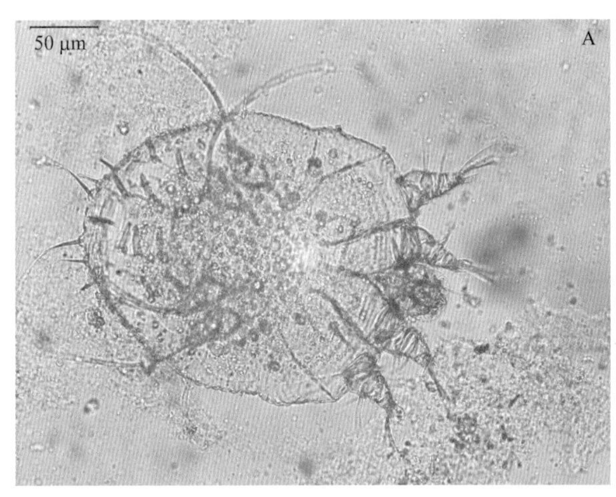

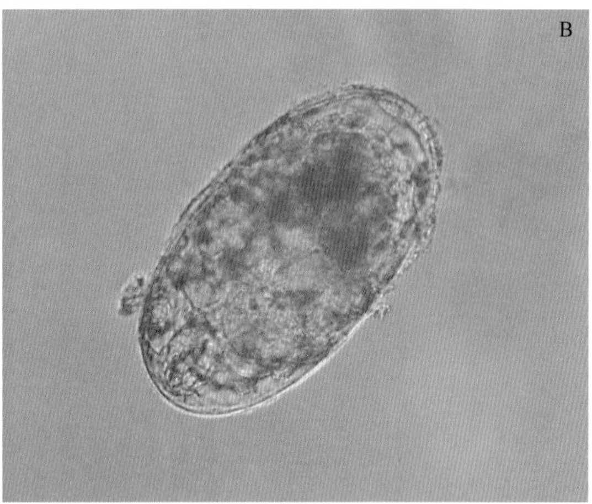

图 44　羊驼疥螨（拍摄者：潘保良）

A．雌螨背面；B．虫卵

7.2　背肛螨属

Notoedres Railliet, 1893

【形态结构】背肛螨属的螨虫形态与疥螨相似，虫体较疥螨小，典型特征是肛门位于虫体背面，离体后缘较远。

45 猫背肛螨 *Notoedres cati* Hering, 1838

【关联序号】93.1.1（95.2.1）/646

【同物异名】无。

【宿主范围】猫。面、鼻、耳、颈部皮肤。

【地理分布】北京、甘肃、河南、新疆。

【形态结构】肛门位于背面，离体后缘较远，肛门周围有环形的角质皱纹。背部皮棘和粗刺状毛较少。雌螨：0.20～0.45 mm×0.16～0.40 mm，第 1、第 2 对足有吸盘；雄螨体长 0.12～0.23 mm，第 1、第 2、第 4 对足有吸盘。

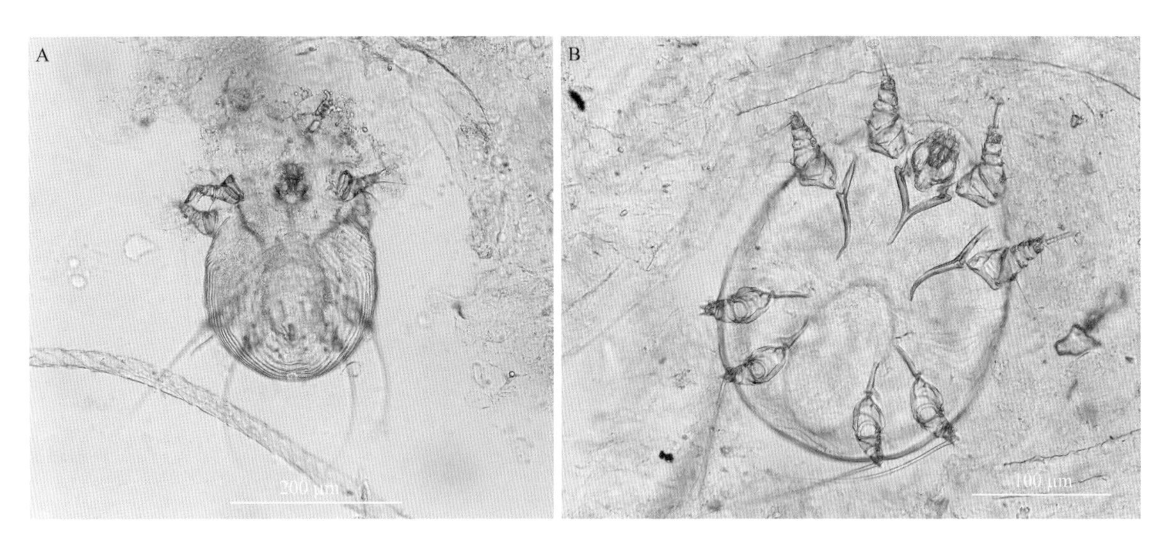

图 45　猫背肛螨（拍摄者：刘贤勇）

A．雌螨背面；B．雌螨腹面

7.3　膝螨属

Knemidocoptes Fürstenberg, 1870

【形态结构】虫体近圆形，背面无鳞片及刚毛，第 1 对足基节的支条延及背面，雄虫足端均有吸盘，雌虫足端全无吸盘。肛门位于体后端。

46　突变膝螨　*Knemidocoptes mutans* Robin, 1860

【关联序号】93.2.2（95.1.2）/645

【同物异名】 鳞足螨（scaly-leg mite），鸡腿疥螨。

【宿主范围】 家禽和野禽。鸡和火鸡中常见，雉鸡、金丝雀、猫头鹰、鹌鹑和鸵鸟等鸟禽类亦偶发。寄生于家禽表皮内，多见于宿主腿部无毛处，偶见于鸡冠和肉垂上。

【地理分布】安徽、北京、重庆、甘肃、广西、贵州、河北、河南、黑龙江、湖北、湖南、江苏、辽宁、宁夏、山东、陕西、四川、天津、新疆、浙江。

【形态结构】成螨呈近球形，直径约为 0.5 mm，腿短粗，表皮上有明显的横纹，横纹不连续，体表无刚毛。

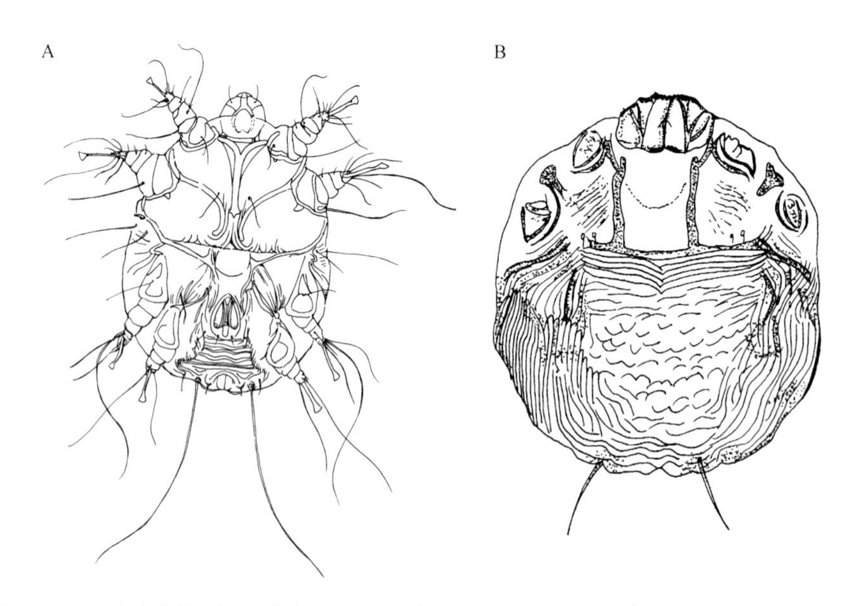

图 46　突变膝螨［绘制者：韩娇娇，潘保良；仿李德昌，1996（引自：赵辉元，1996）］
A. 雌螨腹面；B. 雄螨腹面

47 鸡膝螨　*Knemidocoptes gallineae* Railliet, 1887

【关联序号】93.2.1（95.1.1）/644

【同物异名】无。

【同物异名】脱羽螨（depluming mite）。

【宿主范围】家禽和野禽；多寄生于宿主的头部、背部、颈部、腹部、肛门周围和腿上部。虫体主要寄生于表皮内，可侵入羽轴中。

【地理分布】安徽、北京、重庆、甘肃、广西、贵州、河北、河南、黑龙江、湖北、湖南、江苏、辽宁、宁夏、山东、陕西、四川、天津、新疆、浙江。

【形态结构】形态与突变膝螨相似。鉴别特征：鸡膝螨虫体较大，背部的横纹连续不间断。

8 痒螨科　Psoroptidae Canestrini, 1892

【形态结构】与疥螨相似。虫体呈卵圆形，较疥螨大而长。有盾板、末体盾板和基节内突。无眼和气门。假头较长；螯肢呈钳状。足呈长圆锥形；前 2 对足显著粗大；后 2 对足细长，突出体外。雄螨第 4 对足短于第 3 对足。足末端为吸盘或刚毛；吸盘柄长短不一，有的种分节。雌螨产卵孔为一横纹，两侧有生殖内突，呈倒“U”形。雄螨有 1 对肛吸盘，有的体后缘有尾突。

8.1 痒螨属

Psoroptes Gervais, 1841

【形态结构】痒螨的成螨个体较疥螨大，呈长圆形，长宽为 0.50～0.90 mm×0.20～0.52 mm，肉眼可见。假头基背面后方无粗短垂直刚毛。刺吸式口器，较长，呈圆锥形。螯肢细长，两趾上有三角形齿；须肢亦细长。躯体背面表皮有细皱纹；虫体透明的淡褐色角皮上有稀疏的刚毛和细皱纹。肛门位于躯体末端。足较长，特别是前 2 对足较后 2 对足粗大。雄螨第 1、第 2、第 3 对足有吸盘，吸盘位于分 3 节的柄上，第 4 对足特别短，无刚毛和吸盘。躯体末端有 2 个大结节，上有长刚毛数根；腹面后部有 2 个吸盘；生殖器居于第 4 基节之间。有性吸盘和尾突。雌螨第 1、第 2、第 4 对足上有吸盘，第 3 对足上各有 2 根长刚毛。躯体腹面前部有 1 个宽阔的生殖孔，后端有纵裂的阴道；躯体末端为肛门，位于阴道背侧。若螨具 4 对浅棕色足，除第 3 对足端部为长刚毛外，其余 3 对足均具吸盘。

48 兔痒螨 ***Psoroptes equi* var. *cuniculi* Delafond, 1859**

【关联序号】94.1.1.3（93.3.1.3）/649

【同物异名】兔耳（痒）螨。

【宿主范围】兔。体表，外耳道。

【地理分布】安徽、北京、重庆、甘肃、广西、河北、河南、黑龙江、湖北、湖南、吉林、江苏、江西、辽宁、宁夏、青海、山东、山西、陕西、上海、四川、天津、新疆、浙江。

【形态结构】虫体呈长圆形，口器呈长圆锥形。螯肢细长，趾上有三角齿，须肢细长。体表有细皱纹，肛门在躯体末端。足较长，尤其是前 2 对足。雄螨前 3 对足和雌螨第 1、第 2、第 4 对足都有吸盘，吸盘长在一个分 3 节的柄上。雄螨第 4 对足很短，没有吸盘，有刚毛；雌螨第 3 对足上各有 2 根刚毛。雄螨长宽为 0.52～0.59 mm×0.33～0.41 mm（包括假头，不包括体末端结节）。体末端有 2 个大结节，结节上各有长毛数根；腹面后部有 2 个性吸盘，生殖器居于第 4 基节间。雌螨长宽为 0.58～0.82 mm×0.41～0.51 mm（包括假头），腹面前部有 1 个生殖孔，后端有纵裂的阴门，阴门背侧为肛门。体后端有 2 丛刚毛。

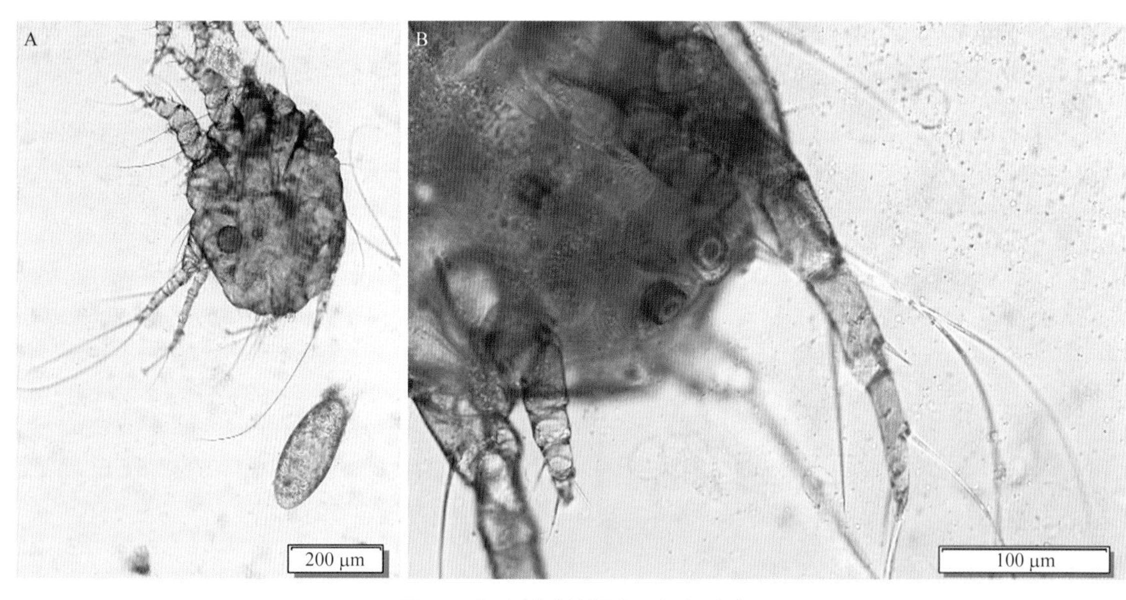

图 48　兔痒螨（拍摄者：潘保良）

A．雌螨背面和虫卵；B．雄螨尾部

8.2　耳痒螨属

Otodectes Canestrini, 1894

只有犬耳痒螨（*Otodectes cynotis* Hering, 1838）1 个种。可分为猫耳痒螨（*Otodectes cynotis* var. *cati*）和犬耳痒螨（*Otodectes cynotis* var. *canis*）2 个亚种。2 个亚种形态相似。

49　猫耳痒螨　*Otodectes cynotis* var. *cati*

【关联序号】无。

【同物异名】 犬耳痒螨猫变种。

【宿主范围】 猫。外耳道皮肤表面。

【地理分布】安徽、北京、重庆、甘肃、广东、广西、河北、河南、黑龙江、湖北、湖南、吉林、江苏、江西、辽宁、宁夏、青海、山东、山西、陕西、上海、四川、天津、新疆、浙江。

【形态结构】虫体乳白色，椭圆形。雄螨：0.36～0.39 mm×0.27～0.28 mm，4 对足的末端均有具短柄的吸盘，柄不分节；第 1、第 2、第 3 对足较长，足的各枝节有 1～2 根短纤毛，第 4 对足不发达，其上有 2 根刚毛。雌螨：0.47～0.53 mm×0.27～0.35 mm，第 1、第 2 对足的末端均有吸盘，足枝节上各有 1～2 根纤毛，第 4 对足末端有一较长刚毛。幼螨：0.21～

0.25 mm×0.12～0.16 mm，3 对足，第 1、第 2 对足末端有足吸盘，第 3 对足末端有 2 根刚毛，各足枝节上有纤毛。虫卵呈卵圆形，0.19～0.21 mm×0.09～0.12 mm。

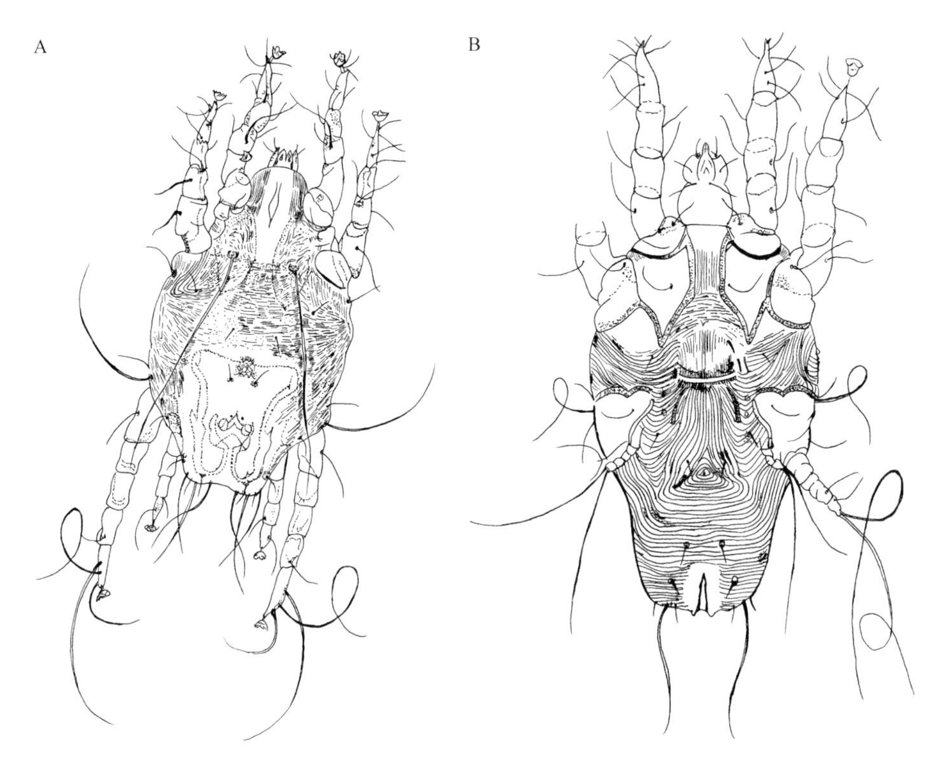

图 49-1　猫耳痒螨［绘制者：韩娇娇，潘保良；仿李德昌，1996（引自：赵辉元，1996）］
A. 雄螨背面；B. 雄螨腹面

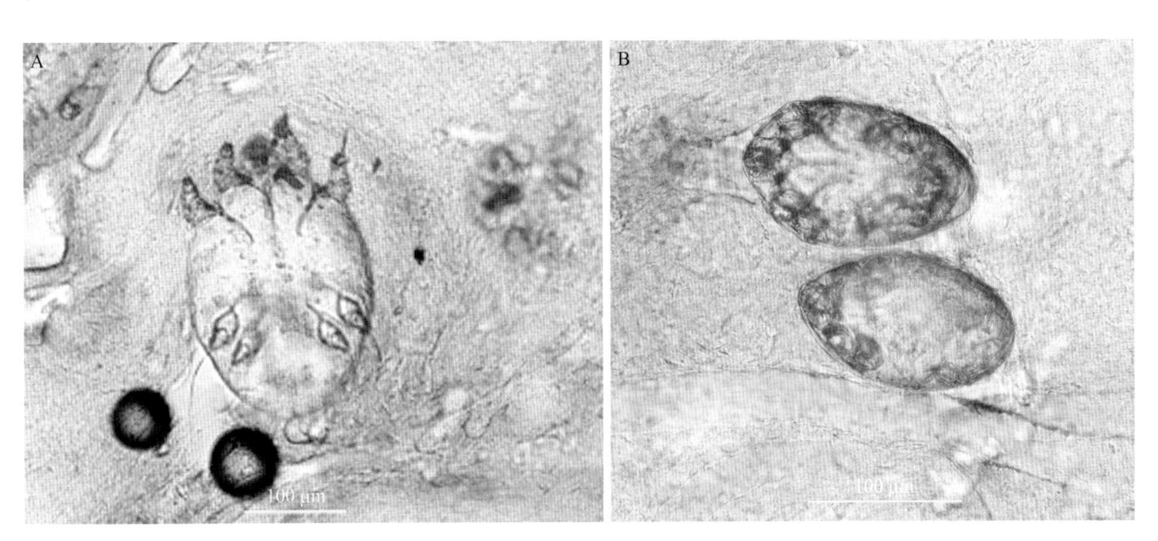

图 49-2　猫耳痒螨（拍摄者：刘贤勇）
A. 雌螨腹面；B. 孵化中的虫卵

50 犬耳痒螨 *Otodectes cynotis* var. *canis* Hering, 1838

【关联序号】94.3.1.1（93.2.1.1）/652

【同物异名】犬耳痒螨犬变种。

【宿主范围】犬、猫。外耳道皮肤表面。

【地理分布】河南、黑龙江、吉林、江苏、辽宁、陕西、四川、新疆、云南。

【形态结构】雄螨体长 0.36～0.38 mm，第 3 对足末端有 2 根细长的毛；雌螨体长 0.46～0.53 mm。其他特点与猫耳痒螨相似。

8.3 足螨属

Chorioptes Gervais & van Beneden, 1859

【形态结构】与痒螨相似，呈卵圆形，体长 0.3～0.5 mm，整个虫体分为假头和躯体 2 个部分。假头由背面的 1 对螯肢、1 对须肢和 1 个口下板组成。虫体体表有细纹；口器较短，呈锥形；足长，跗节吸盘的柄短而不分节；肛门位于虫体末端。雌螨 4 对足，第 1、第 2、第 4 对足上有吸盘，第 3 对足上有刚毛。雄螨 4 对足，第 1、第 2、第 3、第 4 对足上均有吸盘，第 4 对

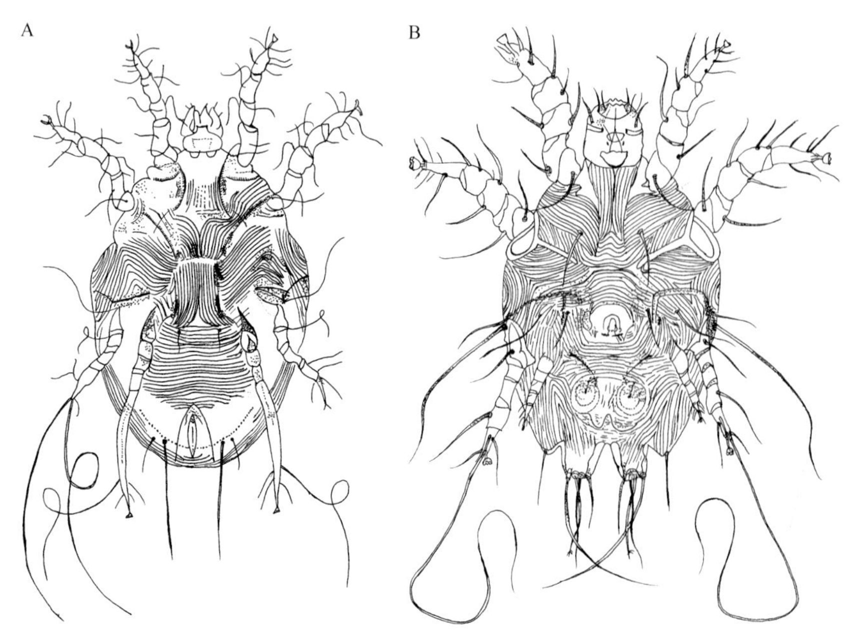

图 50 足螨［绘制者：韩娇娇，潘保良；仿李德昌，1996（引自：赵辉元，1996）］

A. 雌螨腹面；B. 雄螨腹面

足极短，从背面不能被看见。生殖孔位于第 3、第 4 对足之间。体末端有 2 个结节，结节的前方腹面有 1 对环状性吸盘，性吸盘上有刚毛。

9 巨刺螨科 Macronyssidae Oudemans, 1936

9.1 禽刺螨属 *Ornithonyssus* Sambon, 1928

51 林禽刺螨 *Ornithonyssus sylviarum* (Canestrini & Fanzago, 1877)

【关联序号】无。

【同物异名】北方羽螨（northern fowl mite）。

【宿主范围】鸡，以及数十种家禽或野禽，如鸽子、雨燕、鱼鹰等。

【地理分布】北京、山东、新疆。

【形态结构】一种吸血性外寄生虫。成螨长 0.75～1.0 mm，颜色取决于体内吸食血液的消化程度，可呈现白色至暗红色。外形与皮刺螨相似。鉴别要点：林禽刺螨个体较鸡皮刺螨小，背部盾板后端突然变细，呈舌状。肛板呈卵圆形，肛孔位于前半部。螯肢呈剪状，体表的刚毛比皮刺螨多。雌螨胸板上有 2 对刚毛。

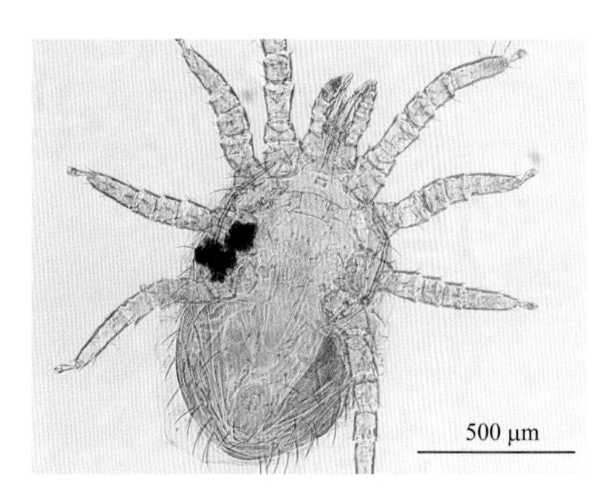

图 51 林禽刺螨（拍摄者：潘保良）
腹面

52 囊禽刺螨 *Ornithonyssus bursa* (Berlese, 1888)

【关联序号】无。

【同物异名】 热带禽螨（tropical fowl mite）。

【宿主范围】 多种家禽和野禽，如鸭子、火鸡、鹰。体表。

【地理分布】新疆、云南。

【形态结构】吸血性外寄生虫。形态与林禽刺螨相似。鉴别特征：盾板两侧自足基节Ⅱ水平线后逐渐变窄，盾板后端有 2 对发达的刚毛，腹板上有 3 对刚毛，螯肢呈剪状。

10 胞螨科 Cytoditidae Oudemans, 1908

【形态结构】小型螨，不到 1 mm，卵圆形，乳白色。只有少数短的刚毛。颚体退化，螯肢位于须和颚体结合形成的 1 个管内。足具吸盘。主要寄生于禽类气囊等呼吸器官中，俗称气囊螨。

10.1 胞 螨 属

Cytodites Megnin, 1879

【形态结构】形态特征同科。

53 气囊胞螨 *Cytodites nudus* Vizioli, 1870

【关联序号】95.1.1（98.1.1）/653

【同物异名】 寡毛鸡螨。

【宿主范围】 鸡，也可寄生于火鸡、雉、鸽等。为内寄生螨，寄生于腹腔、皮下结缔组织及肌膜之间；也可寄生于气管、支气管、肺、气囊及与呼吸道相连的骨腔内。

【地理分布】河北、天津、新疆。

【形态结构】虫体呈黄白色点状，卵圆形。雌螨长宽为 0.48～0.65 mm×0.33～0.50 mm。雄螨略小于雌螨。颚体呈拇指状。须肢和螯肢均不发达，融为一体，周围有膜状结构。虫体体表无皱纹、棘突、刚毛，仅有细小的网纹或斜纹。足 4 对，均伸出虫体边缘；前 2 足距离较近，较粗。各足分 5 节。各足的基节在腹面形成橙黄色的几丁质支条。在第 1 对和第 2 对足的跗节上各有 1 个棒状的刺突。雌螨的第 1 对和第 2 对足的跗节末端有不分节的长柄连接的喇叭形吸盘。第 3 对和第 4 对足的跗节末端为不分节的长柄连接的爪，爪呈弧形，有爪垫。生殖孔开口于第 2 对足基节连线的腹面中央，为一“⊥”形的裂隙，前方有一长条状的纵向裂隙。雄螨与雌螨形态相似，主要区别是：每对足的末端均以很短的柄连接着爪，爪呈弧形，有爪垫。生殖孔开口于第 4 对足水平连线的腹面中央，为一圆形的孔状结构，其后端有 1 对几丁质板，呈不规则的方形。生殖孔前方有一长椭圆形的下凹区。雌螨和雄螨的肛孔均开口于虫体的末端中央，为一纵向裂隙，边缘有一小的锥形突起。

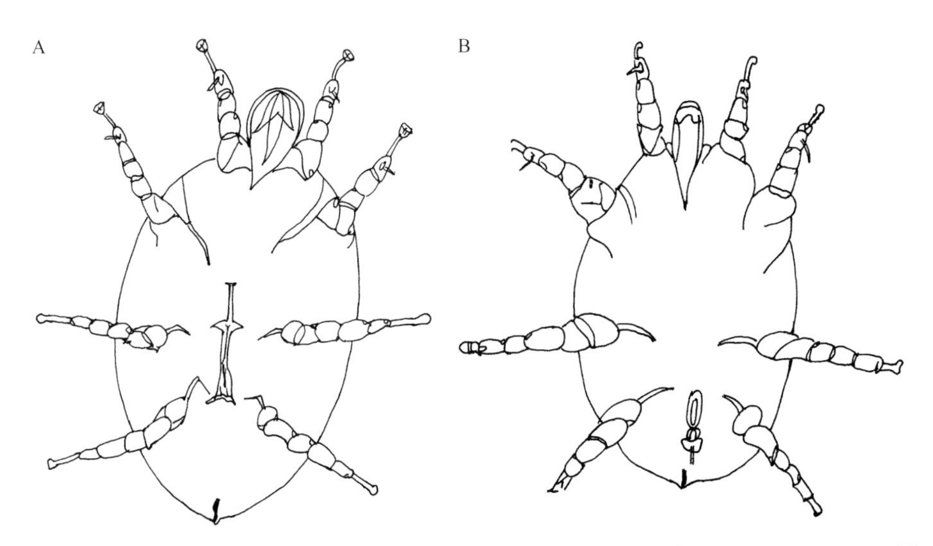

图 53　气囊胞螨［绘制者：韩娇娇，潘保良；仿李德昌，1996（引自：赵辉元，1996）］
A．雌螨腹面；B．雄螨腹面

11　皮膜螨科　Laminosioptidae Vitzhum, 1931

【同物异名】鸡雏螨科。

【形态结构】小型螨，长不到 0.3 mm。虫体长形，前 2 对足无吸盘及爪，跗节常形成尖爪状，后 2 对足有小型吸盘生于长柄上，雌雄性均无生殖吸盘。

11.1　皮膜螨属 *Laminosioptes* Megnin, 1880

【形态结构】特征同科。

54　禽皮膜螨　*Laminosioptes cysticola* Vizioli, 1870

【关联序号】96.1.1（91.1.1）/654

【同物异名】 囊鸡雏螨。

【宿主范围】 鸡、鸭、鹅。肌间结缔组织与肌膜间，腹腔各脏器表面及腹膜、肺、皮下。

【地理分布】河北、江苏、新疆。

【形态结构】虫体呈淡黄白色，长卵圆形。较气囊胞螨小，长宽为0.21～0.28 mm×0.084～0.14 mm，雄螨略小于雌螨。颚体近似长圆锥形，很不发达。须肢1对，分节不明显，侧旁有1根短的刚毛，周围包有膜状物。螯肢1对，呈长椭圆形，末端有一板状齿。虫体背腹面光滑，有不明显的网状或斜条状的纹。体表有8～9根刚毛，其中，体两侧的2对、第2对足基节支条后方的1对及体后端的1对刚毛较粗、较长。足4对，均伸出体缘，后2对足较细长，前2对足和后2对足相距较远。足均为5节。雌螨第1对足和第2对足跗节末端为一不分节的长柄，柄的末端无爪；第3对足和第4对足的跗节末端为一不分节的柄连接的小吸盘。生殖孔位于第3对足和第4对足基节水平连线的中央，为一纵行裂隙，前端为纵三角形的飞矛状，两侧各有一几丁质板。雄螨前2对足跗节末端为一粗刚毛，后2对足跗节末端为一不分节柄连接的小吸盘，且有2～3根短而细的刚毛。生殖孔位于第4对足基节支条后方中央，呈长圆形，前方有一三角形的几丁质板。雌螨、雄螨的肛孔均位于虫体后端，呈长椭圆形，中央凹陷，边缘凸起。

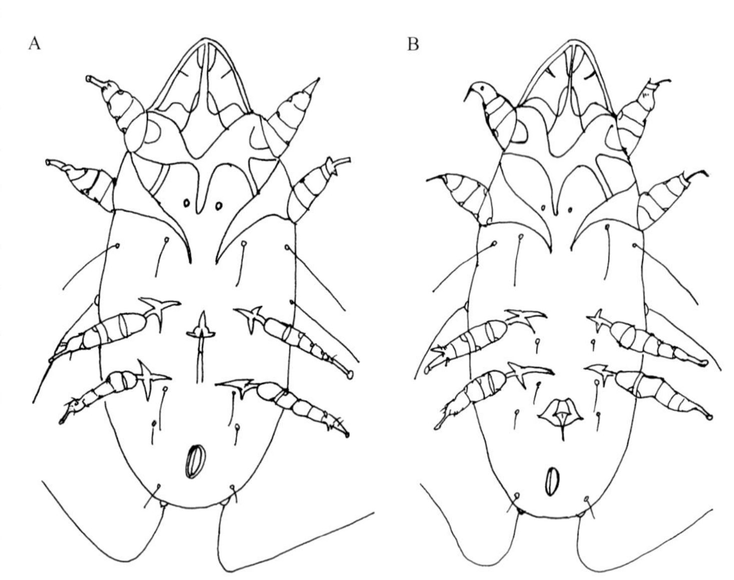

图54 禽皮膜螨［绘制者：韩娇娇，潘保良；仿李德昌，1996（引自：赵辉元，1996）］
A．雌螨腹面；B．雄螨腹面

12 瓦螨科 Varroidae Delfinado & Baker, 1974

【形态结构】雌螨气门和气门沟位于腹侧面；气门沟短而呈半环，在基节Ⅳ附近指向后方或侧方；躯体骨化强，具单一背板，其上密生背毛；胸叉、胸板、生殖腹板与厉螨——皮刺螨类群相似；而颚基毛的排列相似于典型的粗尾螨总科（Trachytoidea）和尾足螨总科（Uropodoidea）螨类。但颚基毛减少和螯肢的结构是独特的。

12.1 瓦 螨 属

Varroa Oudemans, 1904

【形态结构】雌成螨呈横椭圆形，棕褐色，胸板呈新月形，具5～6对刚毛；肛板呈倒三角形；腹侧板和后足板宽大，呈三角形；螯肢定趾退化短小，动趾较长而尖利；足短粗强壮。雄成螨卵圆形，较雌螨小，黄白色略带棕黄色。

55 狄斯瓦螨 *Varroa destructor* Anderson & Trueman, 2000

【关联序号】无。

【同物异名】 无。

【宿主范围】 主要寄生于西方蜜蜂（western honeybee），在我国意大利蜜蜂（*Apis mellifera* L.）群中100%寄生。

【地理分布】呈全国性分布。

【形态结构】雌螨呈横椭圆形，宽大于长。体长1.1～1.2 mm，宽1.6～1.8 mm。体色为棕褐色。背部明显隆起，腹面平，略凹，侧缘背腹交界处无明显界限。有背板1块，体背全部及腹面的边缘板上密布刚毛，背板两侧有15～26对棘状刚毛。腹板由数块骨片组成。足4对，短粗强健。每只足的跗节末端均有钟形的爪垫（吸盘）。前足具感受化学物质的器官（嗅觉器），其上具不同形状和大小的感觉器。

雄螨躯体卵圆形，长0.8～0.9 mm，宽0.7～0.8 mm，有背板1块，覆盖体背全部及腹面边缘。背板边缘部有刚毛足4对，形态结构与雌螨相似。

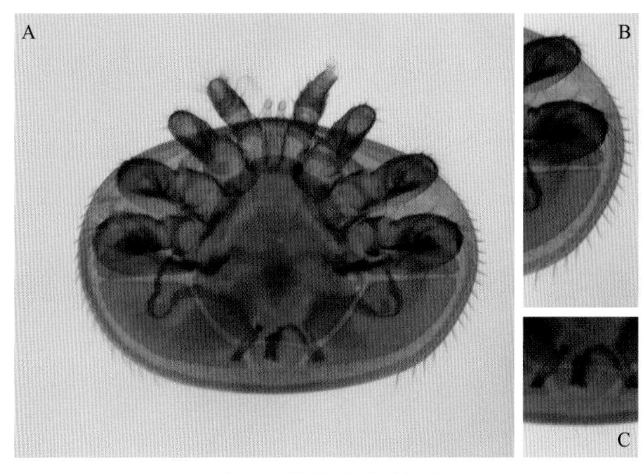

图 55-1 狄斯瓦螨雌螨（拍摄者：王强）
A．背面观；B．背板一侧的棘状刚毛；C．呈倒三角形的肛板

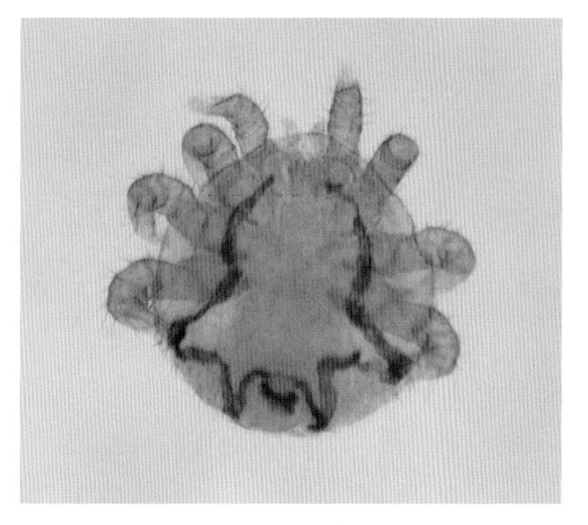

图 55-2 狄斯瓦螨雄螨（拍摄者：王强）

狄斯瓦螨是我国人工饲养意大利蜜蜂的主要寄生虫害，不但造成蜜蜂个体因寄生而体质衰弱，而且可传播病毒等疾病。狄斯瓦螨在我国南方全年均可繁殖，在北方随蜂群以成螨在蜂体及蜂箱中越冬。雌螨将卵产于有蜜蜂幼虫的巢房内，卵经 24 h 孵化为 6 足幼虫，经 48 h 变为 8 足的若虫，再经 3 天发育为成螨，整个发育期为 6～9 天。

13 厉螨科 Lealapidae Berlese, 1892

13.1 热厉螨属 *Tropilaelaps* Vitzthum, 1926

56 梅氏热厉螨 *Tropilaelaps mercedesae* Delfinado & Baker, 1961

【关联序号】无。

【同物异名】 无。

【宿主范围】 可侵染包括西方蜜蜂（western honeybee）、东方蜜蜂（eastern honeybee）、大蜜蜂等几乎所有人工饲养或野生蜂群。

【地理分布】呈全国性分布。

【形态结构】体形呈卵圆形，浅棕黄色，前端略尖，后端钝圆，体长 0.97 mm，宽 0.49 mm。须肢叉毛不分叉。背板覆盖整个背面，其上密布光滑刚毛。胸板前缘平直。后缘强烈内凹，呈弓形。前侧角长，伸达基节Ⅰ、Ⅱ之间。生殖腹板狭长，达到或几乎达到肛板的前缘。后端平截，具刚毛 1 对。肛板前缘钝圆，后端平直，有平顶钟形，也有尖点钟形，长宽各为 230 μm 和 150 μm，具刚毛 3 根；气门沟前伸至基节Ⅰ、Ⅱ之间。气门板向后延伸至基节Ⅳ后缘。腹部表皮在基节Ⅳ之后密布刚毛，毛基骨板骨化强，呈棱形。螯肢略超出背板。

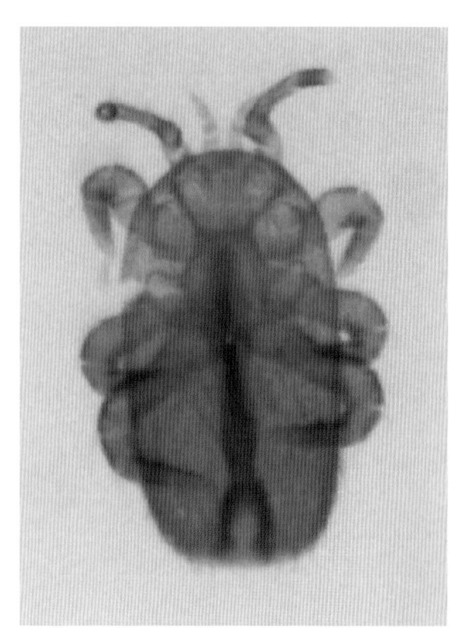

图 56 梅氏热厉螨雌螨（拍摄者：王强）

该螨主要靠吸食蜂幼虫及蛹血淋巴为生，无法寄生并吸食成年蜂血淋巴，因此其在蜂群内的基数变化与蜂群繁殖季节高度吻合。目前尚无直接证据表明在北方地区存在中间寄主供该螨越冬。

昆虫纲 Insecta Linnaeus, 1758

【形态结构】躯干分头、胸、腹3部，头部有1对触角，1对大的复眼，口器分上唇、上咽、舌、大颚、小颚、下唇等。胸部分前、中、后3节，每节有1对足，各足分基节、转节、股节、胫节和跗节。有的昆虫胸部还有1～2对翅或平衡棒，腹部一般分节比较明显，除外生殖器外，各节上均无成对附肢突起。体被有甲壳状外骨骼。有消化器官，从口至肛门的消化管，分前、中、后肠3段，有马氏管，为排泄器官。呼吸器官有1对纵列两侧的气管，开口于两侧的气门，气管还有分支。有的昆虫还有气囊。有循环系统，由背管、血腔和无色的血液组成。有神经系统，由脑（食管上神经节）和一系列的神经节、神经索及纤维组成。发育过程分别有全变态、不全变态、无变态3种。

虱　目

Anoplura Leach, 1815

【形态结构】亦称为吸虱。体长不超过 6 mm，无翅，背腹扁平，具较厚的几丁质外皮，头部较胸部窄，呈菱形或锥形，头前端为口器与唇基，其后为额片。口器为刺吸型，包括吸柱，口的周围有口前齿 15～16 个、刺器囊、刺器、口漏斗等，刺器又包括背刺、腹刺、唾液管刺等。无触须，触角 3～5 节，复眼退化，或无眼，胸节融合为一体。1 对气门位于前胸和中胸间，足粗短，足胫节端部有胫突，跗节尖端有个发达的爪，与胫突相对。腹部无真正尾铗。发育为无变态。

14　多板虱科　Polyplacidae Fahrenholz, 1912

我国多板虱科 7 属检索表

1. 腹部无侧背片，或仅余痕迹。寄生于兔……………血渴虱属 *Haemodipsus*
   腹部具明显的侧背片…………………………………………………………2
2. 头部腹面具棘或棘状小突……………………………………………………3
   头部腹面无棘…………………………………………………………………4
3. 头部腹面的棘遍布前头和后头，约 20 个。有 7 对侧背片。腹部具背、腹片。寄生于攀鼩目树鼩……………………………………树鼩虱属 *Sathrax*
   头部腹面的棘一般局限于头前部，约 10 个或更少，亦有无棘者。侧背片，数目不一，节Ⅷ无，有时节Ⅱ亦无。腹部无背、腹片。寄生于跳鼠·……………………………………………………真颚虱属 *Eulinognathus*
4. 侧背片Ⅱ显示纵分为 2 片，有薄膜相连。寄生于啮齿目、食虫目…………
   ………………………………………………………………多板虱属 *Polyplax*
   侧背片Ⅱ不纵分为 2 片…………………………………………………………5

5. 腹部背、腹片发育良好；雄性触角节Ⅲ具1或2棘状刚毛。背片Ⅱ后缘通常凹入，两端的几根刚毛稍大，并排列成放射状簇。寄生于松鼠……6
腹部背、腹片发育不良，或付缺；侧背片退化，通常前部呈膜质。雄性触角节Ⅲ具1棘状刚毛，背片Ⅱ不符合前述特征…… 拟颚虱属 *Linognathoides*
6. 腹片Ⅱ向两侧延伸与相应侧背片相关联。胸板具中央后突，侧后角不凸出。雄性触角节Ⅲ具1棘状刚毛……………………… 怪虱属 *Paradoxophthirus*
腹片Ⅱ不符合前述特征，胸板无中央后突，但后缘凹入，有凸出的侧后角。雄性触角节Ⅲ具2棘状刚毛……………新血虱属 *Neohaematopinus*

【形态结构】多板虱科是小到中型吸虱。头部触角5节（偶尔例外），通常性异型：雄性触角基节膨大，节Ⅲ前缘末端凸出，上具1或2个棘状刚毛。角后突各异。胸部中胸悬骨通常明显，一般具胸板，少有付缺者。无背窝。前腿较小而细，具小爪（偶尔例外），中腿大于前腿，后腿大于中腿（有少数例外），具较大、偶为扁形的爪。腹部背片及腹片一般发育完善，仅偶退化或消失。节Ⅱ腹片不向两侧延伸与相应侧背片关联（偶尔例外）。侧背片至少有1对，偶有完全付缺的，通常发育完善。少数侧后角呈游离的小尖角，不形成后叶突，不重叠。具6对气门。雄性外生殖器具发育良好、形状各异的阳基内突、阳基侧突和阳茎。雌性有发育良好的下生殖片和节Ⅷ、Ⅸ的生殖肢，受精囊通常不明显。寄生于原猴亚目、攀鼩目、啮齿目、兔形目及食虫目。

14.1 多板虱属

Polyplax Enderlein, 1904

【形态结构】触角5节，通常性异型：雄性触角节Ⅲ前端角凸出，上有小棘，胸板一般发育良好。前腿小，中、后腿渐大，后腿不变扁。腹部背、腹片通常发育良好；雌性通常节Ⅳ～Ⅶ背面及Ⅲ～Ⅶ腹面刚毛各2列，雄性每节背面刚毛1列，腹面节Ⅱ～Ⅲ 刚毛1或2列，其余腹节刚毛1列。节Ⅱ～Ⅲ的腹片不向两侧延伸与相应的侧背片接近或关联；侧背片位于节Ⅱ～Ⅷ，不相重叠。寄生于啮齿动物，但有1种寄生于食虫动物。

57 锯多板虱 ***Polyplax serrata*** **Burmeister, 1839**

【关联序号】无。

【同物异名】*Pediculus serratus* Burmeister, 1839。

【宿主范围】黑线姬鼠（*Apodemus agrarius*）、大林姬鼠（*A. speciosus* 或 *A. peninsulae*）、高山姬鼠或齐氏姬鼠（*A. chevrieri*）、中华姬鼠（*A. draco*）、大耳姬鼠（*A. latronum*）、小林姬鼠（*A. sylvaticus*）、小家鼠（*Mus musculus*）、褐家鼠（*Rattus norvegicus*）、社鼠（*Niviventer confucianus*）。

【地理分布】安徽、福建、甘肃、贵州、黑龙江、吉林、辽宁、宁夏、四川、陕西、云南。

【形态结构】与棘多板虱相似，但胸板向后延伸成明显的圆尖，前缘稍外凸，侧缘稍内凹。侧背片Ⅲ～Ⅵ两侧后角均呈小尖突，其刚毛虽均短，但侧背片Ⅳ的腹侧刚毛长于或等于此侧背片。

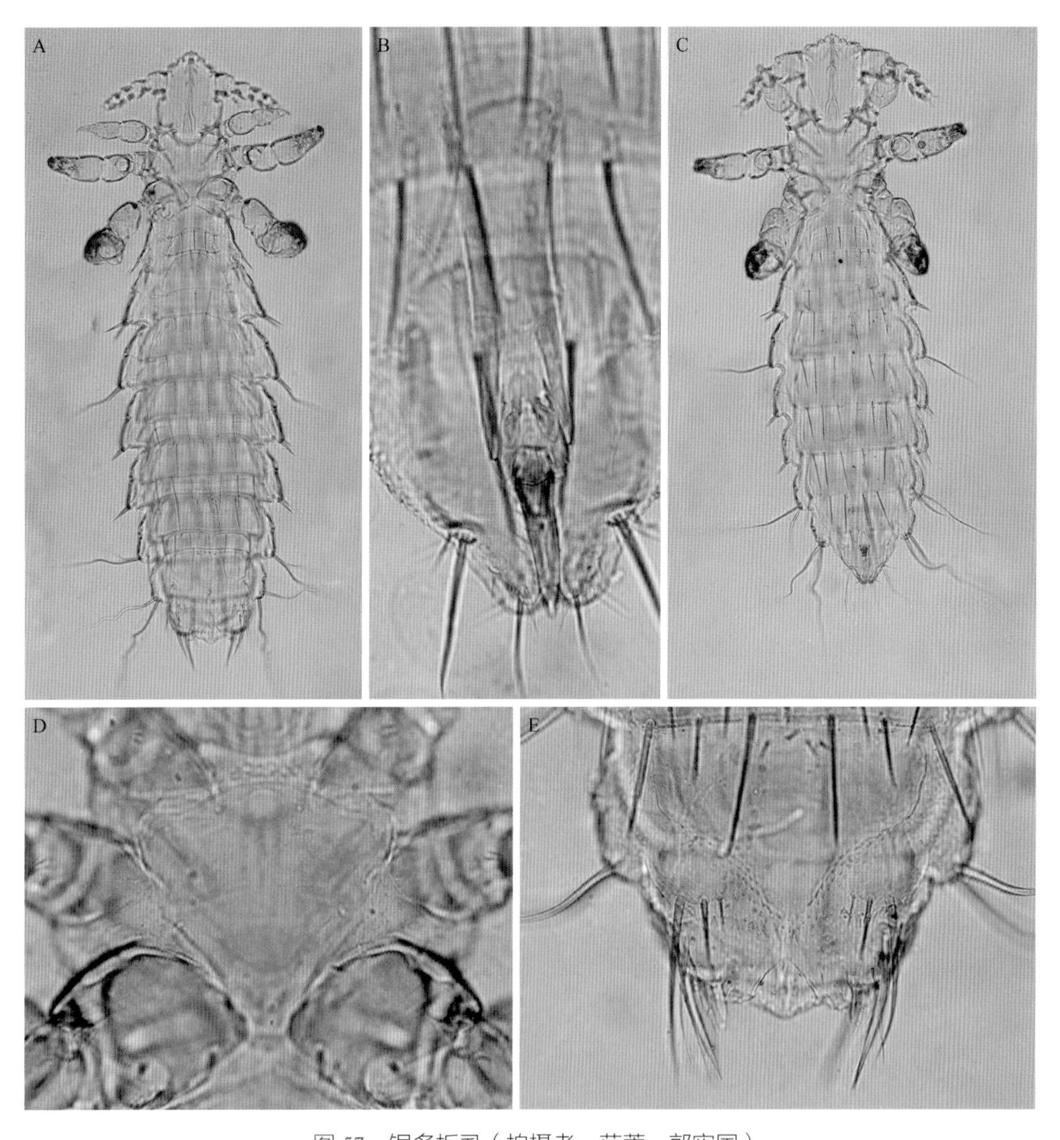

图 57　锯多板虱（拍摄者：范蓉，郭宪国）

A. 雌成虫，10×20；B. 雄性外生殖器，10×40；C. 雄成虫，10×20；D. 胸板，10×40；E. 雌性外生殖器，10×20

雌性体长 1.01～1.14 mm（平均 1.06 mm），体型较长，头前缘稍凸出，角后突钝圆，不明显。触角 5 节，基节较大，节Ⅱ的基部较细。胸部比头略宽，长宽约相等；前腿最小，依次增大；胸板呈盾形，前缘具小中央尖突，侧后缘略凹入，后突较长，末端钝圆。腹部较细长，至少为头胸长的 3 倍，背、腹面节Ⅲ～Ⅶ各有 2 硬化片，并各具刚毛 6 根；腹部节Ⅲ～Ⅶ后腹片各具列外侧刚毛 1 根，背面无列外侧刚毛。侧背片Ⅲ～Ⅵ呈三角形，两侧后角均尖，其刚毛约等长，均短于所附的侧背片之半，但节Ⅳ的腹侧刚毛甚长，约与侧背片等长。雄性体长 0.72～0.84 mm（平均 0.76 mm），头、胸均如雌性，但触角基节更大，其节Ⅲ前端角凸出成尖，末端有 1 棘状刚毛，指向背面，腹部背腹面每节各 1 硬化片，刚毛 6 根，无列外侧刚毛。侧背片如雌性。阳基内突前端较宽，两侧缘内凹，阳基侧突小，外缘较直，假阳茎后臂长，前臂短小，与阳基侧突后端关联。

58 棘多板虱 *Polyplax spinulosa* (Burmeister, 1839)

【关联序号】无。

【同物异名】*Pediculus spinulosus* Burmeister, 1839。

【宿主范围】黄胸鼠（*Rattus flavipectus*）、褐家鼠、黑家鼠（*R. rattus*）、拟家鼠（*R. pyctoris*）、大足鼠（*R. nitidus*）、大白鼠、社鼠、针毛鼠（*Niviventer fulvescens*）、安氏白腹鼠（*N. andersoni*）、小家鼠等。

【地理分布】福建、贵州、广东、广西、海南、四川、山西、上海、云南。

【形态结构】触角性异型。雄性触角基节很膨大，而节Ⅲ的端部背面延伸，并有 1 短、粗刚毛，侧背片Ⅲ～Ⅵ三角形，仅背面侧后角延伸成一短齿，刚毛均短于所附的侧背片。雄性阳基侧突短而凸出，假阳茎在其末端与之关联。

雌性体长 1.06～1.26 mm（平均 1.12 mm）。头长宽几相等，前缘仅稍外凸，几呈截状。触角 5 节，位于近头前缘，基节较大。角后突及后头角明显，两侧几近平行。外咽区隆起，有明显的外咽褶。胸部比头部略大；前腿最小，依次增大。均具尖爪；胸板较宽，盾形，其侧缘几近平行，后缘延伸成三角形，末端钝圆。腹部较长，有发育良好的背、腹片。节Ⅳ～Ⅶ背面每节各 2 片，各有刚毛约 6 根，排列稀疏，节Ⅱ及节Ⅲ分别为 2 片及 1 片，除节Ⅱ前片刚毛 2 根外，各有刚毛 4 根。腹面节Ⅲ～Ⅶ各 2 片，刚毛 6 根，节Ⅱ～Ⅲ各 2 片，刚毛 4 根。在节Ⅲ～Ⅶ的背面和节Ⅳ～Ⅶ的腹面各节后片与相应侧片之间各有 1 根列外侧刚毛。腹节Ⅱ侧背片背叶宽，其背后角呈一小尖突，游离于体表，腹叶宽。侧背片Ⅲ～Ⅵ呈三角形，仅背侧的侧后角延伸成小尖突，腹侧呈圆形，各具 2 短而较粗、刚劲的刚毛，约等长，均短于侧背片长之半。节Ⅶ～Ⅷ的侧背片较小，具长刚毛。雄性体长 0.82～0.91 mm（平均 0.88 mm）。头部触角节Ⅲ末端前角延伸成尖，其端部有 1 粗壮棘。胸、腹部如雌性者。阳茎内突短柱状，两侧略内凹；阳基侧突短，略等于阳基内突之宽，侧缘凸出；假阳茎约与阳基侧突等长，“Y”形，两臂与阳基侧突末端相关联，后臂挑向背面。

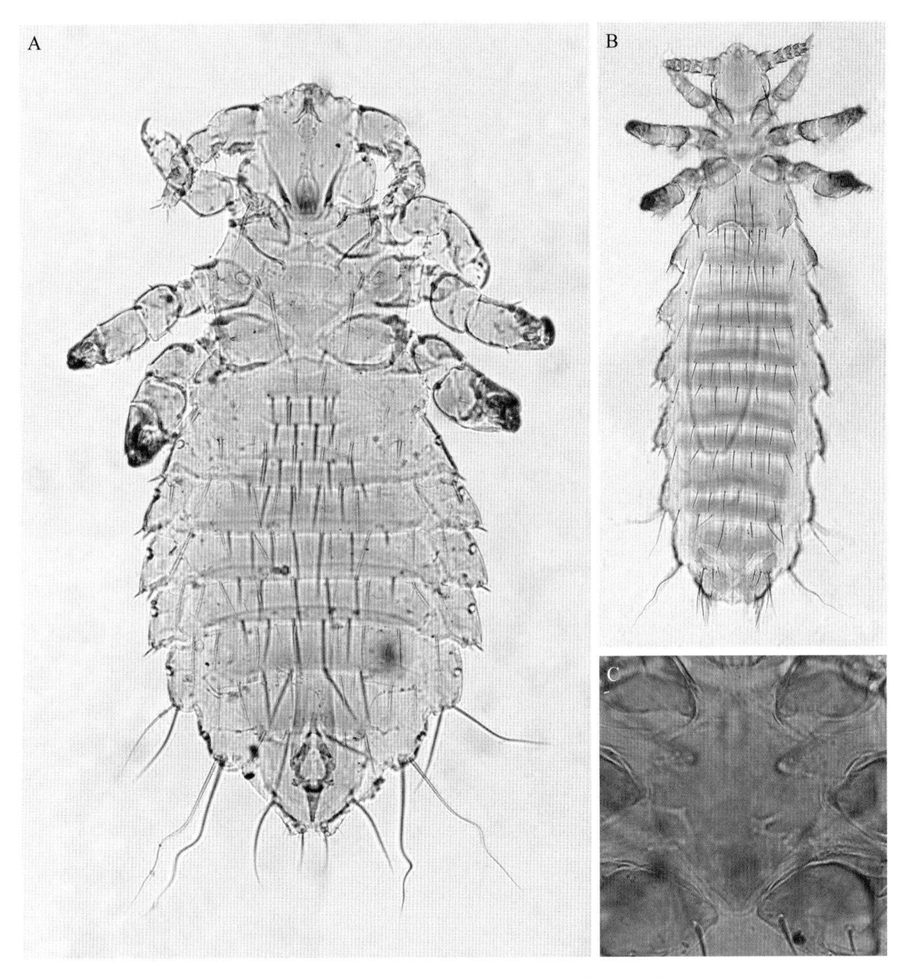

图 58　棘多板虱（拍摄者：范蓉，郭宪国）

A．雄成虫，10×20；B．雌成虫，10×20；C．胸板，10×40

59 亚洲多板虱 *Polyplax asiatica* Ferris, 1923

【关联序号】无。

【同物异名】*P. turkestanica* Влаговещенскии, 1950。

【宿主范围】姬鼠属（*Apodemus*）的部分鼠种、板齿鼠属（*Bandicota*）的部分鼠种（如印度板齿鼠 *B. indica nemerivoga* 和 *B. bengalensis*）、印度地鼠（*Nesokia indica*）、鼠属（*Rattus*）的部分鼠种（如 *R. turkistanicus*）等。

【地理分布】广西、四川、台湾、云南。

【形态结构】腹部硬化片发育不良，雌性无背、腹片，侧背片发育不良，略呈三角形，位于节Ⅱ～Ⅷ，节Ⅲ侧背片刚毛有1根极长，侧背片硬化均匀，节Ⅳ～Ⅵ背侧角突不明显延伸，背侧刚毛近端角，腹侧有小角突，后腿跗节无小角突，胸板盾形，气门正常，仅雄性腹部具背片。亚洲多板虱与跗突多板虱 *P. insulsa* 及大齿鼠多板虱 *P. dacnomydis* 相近，其与跗突多板虱的区别在于雌性腹部无硬化片；与大齿鼠多板虱的区别在于腹节Ⅳ～Ⅵ有背片，侧背片每侧均有角突。

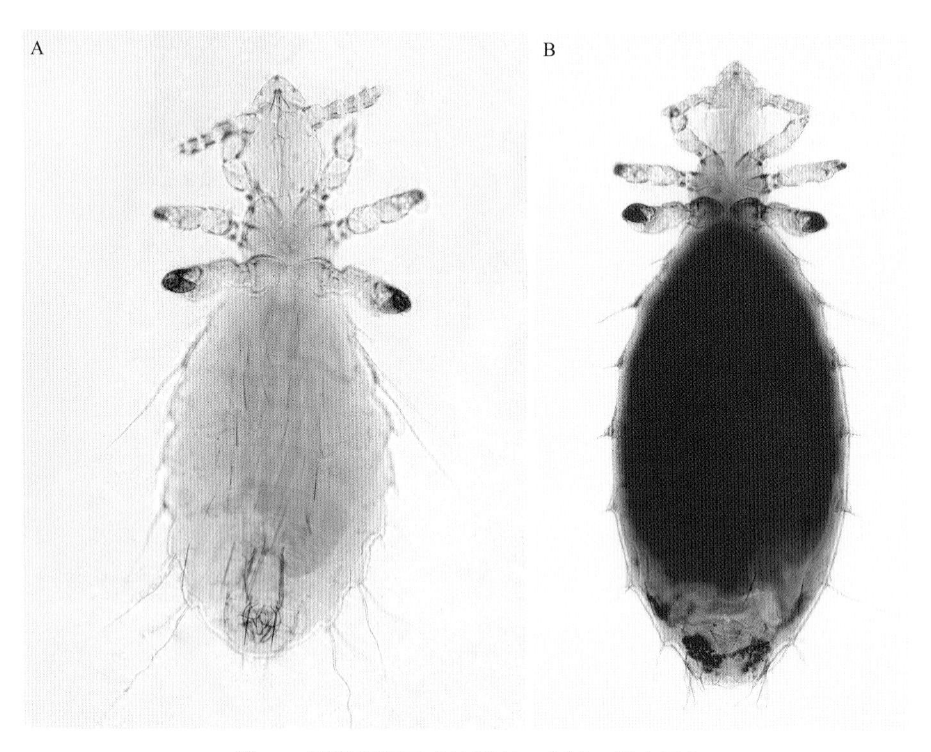

图59　亚洲多板虱（拍摄者：范蓉，郭宪国）

A. 雄成虫，10×20；B. 雌成虫，10×20

15　甲胁虱科　Hoplopleuridae Ewing, 1929

【形态结构】小型吸虱。头部无眼，具角后突，但发育各异，触角5节。胸部背面无背窝，胸板发育良好，通常向后延伸成指状突，其后端游离于体表，或仅后缘外凸成弧。前腿小，中腿较大，后腿最大，常呈宽扁形，具扁爪。后腿基节间通常有弱硬化钟形片。腹部一般具背、腹片，发育良好，但或缩小甚至付缺。通常腹节Ⅱ的腹片及腹节Ⅲ的前腹片向两侧延伸与相应的侧背片相关联，也有不延伸的。腹节Ⅲ的前腹片或较宽，近两端处常有2根较大刚毛，但有时有3或4根，或付缺。侧背片发育甚好，节Ⅳ～Ⅵ的侧背片包裹腹面两侧缘，并具后叶突，后叶突常覆盖后面侧背片的基部。气门6对。寄生于啮齿目及兔形目。

单一属：甲胁虱属 *Hoplopleura* Enderlein, 1904。

15.1 甲胁虱属 *Hoplopleura* Enderlein, 1904

【形态结构】与甲胁虱科特征相同，见前。

60 太平洋甲胁虱 *Hoplopleura pacifica* Ewing, 1924

【关联序号】无。

【同物异名】*H. oenomydis* Ferris, 1932。

【宿主范围】黑家鼠、褐家鼠、黄胸鼠、针毛鼠、台湾白腹鼠（*Niviventer coxingi*）拟家鼠、大足鼠、斯氏家鼠（*Rattus sladeni*）、社鼠。

【地理分布】安徽、福建、贵州、广西、广东、海南、山西、台湾、西沙群岛、云南。

【形态结构】侧背片除节Ⅱ及节Ⅵ背侧的后叶为尖突外，其余节Ⅲ～Ⅵ的各突均呈截状，后缘略凹入；节Ⅳ～Ⅵ背面的刚毛约与后叶等长，另1根十分微小，不易察见。侧背片Ⅶ腹侧的突很小，稍向内弯，上有齿状或鳞状纹。腹部节Ⅰ背面2根刚毛短于节Ⅱ背面的4根刚毛。

雌性体长1.14～1.35 mm（平均1.25 mm），头部凸出，角后突及侧后角明显。触角5节，基节膨大，节Ⅱ最长，其基部较细，感圈大，相连接。胸部比头稍大。前腿最小，后腿最大，具扁爪。胸板膨部呈圆形，具前、后突，其末端均呈截状。腹部背片均细长，横贯各节。节Ⅱ具1背片，节Ⅲ～Ⅶ各3背片；节Ⅰ具刚毛2根，节Ⅱ及节Ⅲ前列刚毛各4根，长于节Ⅰ的；节Ⅲ第2列及节Ⅶ各列刚毛6～8根；节Ⅷ刚毛1列4根；节Ⅴ～Ⅶ前2背片外侧各有列外刚毛1根，每侧共6根。腹面节Ⅱ腹片向两侧延伸与相应侧背片相关联，刚毛8根。节Ⅲ前腹片呈较宽带状，横向与侧背片相关联，两端的2根刚毛粗大，显然与众不同。节Ⅲ～Ⅶ各3腹片，刚毛各8根，节Ⅶ后列4根刚毛分两侧排列，列外刚毛每侧各5～6根。背腹面前3～4列刚毛较细弱，两侧及体后半部的刚毛渐呈扁形矛状。侧背片Ⅱ具尖状后叶，背侧刚毛长，腹侧稍短而弯。节Ⅲ～Ⅴ后叶截状，后缘略内凹，节Ⅲ的两侧刚毛均长于后叶，背侧的更长，节Ⅳ～Ⅵ侧背片的腹刚毛约等于后叶，背刚毛微小，不易察见；节Ⅶ仅具短小而钝的背后突，略

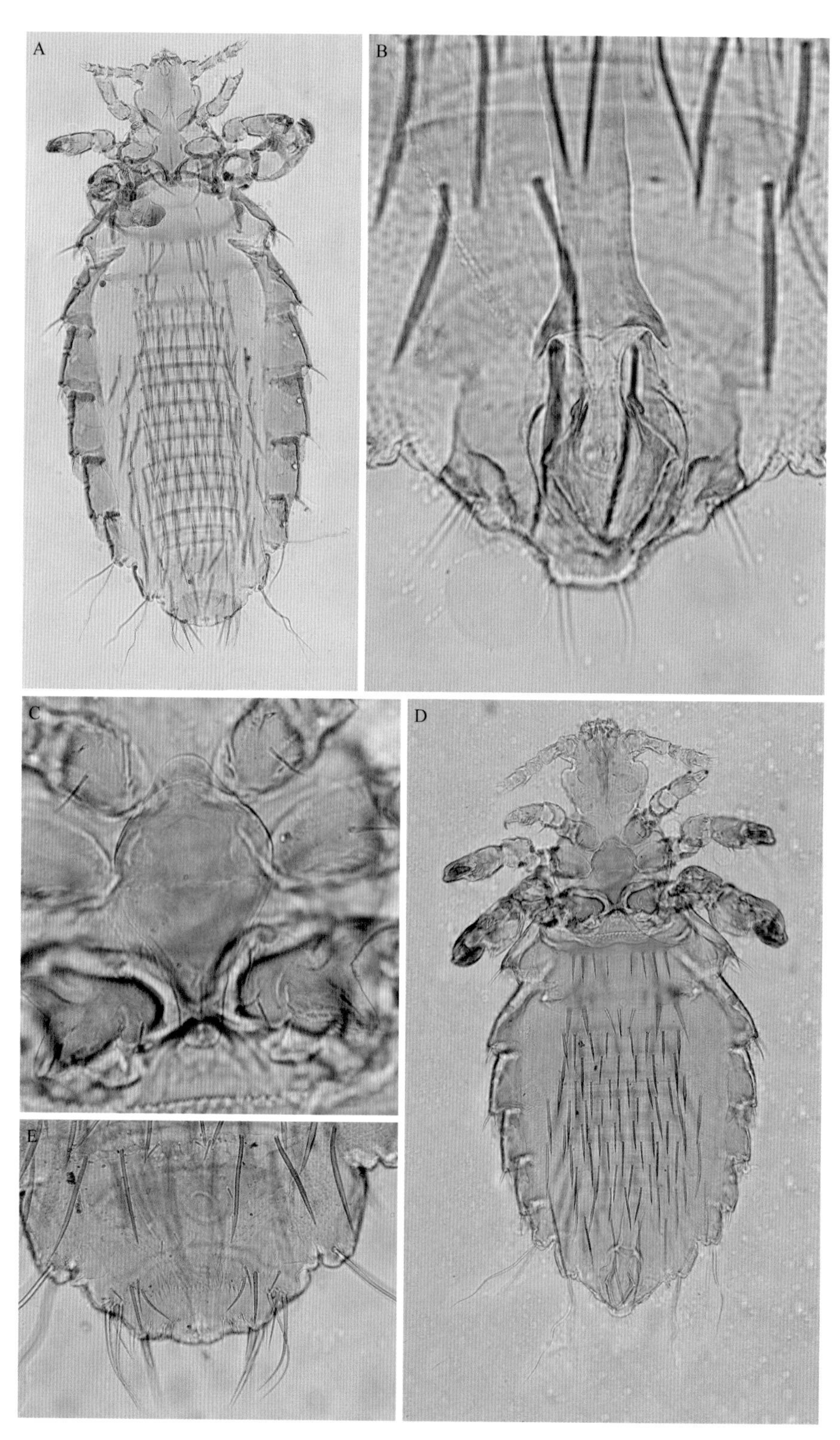

图 60　太平洋甲胁虱（拍摄者：范蓉，郭宪国）
A．雌成虫，10×20；B．雄性外生殖器，10×40；C．胸板，10×40；D．雄成虫，10×20；E．雌性外生殖器，10×40

向内弯，其上有齿或鳞状纹。雄性体长 0.86～1.05 mm（平均 9.67 mm）。头、胸部均如雌性。腹部比雌性的短、宽，或呈卵圆形，节Ⅲ 2 背片，余均 1 背片。节Ⅲ～Ⅵ各 2 腹片，刚毛约 8 根；节Ⅱ及节Ⅶ各 1 片。腹面每侧各有列外侧刚毛 4 根。侧背片同雌者。外生殖器阳基侧突在 1/4 后开始膨大外凸，假阳茎前臂外侧成角。

61 红姬甲胁虱 *Hoplopleura akanezumi* Sasa, 1950

【关联序号】无。

【同物异名】*H. himalayana* Mishra, 1973。

【宿主范围】大林姬鼠、中华姬鼠、小林姬鼠、高山姬鼠、大耳姬鼠。

【地理分布】安徽、四川、台湾、云南。

【形态结构】腹节Ⅲ的前腹片向两侧延伸，与相应的侧背片相关联或与之接近，其侧端各有 2 根较粗大刚毛，侧背片Ⅷ无后叶突，侧背片Ⅶ仅有 1 后叶突，侧背片Ⅲ的后叶突较窄，略呈指状，末端钝或截形。胸部背面在两气门间无长刚毛。红姬甲胁虱与相关甲胁虱的区别在于胸板具明显的前突，胸部背面的 1 对刚毛很短（难以认出），雄性腹部背面第 4 到第 7 节刚毛有列外侧刚毛各 1 根，气门较小。

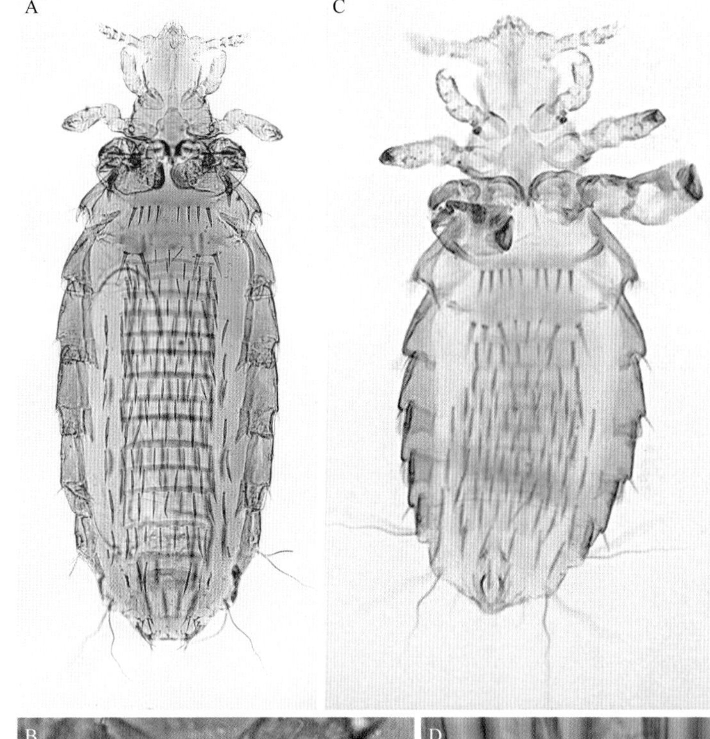

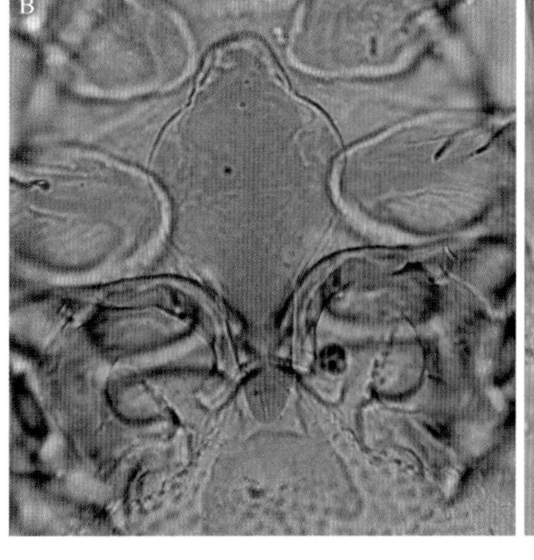

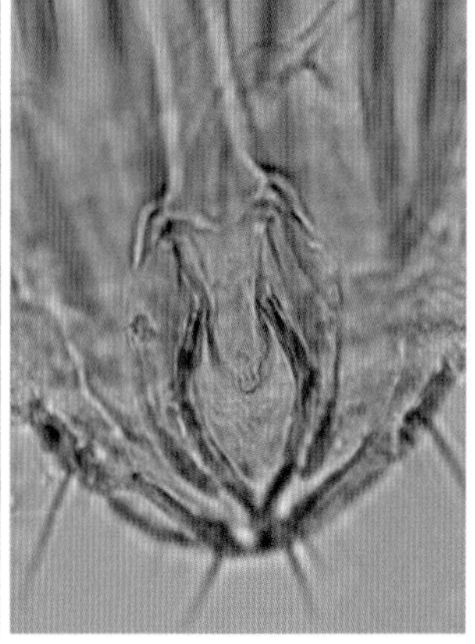

图 61　红姬甲胁虱（拍摄者：范蓉，郭宪国）

A. 雌成虫，10×20；B. 胸板，10×40；C. 雄成虫，10×20；D. 雄性外生殖器，10×40

62 克氏甲胁虱 *Hoplopleura kitti* Kim, 1968

【关联序号】无。

【同物异名】无。

【宿主范围】青毛鼠（*Berylmys bowersi*）、长尾巨鼠（*Leopoldomys edwardsi*）、针毛鼠、岩松鼠（*Sciurotamias davidianus*）、隐纹花松鼠（*Tamiops swinhoei*）。松鼠上的记录可能是采集时候的污染。

【地理分布】福建、贵州、广东、广西、四川。

【形态结构】腹节Ⅲ的前腹片不向两侧延伸，与侧背片间有相当的距离。侧端无较粗大刚毛。雌雄性腹部均具背、腹片，刚毛较少。头部腹面中央无硬化的纵条。侧背片Ⅳ～Ⅵ有1根微小刚毛，主要寄生于青毛鼠。克氏甲胁虱的近缘种是 *H. diaphora*，*H. diaphora* 的雌性腹节Ⅳ～Ⅵ无背、腹片，侧背片节Ⅳ～Ⅵ仅具1根刚毛长于所附的侧背片的2.3倍。

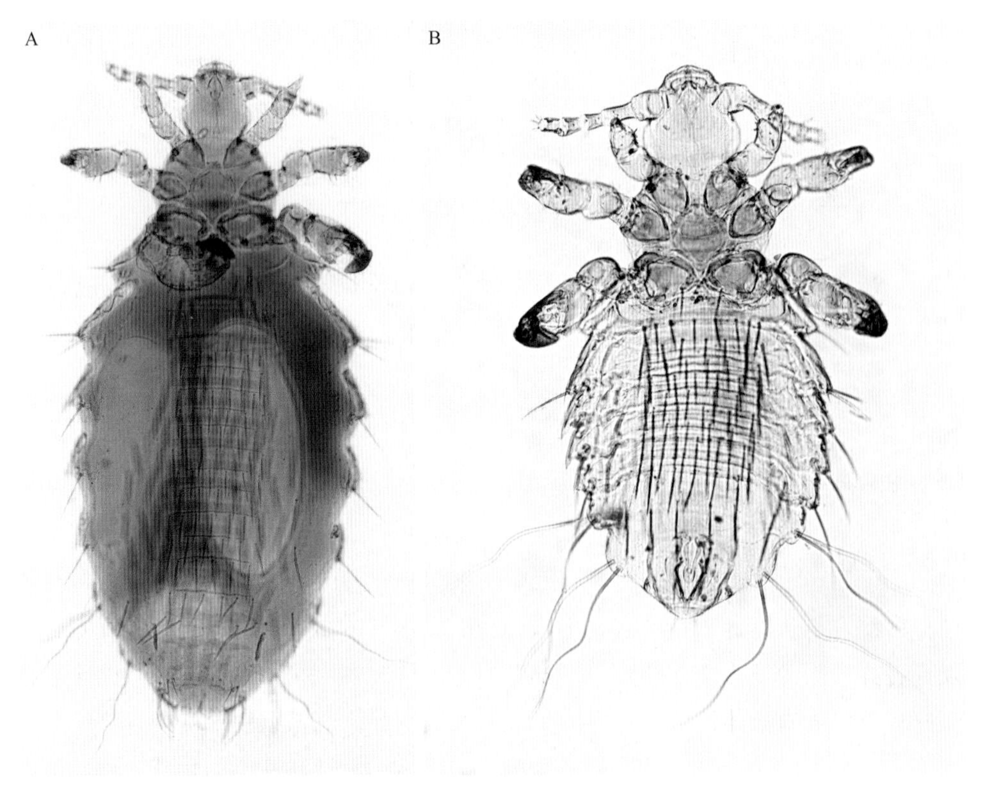

图62 克氏甲胁虱（拍摄者：范蓉，郭宪国）

A. 雌成虫，10×20；B. 雄成虫，10×20

16 拟血虱科 Haematopinoididae Ewing, 1929

拟血虱科 4 属检索表

1. 触角 4 节。寄生于食虫目 ······ 2
   触角 5 节。寄生于啮齿目 ······ 3
2. 胸板前缘钝圆，后突明显，略呈乒乓球拍样。后腿股节及胫节各有一膜质泡状结构。腹部背、腹片退化，侧背片后叶突钝圆。寄生于鼹科，分布于北美 ······ 拟血虱属 *Haematopinoides*
   胸板前缘两侧略凹入，形成中央凸，后突不似柄状。后腿正常。腹部背、腹片发育良好。侧背片后叶突宽，具角。寄生于鼩鼱科 ······ 钩板虱属 *Ancistroplax*
3. 背、腹片向两侧延伸近侧背片。雌性仅节Ⅰ～Ⅲ具背片，节Ⅱ～Ⅳ具腹片。雄性背、腹面每节 1 片。侧背片Ⅲ～Ⅵ后缘凹入甚深，形成两较细长的后叶突，具 2 短小侧背片刚毛。其背叶外侧具有 1 硬化较强的长尖状的分叶突，较粗，其末端具 1～2 根较粗棘状刚毛。但也有不如此分裂者。雄性外生殖器后部较阳基内突前部甚宽。腹节Ⅷ背片正常。寄生于睡鼠科 Gliridae ······ 裂虱属 *Schizophthirus*
   背、腹片两侧与侧背片间有相当距离，腹节Ⅳ～Ⅵ雌性各具 2 背、腹片，雄性各 1 片。侧背片正常，后叶突宽大，叶片状。雄性外生殖器前后等粗，腹节Ⅷ背片中断，呈窄条状，与相应侧背片相接。寄生于刺山鼠科 Platacanthomyidae ······ 盲鼠虱属 *Typhlomyophthirus*

【形态结构】拟血虱科为小型吸虱，头部触角 4 或 5 节，角后突发育中等。胸部胸板发育完好。前腿小而细，具尖爪；中腿较大，爪较粗；后腿最大，粗壮而扁，具宽大扁爪。腹部背片及腹片发育各异，腹片Ⅱ纵分为 2 卵圆形膨大腹片，并在其前侧角与相应的侧背片相接。侧背片发育良好。气门 6 对，雄性背片Ⅵ侧后角或延长成尖突。寄生于食虫目及啮齿目。

16.1 钩板虱属

Ancistroplax Waterston, 1929

【形态结构】钩板虱属体型较小，头部甚小。触角 4 节，节Ⅳ及Ⅴ的感圈融为一体。前腿小，具细爪；中腿相似，但较大；后腿强硬化而扁，爪亦扁。具胸板。腹节Ⅱ腹片纵分为二，其余背、腹片发育良好。雌性节Ⅲ～Ⅵ各具 3 背、腹片；雄性的 1 片，其节Ⅳ～Ⅵ具刚毛 2 列提示各节由 2 硬化背片融合而成。节Ⅵ背片的侧后角或延伸成游离的尖突。侧背片Ⅲ～Ⅶ由于中央弱硬化纵分为二，节Ⅳ～Ⅵ的刚毛微小，气门位于节Ⅲ～Ⅷ。

63 麝鼩钩板虱 *Ancistroplax crocidurae* Waterston, 1929

【关联序号】无。

【同物异名】无。

【宿主范围】南小麝鼩（*Crocidura horsfieldi*）、灰麝鼩（*C. attenuata*）、长尾大麝鼩（*C. dracula*）、白齿麝鼩（*C. ilensis*）、大长尾鼩（*Soriculus salenskii*）、纹背鼩鼱（*Sorex cylindricauda*）、大黑鼩鼱（*Soriculus baileyi*）、长尾鼩或褐鼩鼱（*Soriculus caudatus*）、臭鼩（*Suncus murinus*）。

【地理分布】安徽、贵州、湖北、四川、云南。

【形态结构】钩板虱属的背、腹片后缘在每 2 刚毛间凹入；侧背片Ⅲ刚毛长于该侧背片，侧背片Ⅶ及Ⅷ各刚毛约等长；雄性背片Ⅵ侧后角延伸如钩。

雌性：体长 1.31～1.39 mm（平均 1.37 mm）。头长仅略大于宽，角后突明显，后头角不明显，后端凸出，其尖端略凹入。触角 4 节，末节具 1 大感圈。胸部比头短；气门大。头部及胸部均无刚毛，胸板长卵形，后端较尖。后脚粗壮而扁。腹部长，较细，节Ⅰ～Ⅲ融合，背面无硬化片，节Ⅳ～Ⅶ各具 3 背片，各片后缘在 2 刚毛间凹入；各硬化片的刚毛分别为 4 根、5 根及 6 根，呈矛形，节Ⅷ的 2 片融合，侧缘中部凹陷，其上的刚毛基部弱化成小淡色区。腹面节Ⅱ腹片从中央纵分成 2 膨大的卵圆形片，其前部与相应的侧背片相关联，节Ⅲ 1 腹片，其中央向前凸出于节Ⅱ两腹片之间，节Ⅳ～Ⅵ腹片及刚毛同背面，节Ⅶ第 3 腹片后缘凹入。侧背片Ⅲ及Ⅶ、Ⅷ的刚毛相同，其余各侧背片刚毛细弱。雄性：体长 1.12～1.14 mm（平均 1.12 mm）。头胸部如雌性。腹部节Ⅲ背片不明显，后缘具 6 或 8 根刚毛，背片Ⅳ、Ⅴ宽大，几占整个节的背面，并有 2 列刚毛，第 1 列的基部有弱化的染色区显示此片是由 2 硬化片融合。背片Ⅵ后缘中央略凸出、两侧后角增大向后延伸成三角形突而末端向中央弯曲呈钩状，其端部有 1 刚劲的棘状刚毛，节Ⅶ背面膜质，节Ⅷ背片退化成 2 小长三角形硬化片，分列两侧。腹面前部同雌性，节Ⅳ～Ⅴ如背面，节Ⅵ的如前 2 节，节Ⅶ具 1 腹片，节Ⅷ及Ⅸ的融合成下生殖片。外生殖器较细，阳基内突后 1/4 纵分以容纳阳茎端的基部，假阳茎“Y”形。

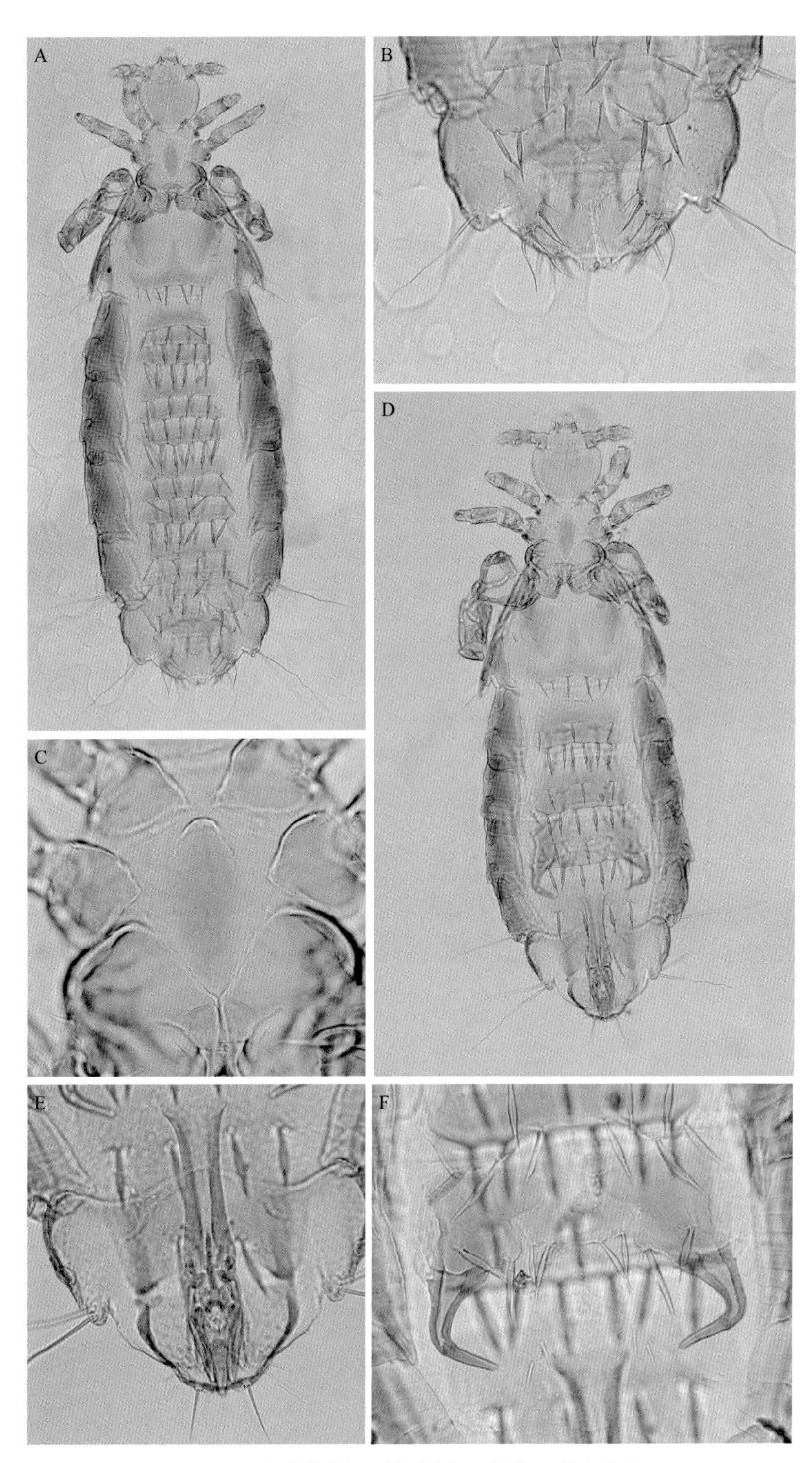

图 63　麝鼩钩板虱（拍摄者：范蓉，郭宪国）

A. 雌成虫，10×20；B. 雌性外生殖器，10×40；C. 胸板，10×40；D. 雄成虫，10×20；E. 雄性生殖器，10×40；F. 雄性腹节Ⅵ背片，10×40

蚤 目

Siphonaptera Latreille, 1825

【形态结构】成虫无翅，体小而侧扁，体壁硬而光滑，上有许多向后的鬃列。口器刺吸式，无翅，足很发达，发育史具完全变态，即有卵、幼虫、蛹和成虫4个阶段，幼虫无足，蠕虫形。成虫分头、胸、腹3部分。

17 蚤科 Pulicidae Billberg, 1820

亚科、族、属检索表

1. 后足基节内侧无刺鬃；臀板每侧有8个窝孔，无臀前鬃；♀无肛锥 ……………………………………… 潜蚤亚科 Tunginae 潜蚤族 Tungini 潜蚤属 *Tunga*

   后足基节内侧有刺鬃；臀板每侧有14个窝孔；♂、♀都至少有1（2）根臀前鬃；♀有肛锥 …………………………………… 蚤亚科 Pulicinae

2. 触角棒节分小节完全，小节前的缝从后侧直达前侧；没有颊栉，但有前胸栉 …………………… 污蚤族 Spilopsyllini 武蚤属 *Hoplopsyllus*

   触角棒节分小节不完全，即只在后侧分，前侧不分 …………………… 3

3. 中胸侧板没有垂直的棍形的侧板杆 …………………… 蚤族 Pulicini

   …………………………………………………… 4

   中胸侧板有垂直的棒形的侧板杆 …………………… 5

4. 额前缘光圆，不凸出成角或额突；眼鬃位于眼的下方；后胸背板约等于或长于第1腹节背板；下唇须坚韧，下颚内叶不特别发达，不适于固着寄生 …………………………………… 蚤属 *Pulex*

   额前缘不光圆，而是凸出成角；后足基节的前下端凸出，形成宽齿形；眼鬃位于眼的前方；后胸背板显然短于腹板第1背板；下唇须膜质，下颚内叶特别发达齿状，适于固着寄生 ························ 角头蚤属 *Echidnophaga*

5. 角间缝明显，骨化强；有颊栉和前胸栉，其中有的发达，有的不完善 ·····
昔蚤族 Archaeopsyllini ··· 6
角间缝不存在，或骨化弱；完全无颊栉和前胸栉 ········ 客蚤族 Xenopsyllini
6. 颊栉最多只有最后 3 根刺；前胸栉的刺两侧总共不多于 8 根；♂抱器突 P1 有很多根鬃，但无扁形的刺。♀受精囊大，头尾之间的分界仅在背侧明显，头有一环形浅缢，将头腹分为两部分 ············ 昔蚤属 *Archaeopsylla*
颊栉常有较多的刺（可达 8、9 根），横列，其前位者位于上内唇之前方，其后位者位于眼的下方，如退化，则残留最前端的几根；后胸前侧片与腹板分离；后胸背板与第 1 腹节背板约等长 ······ 栉首蚤属 *Ctenocephalides*
7. 颊叶向后方延伸，长而尖，呈钩形；前胸背板长于中胸背板 ···················
·· 长胸蚤属 *Pariodontis*
不符合前述特征 ·· 8
8. 后胸前侧片与腹板之间无缝；♂抱器突很小，呈短杆形。♀受精囊头部很小，其直径不大于眼的直径 ································ 合板蚤属 *Synosternus*
后胸前侧片与腹板之间有缝，或者至少形成内脊；后足基节的后缘在中段以下突然狭窄，因而形成 1 个后突起 ························ 客蚤属 *Xenopsylla*

【形态结构】蚤科的中足基节无外侧内脊。中胸背板后缘颈片内侧无假鬃，后胸后侧片向背方延伸。第 1 腹节背板的气门亦移向背方，接近后胸后侧片的背缘。后胸背板及腹节各背板都没有端小刺，各气门均为圆形。腹部第 2～第 7 背板都只有 1 列鬃。第 8 腹节气门的背方无鬃。臀板上的窝孔每侧有 8～14 个。后足胫节末端外侧没有齿形突。

17.1 蚤　属

Pulex Linnaeus, 1758

【形态结构】眼鬃 1 根，位于眼下方。颊部不特长而尖，头和胸部都无栉，胸部背板总长明显长于第 1 腹节背板，前胸背板短于中胸背板，中胸背板无骨化的垂直侧杆，后胸前侧片不与腹板愈合为一体，后胸背板与第 1 腹节背板大致等长。侧区的腹缘与后胸的前侧片相连。

64 人蚤（致痒蚤） *Pulex irritans* Linnaeus, 1758

【关联序号】105.1.1（125.4.1）/684

【同物异名】无。

【宿主范围】家犬（*Canis familiaris*）、豺（*Cuon alpinus*）、貉（*Nyctereutes procyonoides*）、狐（*Vulpes* sp.）、艾鼬（*Mustela erersmanni*）、鼬獾（*Melogale moschata*）、青鼬（*Martes flavigula*）、山羊（*Capra hircus*）、赤麂、刺猬（*Erinaceus europaeus*）、旱獭（*Marmota* sp.）、黄胸鼠（*Rattus flavipectus*）、人（*Homo sapiens*）、家猪（*Sus scrofa*）、家猫（*Felis silvestris catus*）、骡（*Equus ferus asinus*）、褐家鼠（*Rattus norvegicus*）、小家鼠（*Mus musculus*）、姬鼠（*Apodemus* sp.）、黄鼠（*Spermophilus* sp.）、沙鼠、田鼠（*Microtus*）、松鼠（*Sciurus vulgaris*）、豪猪（*Hystrix hodgsoni*）、草兔（*Lepus capensis*）、灰尾兔（*Lepus oiostolus*）、双峰驼（*Camelus bactrianus*）、熊（*Ursus*）、小熊猫（*Ailurus fulgens*）、鹿（*Cervus* sp.）、野猪（*Sus scrofa*）、鼩鼹（*Uropsilus*）、狼（*Canis lupus*）、獾（*Meles meles*）、黄鼬（*Mustela sibirica*）。

【地理分布】福建、贵州、广东、黑龙江、河北、吉林、内蒙古、青海、山东、四川、新疆、西藏、浙江、云南、湖北。

【形态结构】眼大，几乎与触角棒节等大，圆而色深。下颚内叶宽而短，锯齿发达，分布从基部至末端。无颊栉和前胸栉。中胸侧板狭窄。各足都发达，后足尤甚。♂抱器第1突起遮盖着第2～第3突起，宽大而呈半环状，高于臀板，边缘密生细鬃。受精囊头部近圆形，较小，尾部较头部细长。

种的形态。头部：额前缘至背缘无骨化内突，无额鬃。触角窝的角间缝骨化自背缘向腹方延伸，达触角基部。棒节短圆形，宽度一般大于长度。胸部：后胸侧拱发达，侧杆短粗。后胸后侧片鬃12～14根，成2列。后足基节内侧的小刺鬃共6～20根（个别达25根），成不规则的1～2列，或成丛；后足第2跗节的端长鬃可达第5节的1/2～4/5处，个别接近末端；各足第5跗节均有4对侧蹠鬃。腹部：各气门下方无鬃。臀前鬃，♂、♀都只1根发达，其上、下方或有1微鬃。变形节：♂第8背板小，成一狭条，其气门长于臀板；第8腹板甚大，为1大三角形，侧鬃10～14根，成不规则的3～4列。第9背板前内突小，为1狭条。抱器第1突起P1（不动突）甚宽大，略呈卵圆形，遮盖第2突起（P2）和第3突起（P3）之外，其边缘及内侧和外侧的亚缘均有密生鬃。抱器P2的末端截形，P3的末端狭尖、长于P2，两者相并呈钳状。柄突长，末端略向前屈。第9腹板前臂长而直，末段略膨大，后臂端缘和亚缘有短鬃11～14根。阳茎钩突末端宽，前端狭，略呈长三角形，但形态有变异。阳茎囊发达，骨化强。阳茎内突刀形，端段的背部和中段的腹侧有鳍膜。阳茎杆卷曲1～2圈。♀第7腹板后缘的凹陷为锐角形，背叶显然窄于下叶，其末端略圆或略钝；腹叶宽，其后缘直或略凸；侧鬃

11～14（10～16）根，成为不规则的1～2列。第8背板宽大，后缘及亚缘鬃2～3列，共20余根，另内侧有6（7）根，外侧鬃13～16根。肛锥长度为基部宽度的2.0～2.3倍，具端长鬃1根，亚端及腹缘鬃2（3）根。交配囊袋部小，管部短，略弯曲。受精囊管部和盲管均细长。

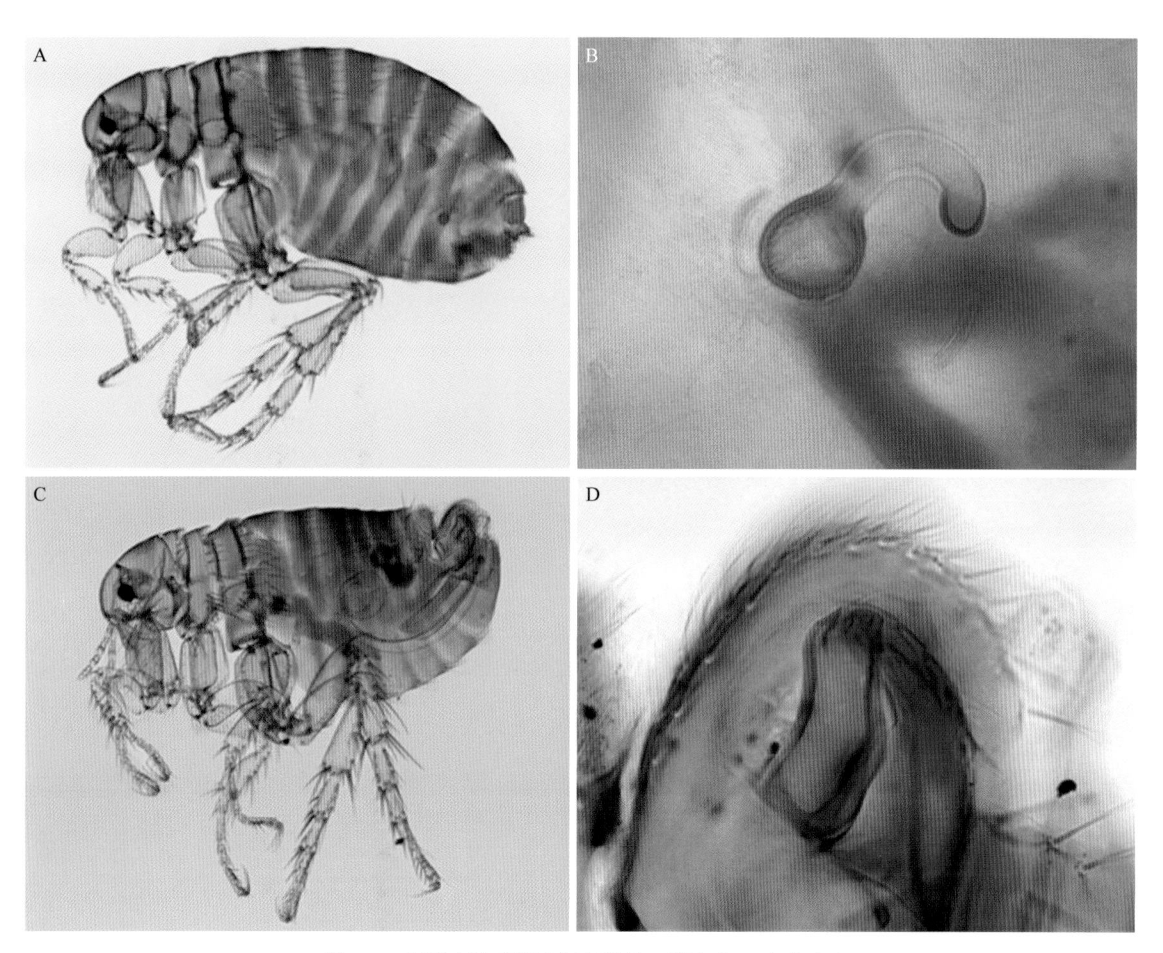

图64　人蚤（致痒蚤）（拍摄者：张志伟，宋文宇）

A. 雌蚤，10×10；B. 雌性受精囊，10×40；C. 雄蚤，10×10；D. 雄性抱器，10×40

17.2 客蚤属

Xenopsylla Glinkiewicz, 1907

【形态结构】体形粗短，全身鬃较细而色淡，无角间缝，或弱骨化。眼圆，眼鬃1根，位于眼前方。颊叶短钝，无颊栉。前胸背板短于中胸背板，无前胸栉。中胸侧板宽，被垂直的侧板杆分为前后2叶。后胸前侧叶与后胸腹板间有明显的缝或具一横行内脊。后足基节后缘于中段以下突然狭窄，从而形成1个后角。

65 印鼠客蚤 *Xenopsylla cheopis* (Rothschild, 1903)

【关联序号】105.4.1（125.5.1）/688

【同物异名】*Leomopsylla cheopis* Jordan & Rothschild, 1908。

【宿主范围】黄胸鼠、黑家鼠（*Rattus rattus*）、褐家鼠（*R. norvegicus*）、达乌尔黄鼠（*Spermophilus*

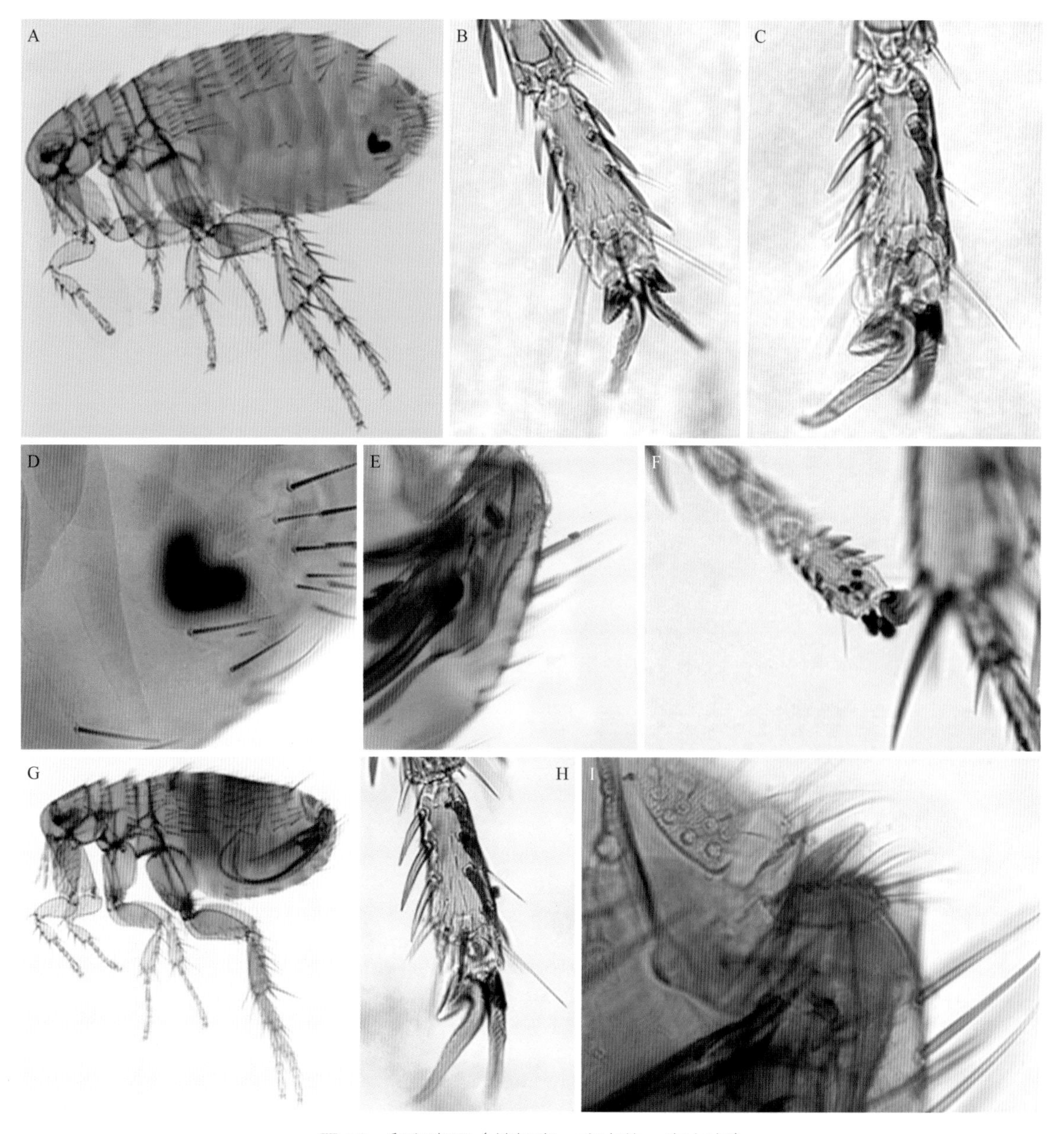

图 65 印鼠客蚤（拍摄者：张志伟，宋文宇）

A. 雌蚤，10×10；B. 雌性后足第 5 跗节，10×40；C. 雌性中足第 5 跗节，10×40；D. 雌性第 7 腹板，10×40；E. 雄性第 9 腹板后臂，10×40；F. 前足第 5 跗节，10×40；G. 雄蚤，10×10；H. 雄性后足第 5 跗节，10×40；I. 雄性可动突，10×40

dauricus)、黑线仓鼠(*Cricetulus barabensis*)、黑线姬鼠(*Apodemus agrarius*)、田小鼠(*Mus bactrianus*)、小家鼠、针毛鼠(*Niviventer fulvescens*)、黄毛鼠(*R. losea*)、臭鼩(*Suncus murinus*)、社鼠(*N. confucianus*)。

【地理分布】我国除宁夏、西藏尚缺乏该蚤分布的资料外，其他几布全国各省(自治区、直辖市)。

【形态结构】♂抱器具2个发达的突起，第9腹板后臂骨化均匀。♀受精囊尾基部与头部等宽或前者微宽。

种的形态。头部：下唇须较长，可达前足基节末端；眼鬃位于眼的前方；后头鬃包括后缘鬃共3列，两侧共14～16根。胸部：各节背板上仅具1列鬃，前胸背板两侧14～16根鬃；中胸背板两侧共12～14根鬃；后胸背板两侧共12～14根鬃。前足和中足第5跗节上具3根刺形亚端腹鬃；后足第5跗节具2根亚端腹鬃。变形节：♂抱器第1突起相当宽，略似三角形，背缘亚端略凹，背缘具8～9根鬃；柄突比中足第1～第4跗节总长为短。第8腹板每侧具9～10根鬃；第9腹板后臂末端略膨大，端部和腹缘具许多细鬃。射精管颈部具1个小背齿，阳茎侧突背部很宽，其端部呈截断状而略凸出。♀第8背板上具19～22根侧鬃。受精囊近“U”字形，尾基部稍大于头部的宽度，头部圆形，尾部长，末端稍细。

18 细蚤科 Leptopsyllidae Baker, 1905

亚科、族、属检索表

1. 颊栉常发达，常具很多根栉刺；头呈裂首型(以上特征在强蚤属例外，既无颊栉又非裂首型，但额和后头各具3列鬃)……………………细蚤亚科 Leptopsyllinae ……………………………………………………………… 2
   颊栉常无(如有仅1～2根栉刺)；头常为全首型……………………双蚤亚科 Amphipsyllinae ……………………………………………………………… 4
2. 无颊栉和中央梁；各足胫节后缘不呈假梳状；各足第5跗节的5对侧蹠鬃均为侧位……………………强蚤族 Cratyniini 该属仅强蚤属 *Cratynius* 1属
   有颊栉；中央梁有或无；各足胫节后缘呈假梳状；各足第5跗节的第1对侧蹠鬃移至第2对之间……………………………………………………细蚤族 Leptopsyllini……………………………………………………………… 3
3. 颊栉具2根栉刺；触角窝间无中央梁；前足基节覆盖着前胸侧腹板的前

上角 …………………………………………………………………… 二刺蚤属 *Peromyscopsylla*

颊栉刺 4 根以上；有中央梁；前足基节基端位于前胸侧腹板前上角之下 ………………………………………………………………………… 细蚤属 *Leptopsylla*

4. 有颊栉 ………………………………………………………………………………………… 5

无颊栉 ………………………………………………………………………………………… 6

5. 后胸背板无端小刺；颊栉仅 1 根栉刺 …………………………………… 寄禽蚤族 Ornithophagini………………………………………………………………………………… 7

后胸背板有端小刺；颊栉 2 根栉刺 ………………………………………… 中蚤族 Mesopsyllini ………………………………………………………………………………… 8

6. 无眼；额鬃列和后头前 2 列鬃几缺如（至多 1 根）；前胸栉刺小或退化，栉刺长远短于前胸背板；后胸无侧拱；腹部前部数节背板均无端小刺；♂ 抱器体无基节臼鬃 ……………………………………………………………… 短栉蚤族 Braehyctenonotini……………………………………………………………………………… 9

有眼或退化（小或无色），个别无眼；前胸栉刺通常大而发达；额鬃列和后头前 2 列鬃一般均发达；后胸有侧拱；腹部前部数节背板有端小刺；♂ 抱器体有基节臼鬃 1～2 根 ……………………………………………… 双蚤族 Amphipsyllini ……………………………………………………………………………… 10

7. 有颊栉（1 根栉刺）；额突小；眼大；体鬃少，前足基节外侧中区无鬃（寄生鸟类）…………………………………………………………… 寄禽蚤属 *Ornithophaga*

无颊栉；无额突；无眼；体鬃发达，前足基节外侧中区鬃多（寄主为猪尾鼠）………………………………………………………………… 盲鼠蚤属 *Typhlomyopsyllus*

8. 额部至少有 3 列鬃（含眼鬃列）；颊栉具 2 根等长的栉刺；♂ 第 8 腹板大部分膜质，而后端下方具隧缝；♀ 受精囊头部远大于尾部 ……………………………………………………………………………………… 端蚤属 *Acropsylla*

额部仅有 2 列鬃；颊栉上位刺明显长于下位刺；♂ 第 8 腹板后部具 1 个锥突；其端着生 1（2）根剑状刺鬃；♀ 受精囊头部扁圆，远短于尾部 ……………………………………………………………………………………… 中蚤属 *Mesopsylla*

9. 前胸栉具 16～20 根栉刺；后胸背板有端小刺；♂ 抱器体与不动突浑为一体，可动突小呈牛角形；♀ 臀板之下无圆凹骨化增厚（主要寄生中华鼢鼠）…………………………………………………………… 靴片蚤属 *Calceopsylla*

前胸栉具 24～27 根栉刺；后胸背板无端刺；♂ 不动突呈棒形，可动突大、呈长三角形；♀ 臀板之下有一圆凹骨化增厚，其长约为臀板前缘之半（主要为鼢鼠寄生蚤）……………………………… 小栉蚤属 *Minyctenopsyllus*

10. 腹部各背板仅有1列鬃；臀前鬃位置稍向下移；♂抱器体特小，不动突内侧有沟，有2根基节臼鬃；第8背板大为退化；第9腹板后臂分成2个特殊构造（其中1个呈瓢形）；♀交配囊呈“了”字形……………………………………………………………………………………青海蚤属 *Chinghaipsylla*

腹部各背板至少2列鬃；臀前鬃位置正常；♂抱器有2根或1根或无基节臼鬃；第8背板发达；第9腹板构造与上述不同……………………11

11. 眼减缩，个别退化缺如；各足跗节第1对侧蹠鬃移位于第2对之间……………………………………………………………………双蚤属 *Amphipsylla*

眼发达至中等大，第1对侧蹠鬃不移位于第2对之间……………………12

12. 各足胫节及第1跗节背缘附近有稠密的茸毛；♀受精囊头部常有锥突…………………………………………………………………………茸足蚤属 *Geusibia*

无上述特征…………………………………………………………………13

13. 额亚缘鬃列发达，通常由刺鬃、亚刺鬃或加厚鬃组成；后足胫节背缘至少有10个切刻，其中着生特长的鬃；♂抱器体通常无基节臼鬃（圆囊栉叶蚤除外）……………………………………………………栉叶蚤属 *Ctenophyllus*

额无亚缘鬃列，但有额鬃列（由一般鬃组成）；后足胫节背缘切刻少于10个，其内着生的鬃明显较短；♂抱器体具1或2根基节臼鬃………14

14. 眼中等大（或较小），其色淡而有腹凹；♂可动突接近肾形、锥形或柱形，其上无刺鬃；第9腹板后臂端部常呈三角形；♀受精囊头尾界限分明，头部球形，尾部粗弯袋状…………………………怪蚤属 *Paradoxopsyllus*

眼发达而色深；♂可动突通常呈倒三角形，其上常有短钝刺鬃；♂第9腹板及♀受精囊形状与上述不同…………………………………………15

15. 眼特大，尤其凹后部分较额蚤属发达；后头鬃前2列退化，仅存1～3根鬃；♀受精囊头尾界限分明，♂抱器体仅1根臼鬃；第8腹板明显退化……………………………………………………………眼蚤属 *Ophthalmopsylla*

眼发达，但其后部分较小；后头前2列鬃均发达；♂抱器体有2根基节臼鬃；第8腹板发达；♀受精囊头尾界限不清………额蚤属 *Frontopsylla*

【形态结构】细蚤科接近角叶蚤科，它与角叶蚤科的主要区别在于：眼前常可见幕骨拱，除非后者被广大的颊栉所掩盖。角叶蚤科既无颊栉，亦无幕骨拱；眼鬃列中的眼鬃远位于眼上（有时仅寄禽蚤属例外），而在角叶蚤科则位于眼前；眼都有窦，尽管有时无眼；♂第8腹板发达，无瓦氏腺，而在角叶蚤科眼都无窦，♂第8腹板经常大为减缩甚至缺如，几乎都有瓦氏腺。本科与多毛蚤科虽有若干共同特征，但这一情况并不表明系统发育中的近缘关系。本科与多毛蚤科的区别有：臀板平直而不圆凸；后胸背板具端小刺（寄禽蚤族除外）；♂蚤第9腹板的前后两臂连接处着生肌腱向前；阳茎有大而可动的钩突；♀肛锥除端鬃外着生1（2）根较长的侧鬃。

18.1 细蚤属

Leptopsylla Jordan & Rothschild, 1911

【形态结构】本属与二刺蚤属近缘，但有中央梁，颊栉由4根以上栉刺组成，它们在颊缘乃至在触角沟前缘呈垂直或亚垂直排列；前足基节着生位置较低，位于前胸腹侧板前上角的下方；阳茎钩突明显比二刺蚤属大，且大部分从侧叶中游离出。

66 缓慢细蚤 *Leptopsylla segnis* (Schönherr, 1811)

【关联序号】108.1.1（124.1.1）/694

【同物异名】*Pulex segnis* Schönherr, 1811; *Ctenophyllus segnis* Liu, 1939; *Leptopsylla* (*Leptopsylla*) *segnis* Hopkins & Rothschild, 1971。

【宿主范围】小家鼠、褐家鼠、黑家鼠、黄胸鼠、黄毛鼠、针毛鼠、大足鼠（*Rattus nitidus*）、黑线姬鼠、小林姬鼠、大仓鼠（*Cricetulus triton*）、鬃背鼱、臭鼩（*Suncus murinus*）、四川短尾鼩（*Anourosorex squamipes*）、麝鼩（*Crocidura*）、家犬等。主要寄生家栖鼠类，特别是小家鼠和半家栖鼠类。

【地理分布】是世界广布蚤，在我国广布于古北和东洋两界，多见于东南沿海、华中、华南、西南及东北地区。

【形态结构】颊栉4根刺，横位，自上第2根刺最长；额亚缘鬃列具2根短刺鬃；♂第8腹板后缘鬃少，仅3根左右；第9腹板后臂端部较短；阳茎钩突长三角形，端缘较窄而平直；♀交配囊管细长而特别弯曲。

种的形态。头部：眼退化，眼鬃列2根，其上还有3根长鬃；后头鬃发达，有4列，前3列共11～17根鬃；触角梗节长鬃超过棒节末端；下唇须长达前足基节3/5处。胸部：前胸栉共20～24根栉刺（个别25根特别细长），背刺长为背板的1.5～2倍；后胸后侧片3列鬃，依次为2～4根、3～4根、1根；后足胫节外侧鬃1列6～9根。腹部：中间背板气门下有1根鬃，前5个背板各侧分具1～4根、1～3根、1～3根、0～2根、0～1根端小刺；臀前鬃♀4根（短长相间）。变形节：♂第8腹板未减缩，后缘约有3根亚缘中长鬃；抱器体连可动突基本上椭圆形；可动突与不动突同高，前者略似肾脏形，其后缘约有6根鬃，只第2根鬃较长（个

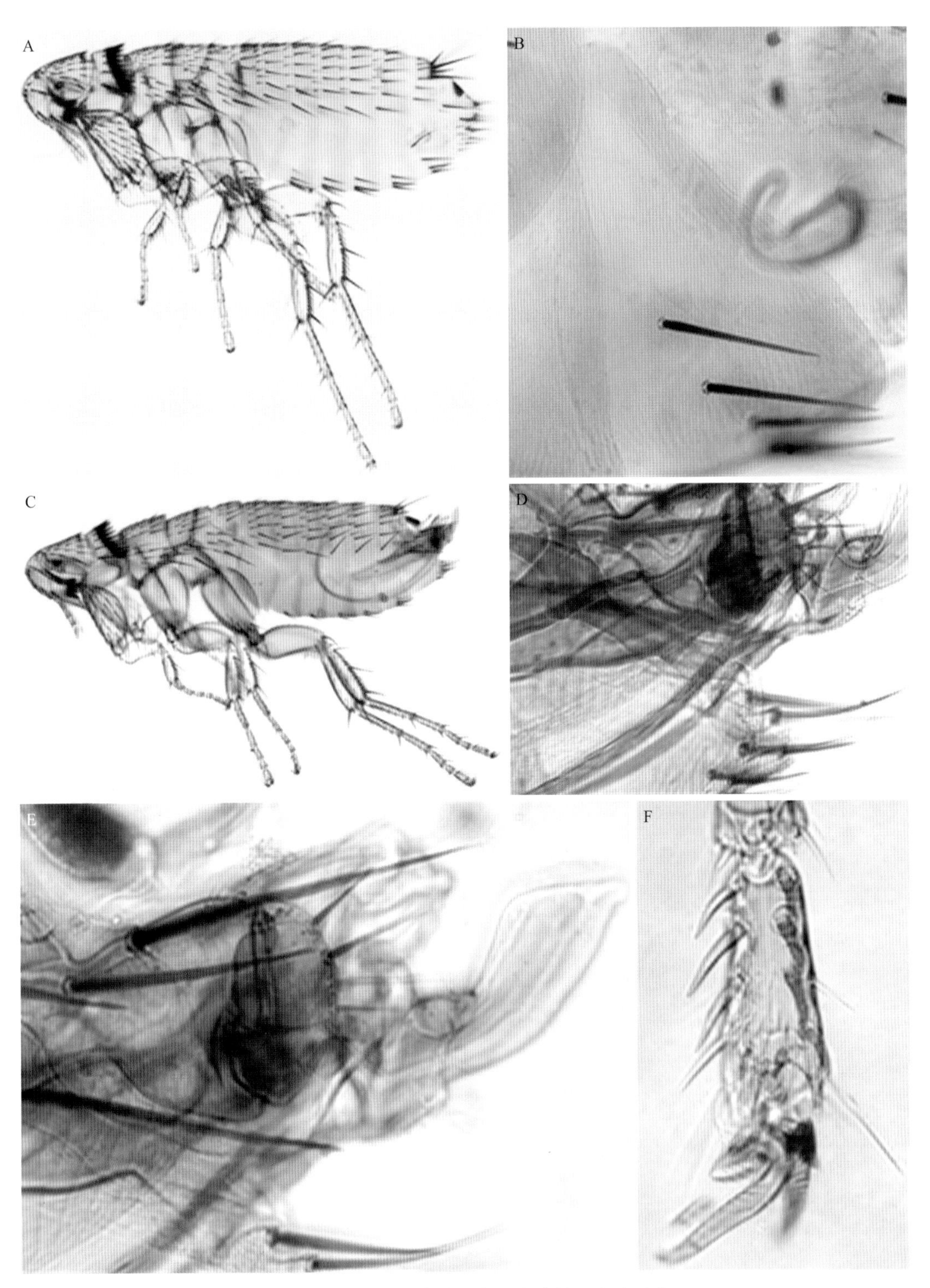

图 66　缓慢细蚤（拍摄者：张志伟，宋文宇）

A. 雌蚤，10×10；B. 雌性第 7 腹板，10×40；C. 雄蚤，10×10；D. 雄性第 9 腹板，10×40；
E. 雄性可动突，10×40；F. 雄性中足第 5 跗节，10×40

别标本可动突弯度差而窄直或基细而端段特粗）；第 9 腹板后臂基细而端宽，多少呈斜矩至似菱形，其下腹角和端缘有小鬃；阳茎钩突大而凸出，端缘几直，前缘深凹，后缘微圆凸。♀第 7 腹板后缘稍倾斜而略圆凸，但也有近直或微广凹，外侧一列 4（5）根长鬃，稍前有 1（2）根小鬃；第 8 腹板气门下 1 根大鬃；肛锥呈短梯形，长为宽的 1～2 倍；受精囊和交配囊管比较稳定。

18.2 额蚤属

Frontopsylla Wagner & Ioff, 1926

【形态结构】本属与眼蚤属的鉴别在于：前 2 列后头鬃颇发达（而后者通常仅各保持 1 根下位鬃），♂第 8 腹板几未变形，抱器后缘具 2 根基节臼鬃，眼大而色深，也分圆形的前部和梨形的后部，但前部色深而后部甚小，♀受精囊头尾界限模糊不明。本属与栉叶蚤属的鉴别在于：额部鬃列从未变形（未变为刺鬃或加厚鬃），加上眼鬃列，实际上共具 2 列鬃（不过♂在额鬃列和眼鬃列 2 之间有 1 根鬃靠近触角窝前缘，♀则根本缺失）；前、中、后各足胫节通常分具 6（7）个、7（8）个、7（8）个切刻（均少于 10 个）；♂第 8 腹板无倒“Y”形骨化内杆，端部至多着生几根扁化大鬃，无其他变形。可动突通常呈三角形，而在后上角一般具 1 根粗短刺鬃；♀受精囊头尾界限难分。本属与茸足蚤属的鉴别在于：各足胫节和第 1 跗节后缘附近缺乏细小茸毛，♀受精囊头孔部位无任何锥突。本属与双蚤族内其他各属（包括青海蚤属、怪蚤属和双蚤属）的鉴别在于：眼大而发达；额和后头的鬃列均发达；各足第 5 跗节均具 5 对侧蹠鬃，其鬃窝几都在 1 条直线上；余如前、中、后足胫节切刻数、♂第 8 腹板、抱器臼鬃、通常可动突的形状和刺鬃及♀受精囊均如上述。

67 棕形额蚤指名亚种 *Frontopsylla spadix spadix* (Jordan & Rothschild, 1921)

【关联序号】无。

【同物异名】*Ceratophyllus spadix* Jordan & Rothschild, 1921; *F. spadix spadix* Jordan, 1932; *F.* (*F.*) *spadix spadix* Hopkins & Rothschild, 1971; *F. spadix cansa* Jordan, 1932。

【宿主范围】小林姬鼠、黑线姬鼠、针毛鼠、黄毛鼠、黑尾鼠四川亚种、台湾白腹鼠、黄胸鼠、丛林小鼠（*Mus famulus*）、长尾仓鼠（*Cricetulus longicaudatus*）、五趾跳鼠（*Allactaga sibirica*）。

【地理分布】在区系上分属青藏区青海藏南亚区，西南区西南山地亚区和喜马拉雅亚区，青海、四川、西藏、云南等地有分布。

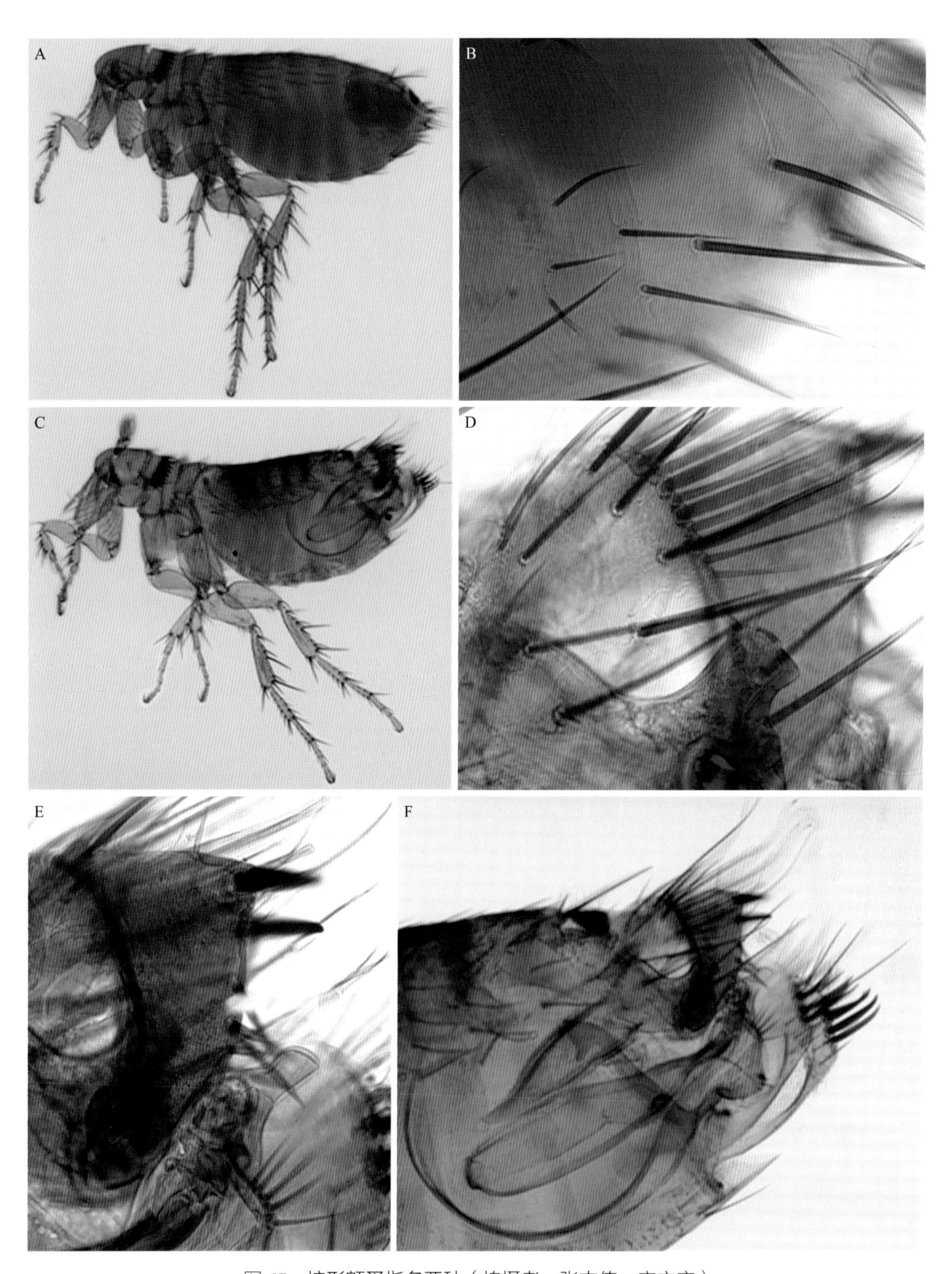

图 67　棕形额蚤指名亚种（拍摄者：张志伟，宋文宇）

A. 雌蚤，10×10；B. 雌性第 7 腹板，10×40；C. 雄蚤，10×10；
D. 雄性不动突，10×40；E. 雄性可动突，10×40；F. 雄性变形节，10×10

【形态结构】本亚种♂不动突之端仅达可动突前缘中点之下；第 8 腹板后下角三角形加厚特长，长超腹缘（从基腹深窦开始算起）之半；不动突前缘与抱器背缘形成的凹陷较低。可动突后缘中下段 3 根长鬃呈等距或亚等距；不动突方形或短矩形，前上角一般呈直角至钝角（后上角后延呈鸟喙状者少）；第 9 腹板后臂腹膨发达而圆凸，着生 5、6 根鬃（上位者亚刺鬃），其上 1 列 4～6 根鬃，两组之间间距不大（有时中间有 1、2 根小鬃），勉强可以或不能容纳下组鬃。以上前 3 个特征与其他 3 个亚种加以鉴别，后几个特征可以辅助鉴别。

头部：额突♂在额缘下方 2/5 上下，♀在 1/3～1/4；额鬃列♂4～8（5，6）根，♀5～9（6，7）根；后头鬃前 2 列：♂3～6（4，5）根、3～7（5，6）根，♀4～7 根、5～8 根；下唇须长达前足基节 4/5 至末端（偶超末端）。胸部：前胸栉共有 17～21 根栉刺，♀18～22 根栉刺，背刺与背板同长或明显长于背板；后胸背板 1（2）端小刺，后侧片 3 列鬃共 6～11（14）根；后足及胫节外侧 2 列鬃共 11～19 根；后足第 2 跗节长端鬃♂长超第 3 跗节末端至达、超第 4 跗节末端，♀超第 3 跗节之半，至近第 4 跗节之半。腹部：各背板 3 列（前列不全），或较前 3 列，较后 2 列；♀第 1、第 2、第 3、第 6、第 7 背板主鬃列两侧粗鬃总数依次为 8（9，10）根、14（12～15）根、14（13～15）根、10（8～11）根、8（7～9）根；前方 5 个背板每侧端小刺数依次为 1（2）根、1，2（3）根、0（1，2）根、0（1，2）根、0 根；第 3～第 7 背板主鬃列一般♂有 1 根鬃低于或平气门（通常第 4 背板起平气门），♀第 3（4）背板有 1 根在气门下（或平气门），其余均在气门之上。变形节：♂第 8 背板上部后缘处有 9～15 根缘、亚缘鬃，其中 4～8 根粗长；第 8 腹板基腹缘深凹，后缘下半部有扁化刺鬃 4～5 根；抱器不动突及其高度，可动突形状和后上角刺鬃，以及第 9 腹板腹膨等特征见形态结构。♀第 7 腹板后缘均有中小窦，上叶钝或尖，下叶圆凸、近直或略半凸半凹，外侧主鬃列 3～6 根（一般 3～5 根大），其上或有 1（2）根短鬃，其前有 1～13 根短鬃（时或有些小鬃掺杂于后方的大鬃间）；第 8 背板气门下有 1～2 列各几根短鬃，后列中包含 1（2）根大鬃；肛锥梯形至筒形，长为宽的 2～3 倍，肛腹板的空档相当大（空档内有 1～3 根细鬃），通常可容上下任何一组鬃，偶有大到足以容纳上下 2 组鬃的。

68 迪庆额蚤 *Frontopsylla diqingensis* **Li & Hsieh, 1974**

【关联序号】无。

【同物异名】*F.* (*F.*) *spadix gurkha* Smit, 1975 ; *F.* (*F.*) *diqingensis* Lewis, 1977。

【宿主范围】大林姬鼠、黑线姬鼠、大足鼠、黄胸鼠、灰腹鼠（*Niviventer eha*）。

【地理分布】在区系上分属于青藏区青海藏南亚区，西南区西南山地亚区和喜马拉雅亚区，四川、西藏、云南有分布。

【形态结构】♂第 9 腹板后臂腹膨不发达，长而不圆凸，着生 4（5）根鬃，其上方另有 1 列

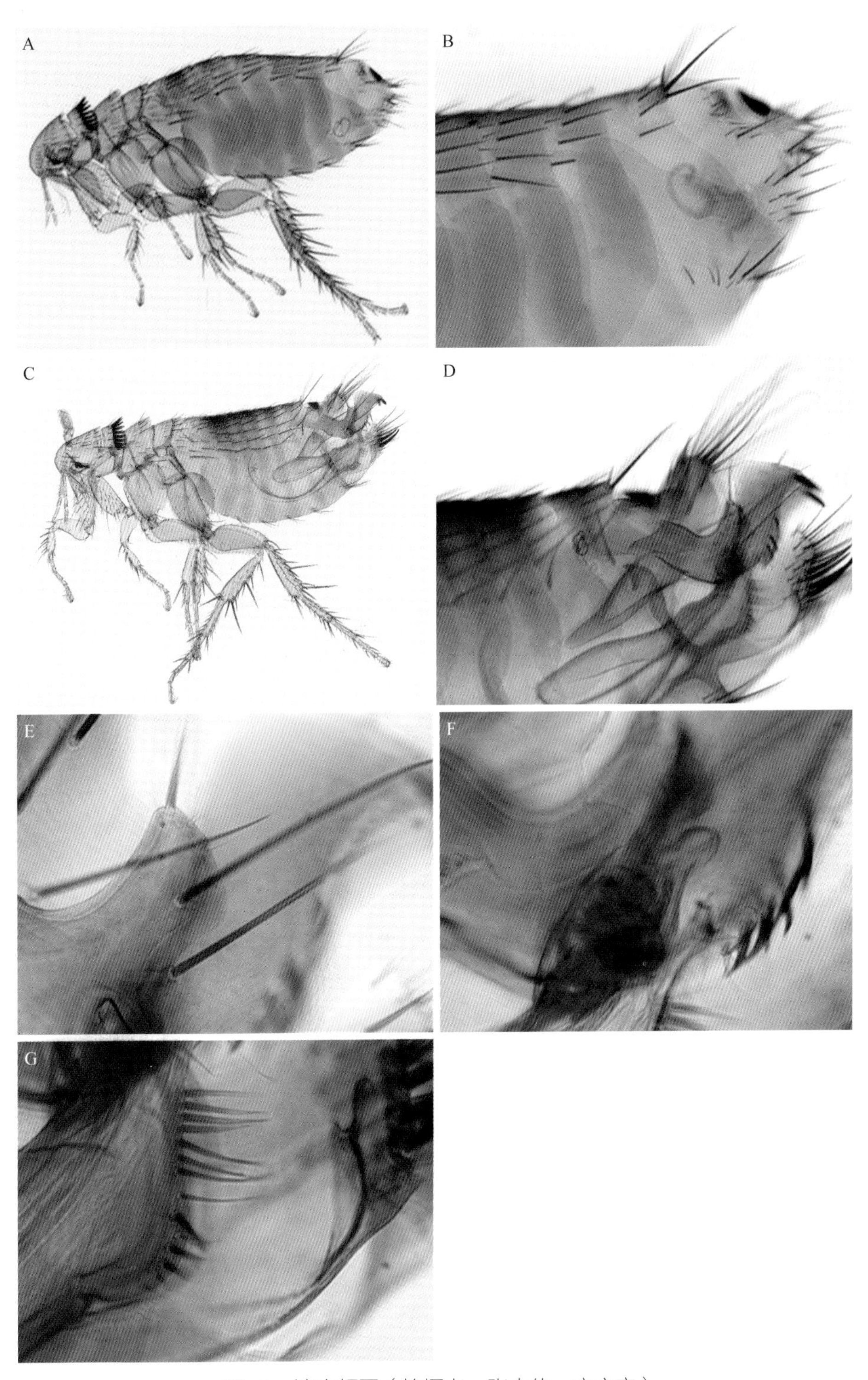

图 68　迪庆额蚤（拍摄者：张志伟，宋文宇）

A. 雌蚤，10×10；B. 雌性第 7 腹板，10×40；C. 雄蚤，10×10；D. 雄性变形节，10×10；
E. 雄性不动突，10×40；F. 雄性阳茎钩突，10×40；G. 雄性第 9 腹板后臂，10×40

7～9根鬃，两组鬃间间距特短（期间可有1根小鬃）不能容纳上下任何一组鬃，堪与本种团其他亚种鉴别。此外，不动突之端高达可动突前缘中点之上，在5.8～6.9/10处，明显较棕形额蚤指名亚种为高，但稍不及神农架或川北两亚种；该突圆锥形。其前上角至多为直角；可动突后缘上部的圆凹度通常比指名亚种和川北亚种为深（指名亚种中仅少数个体可达此凹度），但不及神农架亚种；不动突前缘与抱器背缘比指名亚种具较深的凹陷，与其他两个亚种相似；在可动突后缘中下段的3（4）根亚刺鬃中，上位者远离次位者（罕有例外）；第8腹板下后角的三角加厚长度不及腹缘之半。♀第7腹板后缘形状与指名亚种不同，但略有交叉。

头部：额突位于额缘中点之下。额鬃6～7根。后头缘鬃5～7根。下唇须接近或达到前足基节末端。胸部：前胸栉刺19～20（22）根，背刺长于（多数）或约等于（少数）背板背缘。后胸背板有端小刺2（3）根。后胸后侧片有鬃2列共6～9根。后足胫节外侧有鬃3（2）列共12～20根。后足第2跗节端长鬃可达第4节的1/2。腹部：第1～第7背板有鬃2～3列。♂第2～第7，♀第2～第3（或仅第2）背板气门下有鬃1根。第1～第4背板端小刺依次为2～4根、3～5根、2～4根、1～3根。变形节：♂第8背板端缘鬃7～9根，其中4～5根为长鬃。第8腹板基腹缘有深凹，后缘上角或多或少圆突，下段具扁化刺鬃4～6根。抱器不动突末端高于可动突前缘之半，端缘斜截形，后下角或方或圆，有变异。可动突端缘宽与长度（纵中线）比为10∶（13.0～14.5），后缘中下段有3根长鬃，上位1根与次位1根的间距最宽。第9腹板后背腹膨较窄而长，近半椭圆形。阳茎钩突小，后下角一般略圆。♀第7腹板后缘凹陷小，或无凹陷近截形，具侧鬃8～13根，后列3（2）～4根为长鬃，余为小鬃。第8背板气门下有长鬃1根，其下方包括缘鬃共11～16根。肛锥长为基宽的2.3～3.4倍。

18.3 怪蚤属

Paradoxopsyllus Miyajima & Koidzumi, 1909

【形态结构】♂第9腹板后臂末段通常呈三角形，反叠向前；♀受精囊的形状独特，头尾界限分明，头呈圆球状，尾似饱满的腊肠，基细而中部常膨胀；上述2个特征易与我国其他任何蚤属相区别。本属接近眼蚤属，但眼中小，亦具腹凹，部分色淡，额鬃列不发达，后头前2列鬃也减缩为1根下位长鬃（其前、后常各有一短鬃），惟♂第8腹板并未减缩；♂可动突大部分种类呈长椭圆形、筒形或稍加变形，无后上角和刺鬃；不动突宽锥形，有的种类与抱器体难分，通常仅具1根基节臼鬃，柄突有粗细之分；第9腹板前、后臂一般长而细，腹膨长而相当发达（只个别种缺如），凡此均易与双蚤族内的近缘属鉴别。

69 绒鼠怪蚤 *Paradoxopsyllus custodis* Jordan, 1932

【关联序号】无。

【同物异名】无。

【宿主范围】褐家鼠、黄胸鼠、西南绒鼠（*Eothenomys custos*）、白腹巨鼠四川亚种、侧纹岩松

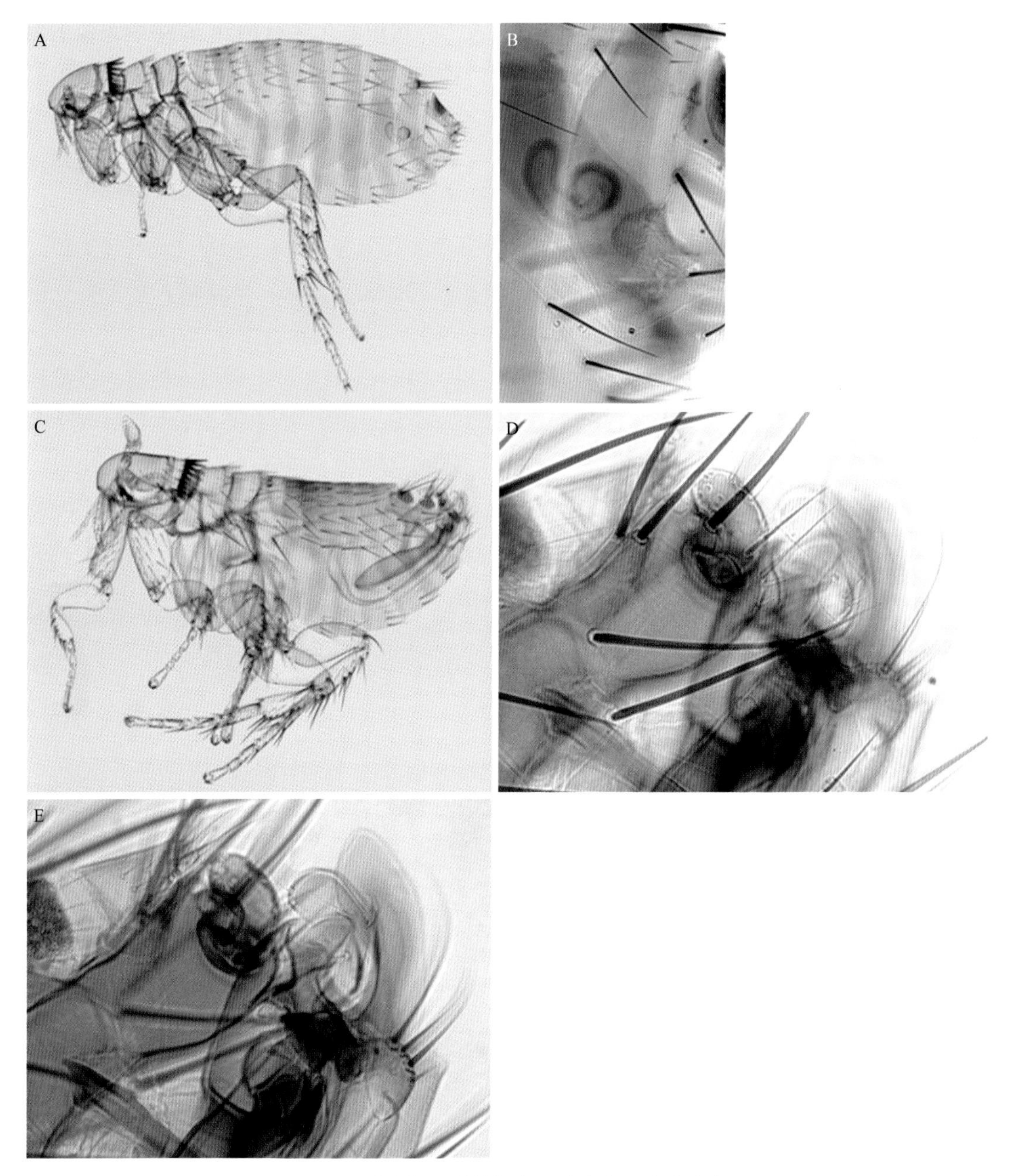

图 69　绒鼠怪蚤（拍摄者：张志伟，宋文宇）

A. 雌蚤，10×10；B. 雌蚤第 7 腹板，10×40；C. 雄蚤，10×10；D. 雄性可动突，10×40；E. 雄性第 9 腹板后臂，10×40

鼠（*Sciurotamias forresti*）、四川短尾鼩、针毛鼠、社鼠、大足鼠、黑线姬鼠、田小鼠、藏仓鼠、大耳鼠兔（*Ochotona macrotis*）、黑唇鼠兔和树鼩（*Tupaia belangeri*）。主要寄生于家栖鼠类，野鼠只是偶然寄生，几乎全年均可采到。

【地理分布】本种广布青藏区的青海藏南亚区、西南区的西南山地亚区和喜马拉雅亚区及华南区的滇南山地亚区，基本上是东洋界（中印亚界）的种类，甘肃、四川、西藏、云南等地有分布。

【形态结构】♂不动突特别宽广，其峰平齐或微高于可动突之端，后者除端部1/4外，前后缘几平行；第9腹板后臂腹膨短而圆凸，呈半圆形；阳茎钩突特大，倍长于可动突，其前的端侧片呈短袜状；♀第7腹板后缘下部具一小窦。以上特征易与曲鬃怪蚤、后弯怪蚤、无额突怪蚤等近缘种区别。

头部：额鬃列♂5～7根，♀2～4（5）根；后头鬃前2列为0（♂多）～1、2（1）根；下唇须长达前足基节3/4至末端。胸部：前胸栉刺较少，共15～19根，背刺稍长于背板；后胸背板各侧具2（3）根端小刺，后侧片3列鬃共6～9根；后足股节外侧0，内侧1（2）根鬃，胫节外侧6～8根鬃，第2跗节长端鬃近、达或微超次节末端。腹部：第4背板两侧主鬃列常有12根长鬃；中间腹板主鬃列2～4根鬃。变形节：♂第8背板背缘仅2根长鬃，其下侧1（2）～3根长鬃，无短小鬃；抱器臼鬃粗长，上移不动突后缘，与可动突前缘尖角突接近，其下还有3根小鬃（有的上方1支相当发达，因而可被误作另一臼鬃）；可动突后缘圆凸，末端和前缘角突一般颇尖；第9腹板腹膨通常着生3根粗鬃，♀第7腹板主鬃列3～5根；第8背板其门下一大鬃或加一小鬃。下侧鬃不多；肛锥瓶形至梯形，长为宽的2倍左右；受精囊头近圆形，往往开口处较平，尾呈腊肠形，其长度为头长的1.5～2倍。

19 栉眼蚤科 Ctenophthalmidae Rothschild, 1915

亚科、属检索表

1. 下唇须最多2节，第1腹节背板有发达的栉 ……………………狭蚤亚科 Stenoponiinae 狭蚤亚科仅狭蚤属 *Stenoponia*

   下唇须不少于4节，第1腹节背板无发达的栉 …………………… 2

2. 触角棒节的一些节部分或完全联合在一起，因此仅能见到7或8节；后胸侧嵴短而不全或无 ……………………纤蚤亚科 Rhadinopsyllinae……… 3

   触角棒节清楚分为9节；后胸侧嵴完整 …………………… 5

3. 颊栉 5 根栉刺全部或部分移位于触角窝前缘，由此颊栉与颊缘形成锐角；颊栉刺通常全部或部分变形 ……………………………… 新北蚤属 *Nearctopsylla*
颊栉不一定为 5 根栉刺，且基本位于颊缘而不移位于触角窝前缘，由此颊栉几与颊缘平行 ……………………………………………………………………… 4
4. 腹节背板和腹板形成明显的骨化带 ……………………… 狭臀蚤属 *Stenischia*
腹节背板和腹板无特殊的骨化现象 ……………………… 纤蚤属 *Rhadinopsylla*
5. 如有颊栉则为 2 根交互的栉刺；如无颊栉则于基腹板上有明显的线纹区…·新蚤亚科 Neopsyllinae …………………………………………………………… 6
如有颊栉则不少于 3 根栉刺；如无颊栉则基腹板上无线纹区 ……………… 9
6. 无颊栉 …………………………………………………………… 无栉蚤属 *Catallagia*
有颊栉 ……………………………………………………………………………… 7
7. 颊栉之外侧明显短于内侧刺；后足第 5 跗节通常不多于 4 对侧蹠鬃，前胸栉不少于 16 根栉刺；♂ 下颚须不明显长于下唇须 …… 新蚤属 *Neopsylla*
颊栉之外侧约与内侧刺等长，♂ 下颚须长于下唇须，前胸栉通常不多于 16 根栉刺，后足第 5 跗节有 5 对侧蹠鬃 ……………………………………… 8
8. 后足第 1 跗节约等于第 2～第 4 跗节长度之和。♂ 后足第 1、第 2 跗节有数根特长之端鬃（接近或超过第 5 跗节）。♀ 受精囊头部略呈袋形 …………………………………………………… 继新蚤属 *Genoneopsylla*
后足第 1 跗节明显短于第 2～第 4 节长度之和。♂ 后足第 1、第 2 跗节无特长之端鬃；♀ 受精囊头部略呈球形或短矩形 ……… 副新蚤属 *Paraneopsylla*
9. 无颊栉：前胸背板及第 2～第 7 腹节背板通常仅 1 列鬃 ……………………………………………………………………… 少毛蚤亚科 Anomiopsyllinae
本亚科在我国仅发现杆突蚤属（*Wagnerina*）………………………………………
有颊栉；前胸及第 2～第 7 腹节背板通常不少于 2 列鬃 …………………… 10
10. 颊栉共 4 根栉刺，且其第 3 根栉刺端部不呈细针状，臀板不超过 26 个窝孔 …………………………………………… 叉蚤亚科 Doratopsyllinae ……… 11
颊栉 3 根或 4 根栉刺，如系 4 根栉刺则其第 3 根栉刺端部呈细针状，臀板不少于 26 个窝孔 ……………………… 栉眼蚤亚科 Ctenophthalminae ……… 13
11. 头部自额突至眼之间有明显的骨化增厚并具后头结节 ····厉蚤属 *Xenodaria*
头部在额突至眼之间无明显的骨化增厚亦无后头结节 ……………………… 12
12. 颊栉几乎达到口角，腹节背板后缘呈锯齿状。♂ 第 7 腹节背板着生臀前鬃之上方有后突 ……………………………………………… 酷蚤属 *Corrodopsylla*
颊栉远未达到口角，腹节背板后缘不呈锯齿状。♂ 第 7 腹节背板着生臀

前鬃之上方无后突 ………………………………………………… 叉蚤属 *Doratopsylla*
13．颊栉仅 3 根栉刺且位于颊缘处 ……………………… 栉眼蚤属 *Ctenophthalmus*
颊栉具 4 根栉刺并移位于触角窝前缘 ……………………古蚤属 *Palaeopsylla*

【形态结构】栉眼蚤科通常具颊栉及前胸栉；触角窝在腹侧开放，但触角棒节未达到前胸腹侧板；后足胫节外侧有端齿；部分腹节背板后缘具端小刺；♂臀板凸出或具后颈片；♀臀板常明显凸出。

19.1 栉眼蚤属

Ctenophthalmus Kolenati, 1856

【形态结构】栉眼蚤属隶属于栉眼蚤亚科，颊栉由 3 根未变形的栉刺组成的仅栉眼蚤属及 *Carteretta* 属。但后者第 1 颊栉刺位于第 2 颊栉刺的内侧，因此从侧面仅易见到 2 根栉刺，相反栉眼蚤属则于侧面能清楚见到 3 根栉刺。

70 方叶栉眼蚤 *Ctenophthalmus quadratus* Liu & Wu, 1960

【关联序号】无。

【同物异名】*Ctenophthalmus* (*Sinoctenophthalmus*) *quadratus* Hopkins & Rothschild, 1966。

【宿主范围】大绒鼠（*Eothenomys miletus*）、西南绒鼠、昭通绒鼠（*Eothenomys olitor*）、中华姬鼠、大耳姬鼠、斯氏家鼠、大足鼠、黑线姬鼠、青毛鼠（*Berylmys bowersi*）、黑家鼠、黄胸鼠、小家鼠、珀氏长吻松鼠（*Dremomys pernyi*）、隐纹花松鼠、多齿鼩鼹（*Nasillus gracilis*）、灰麝

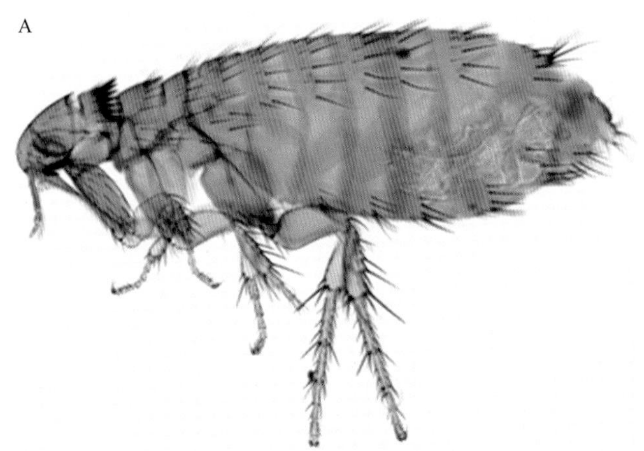

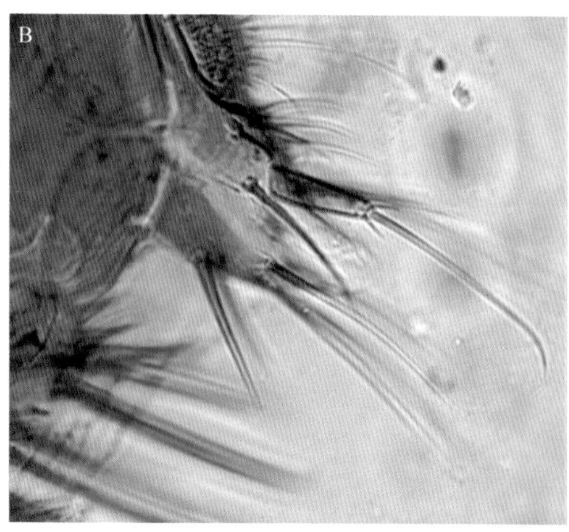

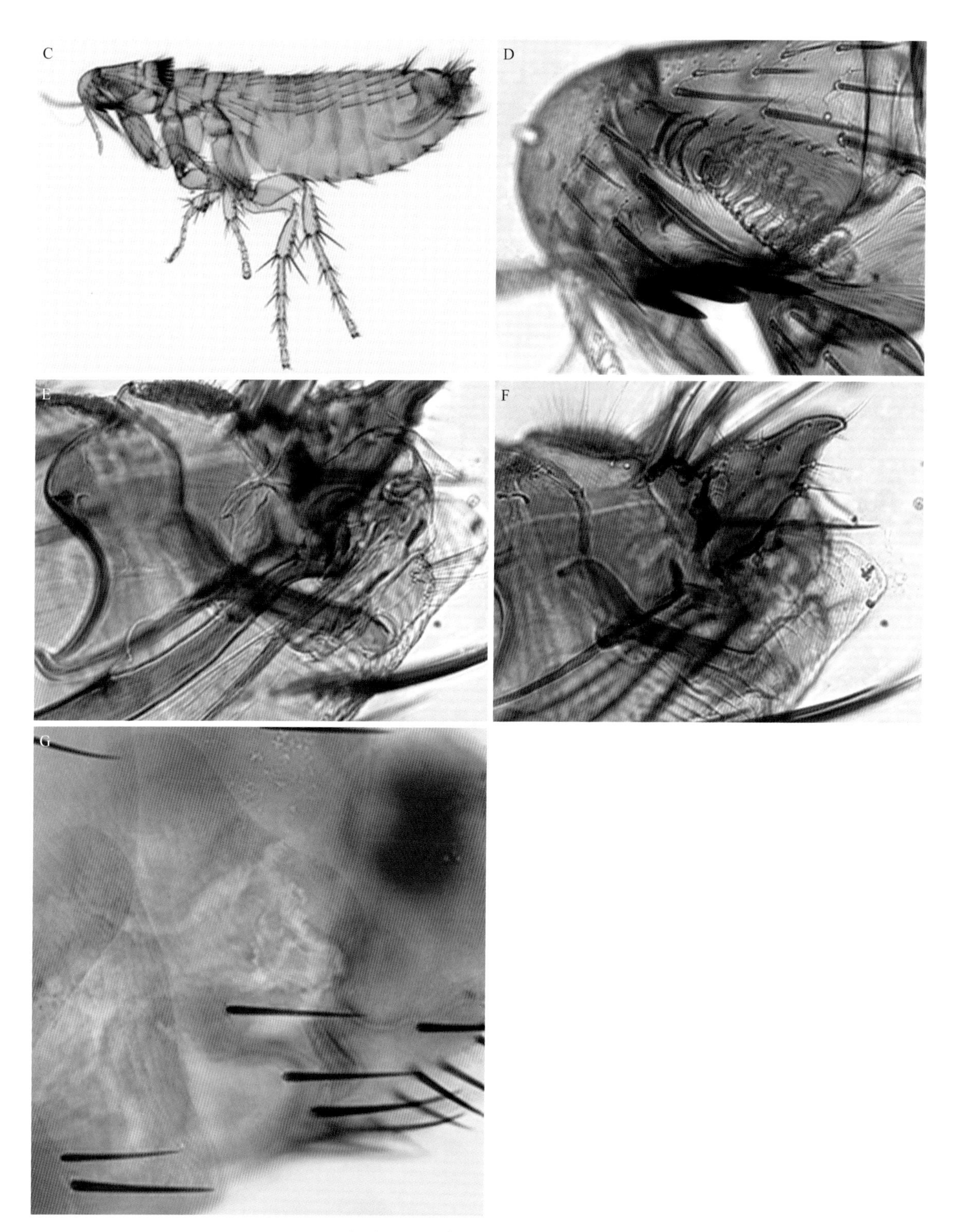

图 70　方叶栉眼蚤（拍摄者：张志伟，宋文宇）
A. 雌蚤，10×10；B. 雌性肛锥，10×40；C. 雄蚤，10×10；D. 颊栉，10×40；
E. 雄性阳茎钩突，10×40；F. 雄性可动突，10×40；G. 雌性第 7 腹板，10×40

鼩（*Crocidura attenuate*）、白尾鼹和卡氏小鼠（*Mus caroli*）等，但以大绒鼠为主要宿主。

【地理分布】按动物区系本种属于西南区的西南山地亚区和华南区的滇南山地亚区，主要分布在云南。

【形态结构】方叶栉眼蚤♂可动突端部后缘具宽凹陷，后端角明显向后延伸，第9腹板后臂长短与前臂之半等特征与宽突栉眼蚤近似。但其♂阳茎端侧叶腹侧呈钩状，♀第7腹板后缘中叶明显短于背叶等特征易与后者区分。

头部：额突约位于额缘之2/5处（♂稍高于♀）。额鬃列5（4）根鬃，眼鬃列3根鬃，后头鬃3列依次为2根、3（2）根、4（3）根鬃。下唇须较长，其末端近前足基节端部。胸部：前胸栉共18（17）根栉刺、背方栉刺稍长于其前方之背板。中胸背板颈片处有3（2～4）根假鬃，下位者位于中点以下。后胸后侧片具5（4）根鬃。后足第2跗节长端鬃末端近第4跗节之中点。腹部：第1～第7背板各具2列鬃，第2～第7背板主鬃列在气门下各具1根鬃、气门端尖。第1～第5背板端小刺数依次为1根、1（2）根、1（0）根、0（1）根、0（1）根。臀前鬃3根，中位者最长，下位者次之。变形节：♂第8背板气门仅稍扩大。第8腹板后缘钝圆，于后腹缘处微凹，腹板上有3（2）根长鬃和1～4根短鬃。可动突端部明显宽于其他部分，前端角钝圆，其上约4个感器，后端角窄而明显后凸；不动突前后叶之间内凹较深，前叶钝圆，其上具2（3）根长鬃，后叶通常较窄而短，略呈方形。第9腹板后臂很短，其长度远不及前臂之半，后臂本身的长度通常不及其宽度的2倍，后臂端缘处通常具5（4～6）根长鬃和2（3）根短鬃。阳茎端部背侧凸起较宽，端侧叶端缘几平直，端腹角窄而长。♀第7腹板后缘之背叶明显宽和长于中叶，腹板上有5（4）根长鬃和1～3根短鬃。第8背板气门仅稍大，背板之后背突明显后凸，前部骨化区不很发达，通常有背腹走向的钩形骨化痕。第8腹板游离突较细长。肛锥长为基宽的3～4倍，长端鬃约为肛锥长的2.5倍。受精囊头部（尤其前部）明显宽于尾部，交配囊管短于前胸栉之背方栉刺。

71 云南栉眼蚤 *Ctenophthalmus yunnannus* Jordan, 1932

【关联序号】无。

【同物异名】*Ctenophthalmus* (*Sinoctenophthalmus*) *yunnannus* Hopkins & Rothschild，1966。

【宿主范围】松田鼠（*Pitymys irene*）、玉龙绒鼠（*Eothenomys proditor*）、西南绒鼠、大林姬鼠、藏鼠兔（*Ochotona thibetana*）和褐家鼠。

【地理分布】按动物区系本种属于西南区的西南山地亚区，主要分布在云南。

【形态结构】云南栉眼蚤与无突栉眼蚤及台湾栉眼蚤指名亚种较相近。与无突栉眼蚤的区别在于云南栉眼蚤♂可动突之后端突呈角状且不明显低于前端角，♀第8背板无明显之纵行钩形骨化痕。与台湾栉眼蚤指名亚种的区别是云南栉眼蚤额缘在口角同额突之间无切刻、下位额鬃近口角，♂可动突后端角的形状也很不一样。

头部：额突约位于额缘之 2/5 处（通常♂稍高），自口角到额突间额缘无切刻。额鬃列 5（4～6）根鬃，下位额鬃近口角处，眼鬃列 3 根鬃，后头鬃 3 列依次为 2 根、3（2）根和 4（5）

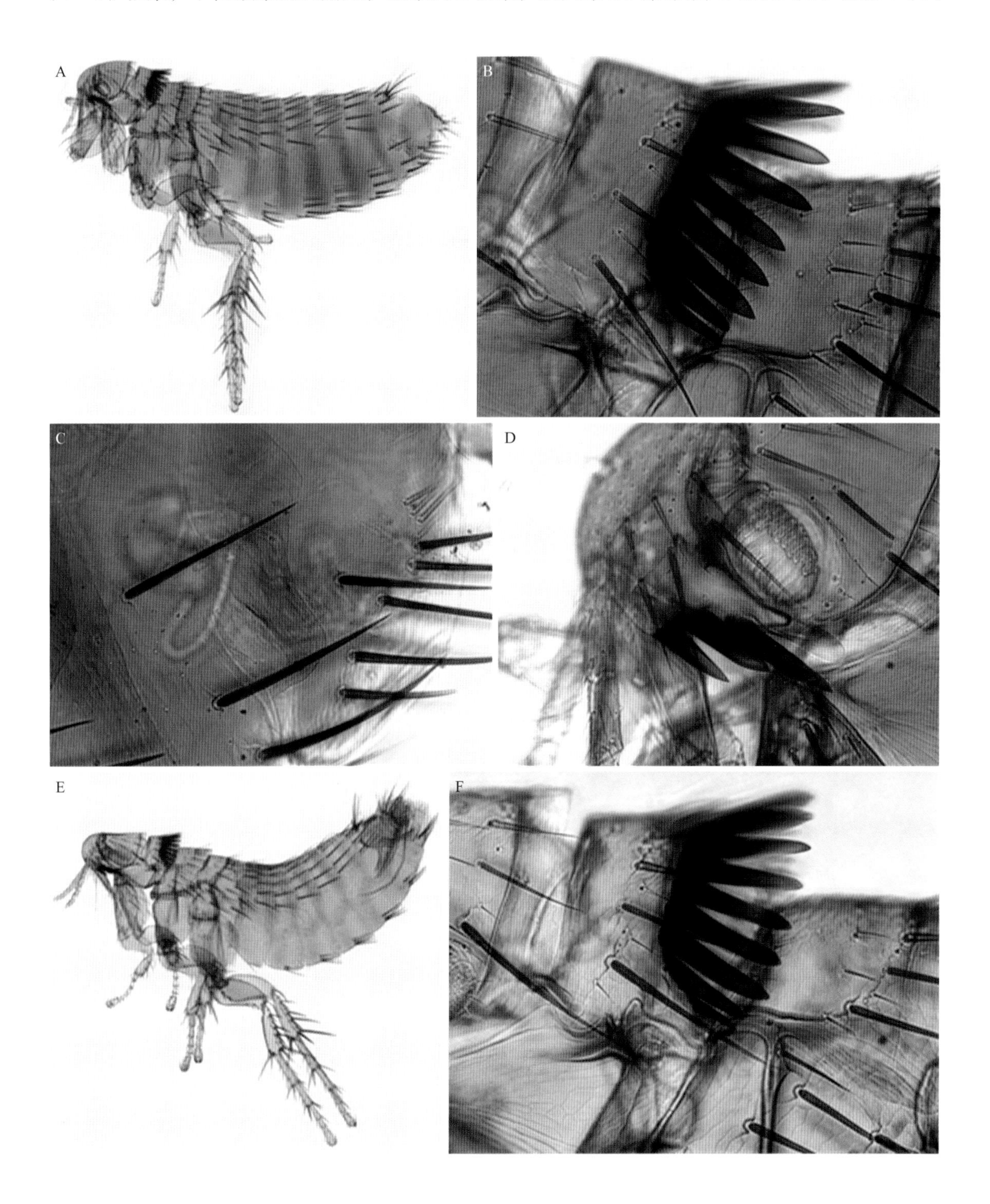

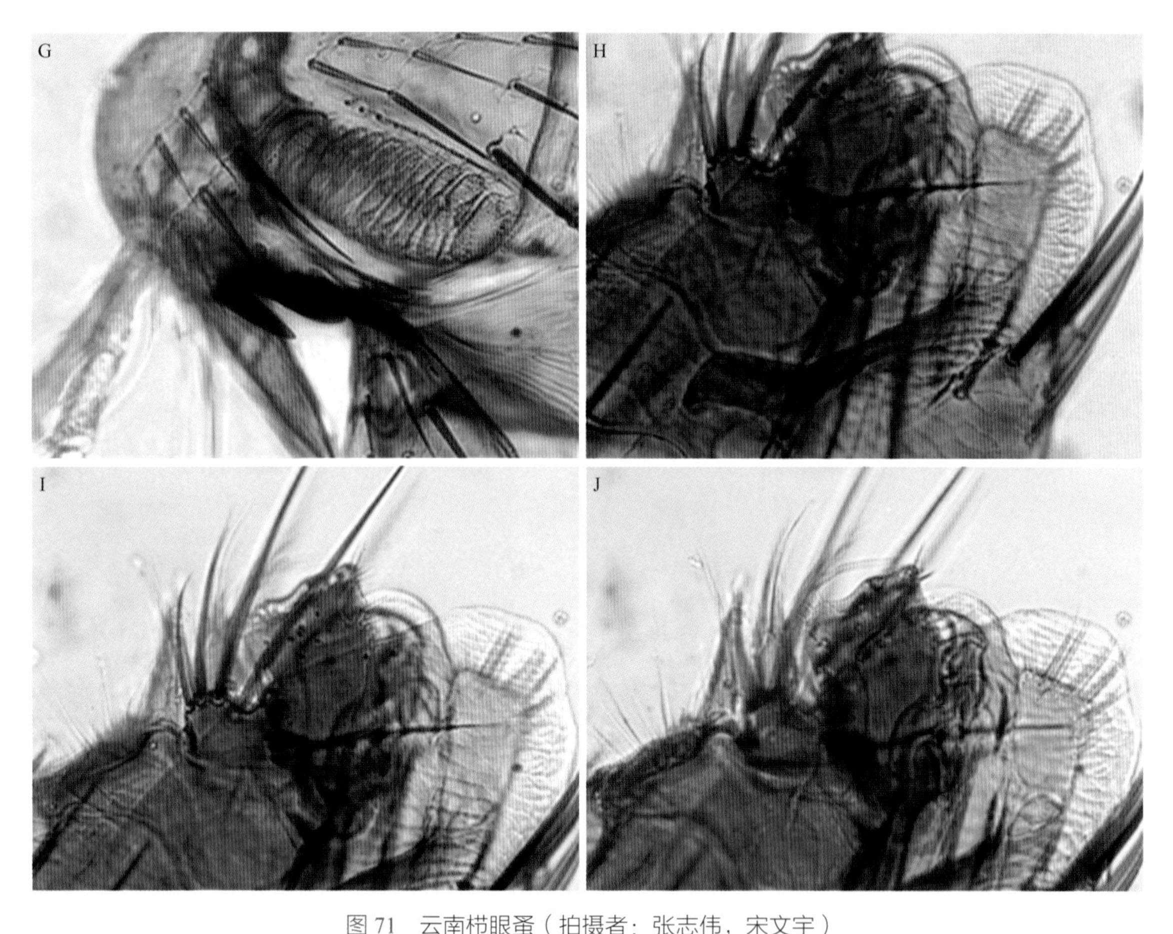

图 71 云南栉眼蚤（拍摄者：张志伟，宋文宇）

A. 雌蚤，10×10；B. 雌性胸栉，10×40；C. 雌性第 7 腹板，10×40；D. 雌性颊栉，10×40；E. 雄蚤，10×10；F. 雄性胸栉，10×40；G. 雄性颊栉，10×40；H. 雄性不动突后叶，10×40；I. 雄性不动突后叶，10×40；J. 雄性可动突端角，10×40

根鬃。下唇须较长，其末端近前足基节端部。胸部：前胸栉共 18（17）根栉刺，背方栉刺长于其前之背板。中胸背板颈片处有 3（4）根假鬃。后胸后侧片有 5（6）根鬃。后足第 2 跗节长端鬃接近或达到第 4 跗节的 1/2 处。腹部：第 1～第 7 背板具 2 列鬃，但通常♂第 5～第 7 背板前列不全。第 2～第 7 背板主鬃列在气门下各 1 根鬃，气门端尖；通常 1～3 背板各具 1 根端小刺而第 4 背板少部分标本也有 1 根（或 1 侧有 1 根）。臀前鬃 3 根，以中位者最长、下位者次之。变形节：♂第 8 腹板后缘钝圆，于后腹缘处有浅凹，腹板上有 3（2～4）根长鬃和 2～4 根短鬃。可动突较小，端缘中段微凹，后段有骨化加深，前后缘之上段近平行，前端角钝圆，后端角略向后凸。不动突前叶钝圆，后叶较窄形如指状，前后叶之间有较深之内凹。第 9 腹板后臂较长，前臂长度通常不及后臂的 2 倍，而后臂长度明显超过其宽度的 2 倍；后臂端缘通常略向腹侧弯斜，背端角略呈直角而腹端角钝圆、端缘处有 6（4～7）根长鬃和 3（2）根短鬃。阳茎端部端侧叶之端缘钝圆。♀第 7 腹板后缘中叶较宽，但通常不及背叶后凸，腹板上具 5（4～6）根长鬃和 1～4 根短鬃。第 8 背板后背角近三角形，气门仅稍扩大，背板上前部通常有较明显的骨化带。第 8 腹板游离突较长。肛锥长为基宽之 3.0～3.5 倍，长端鬃约为肛锥长之 2.5 倍。

72 短突栉眼蚤 *Ctenophthalmus breviprojiciens* Li & Huang, 1980

【关联序号】无。

【同物异名】*Ctenophthalmus* (*Sinoctenophthalmus*) *breviprojiciens* Li & Huang, 1980。

【宿主范围】滇绒鼠（*Eothenomys eleusis*）、四川短尾鼩。

【地理分布】按动物区系，本种属于西南区的西南山地亚区和华南区的滇南山地亚区，主要分布在贵州、云南、湖北等。

【形态结构】本种与甘肃栉眼蚤较为相近，但短突栉眼蚤♂不动突之后小叶甚短，前后小叶之间仅微凹；第 9 腹板后臂亦较长，易与甘肃栉眼蚤相鉴别。♀的区别是短突栉眼蚤第 7 腹板后缘中叶较大且更靠近腹侧；第 8 背板前部有较深的钩形骨化痕。

头部：额突约位于额缘 1/3～2/5 处，额鬃列 5（4）根鬃，眼鬃列 3 根鬃，后头鬃 3 列依次为 2 根、3（4）根和 4（5）根鬃。下唇须较长、末端近前足基节之端。胸部：前胸栉共 18 根栉刺、背方栉刺长于其前之背板。中胸背板具 3 根假鬃。后胸后侧片共 5 根鬃。后足第 2 跗节长端鬃接近或达到第 4 跗节之半。腹部：第 1～第 7 背板各具 2 列鬃。第 2～第 7 背板主鬃列在气门下各具 1 根鬃、气门端尖。第 1～第 3 背板各具 1 根端小刺、第 4 背板则具 1 根或无端小刺。臀前鬃 3 根、中位者最长。变形节：♂可动突端宽基窄，端缘仅微凹、近前端角处具 7（6～8）根小鬃、后端角凸出；不动突后叶短而钝。第 9 腹板后臂较长，约为前臂长度之半，末端钝而斜向腹侧，近端处约有 15 根鬃，其中约有 5 根较长。阳茎端侧叶圆突、腹端不呈钩

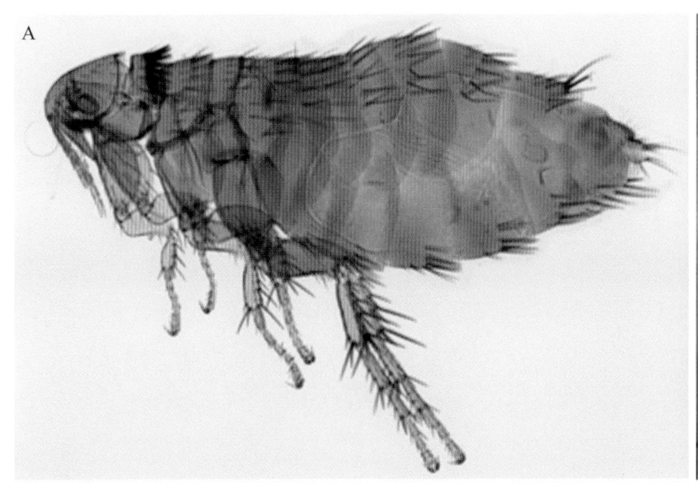

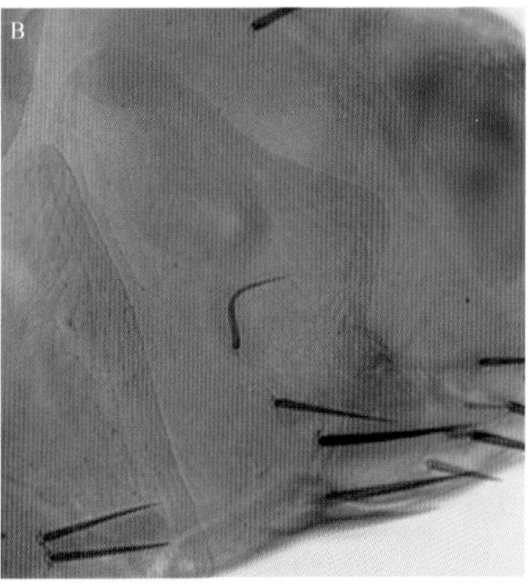

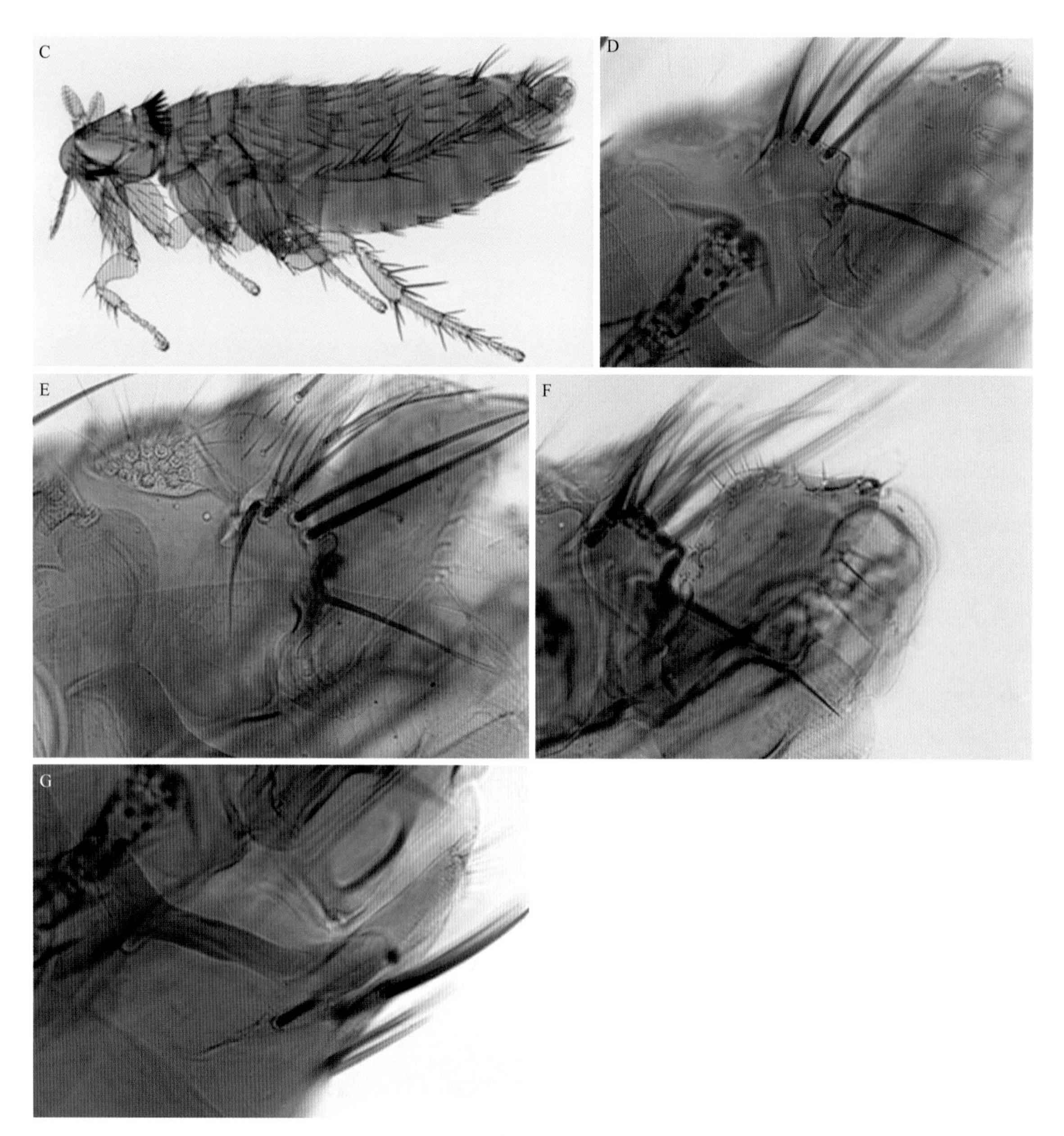

图 72 短突栉眼蚤（拍摄者：张志伟，宋文宇）

A. 雌蚤，10×10；B. 雌性第 7 腹板，10×40；C. 雄蚤，10×10；D. 雄性不动突后叶，10×40；
E. 雄性不动突后叶变形，10×40；F. 雄性可动突端角，10×40；G. 雄性第 9 腹板，10×40

状。♀第 7 腹板后缘背叶和中叶约等大，但中叶较为凸出，有 5（4）长和 3（2～5）较短的侧鬃。第 8 背板有钩形骨化，但较浅。肛锥长约为宽之 3 倍，长端鬃约为肛锥长的 2 倍。

19.2 新 蚤 属

Neopsylla Wagner, 1903

【形态结构】新蚤属基腹板上有发达的线纹区，但腹区无成片的细毛可与新蚤族其他属相区别（迄今新蚤族在我国只发现新蚤属 1 个属）。

73 特新蚤德钦亚种 *Neopsylla specialis dechingensis* **Hsieh & Yang, 1974**

【关联序号】无。

【同物异名】无。

【宿主范围】黑线姬鼠、松田鼠、龙姬鼠、西南姬鼠、小林姬鼠、西南绒鼠。

【地理分布】云南。

【形态结构】♂可动突最宽处位于中点以下；基节臼为椭圆形；第 9 腹板后臂端部较宽呈刀状；亚刺鬃排列为 6（5）根，较密；♀第 7 腹板后缘背叶无或有内凹；背叶下之内凹呈锐角；第 7 腹板外侧鬃 6～14 根。主要分布于云南德钦及香格里拉。

头部：额突约位于额缘中央稍下。额鬃列 5～7 根，眼鬃列 4 根鬃，后头鬃 3 列依次为 5（4～8）根、6（5～8）根及 6（5～7）根鬃。下唇须较短，末端达前足基节之 1/2～3/5 处。胸部：前胸栉共 18～20（个别 17 或 21）根栉刺，背方栉刺通常稍长于其前之背板，前胸背板 1 列鬃 5（6）根。后足基节内侧下部近前缘处通常有小粗鬃 4～12 根；胫节外侧 1 列鬃 5（3～7）根；第 2 跗节长端鬃末端不超过第 3 跗节端。腹部：第 1～第 7 背板 2～3 列鬃，♀第 7 背板主鬃列在气门下无鬃。第 1～第 5 背板端小刺数依次为 3（2～4）根、4（2～5）根、3（2～4）

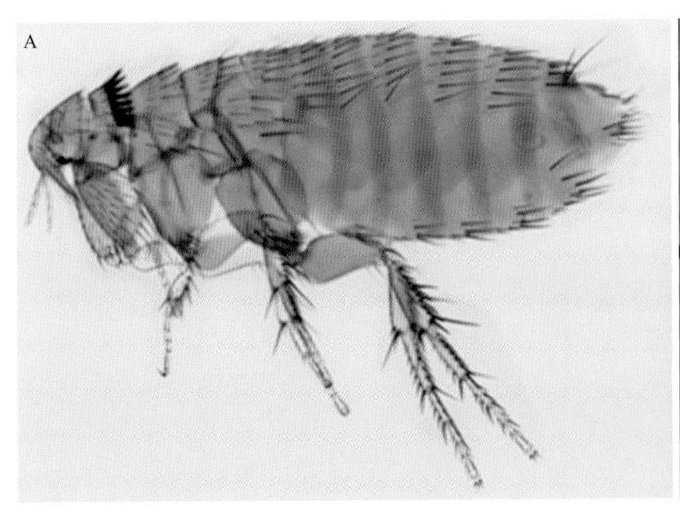

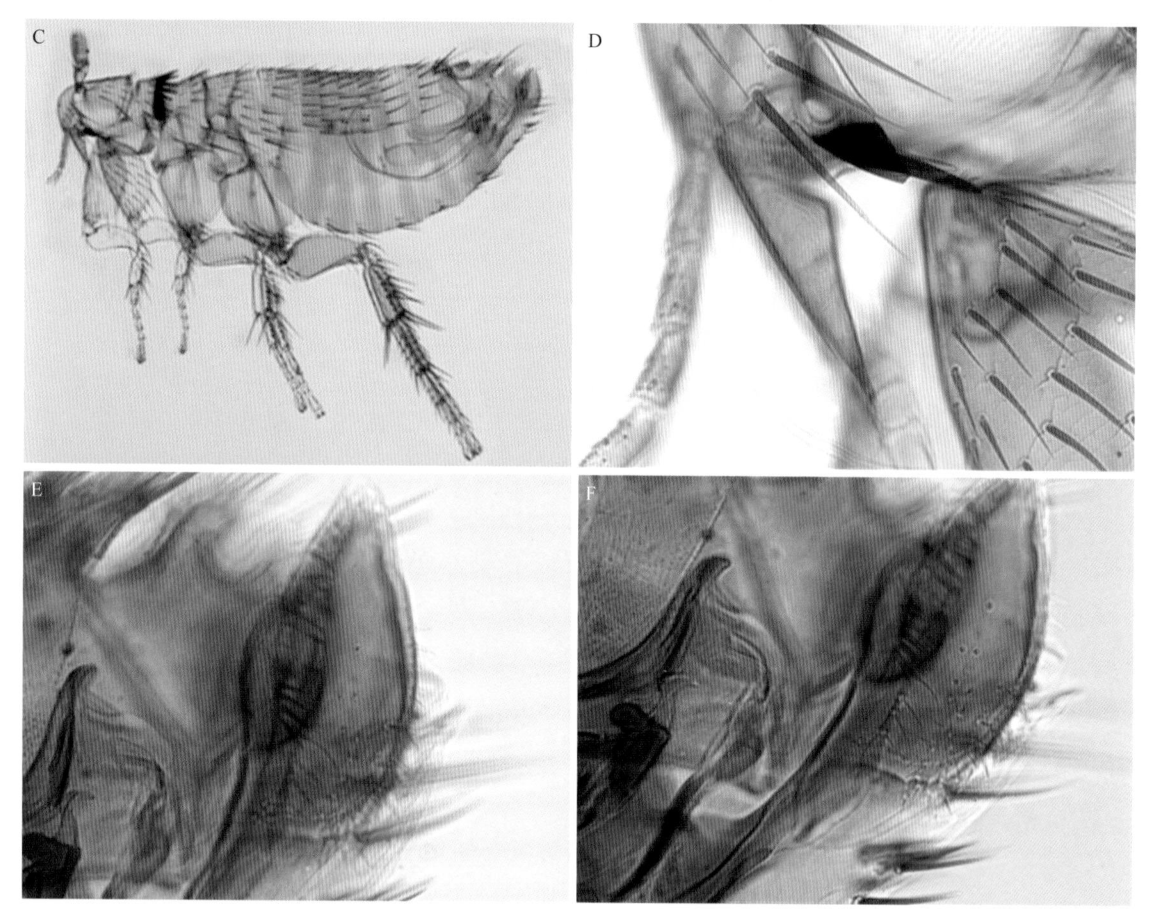

图 73 特新蚤德钦亚种（拍摄者：范蓉，宋文宇）
A．雌蚤，10×10；B．雌性第 7 腹板，10×40；C．雄蚤，10×10；D．雄性颊栉，10×40；
E．雄性可动突，10×40；F．雄性第 9 腹板后臂，10×40

根、2（1～3）根和 1（0）根。变形节：♂第 8 腹板外侧鬃有 10 根，其后列长鬃通常仅 3 根。可动突较长，其最宽处位于中点以下；不动突后叶浅色区较深，其深度通常大于宽度；基节臼椭圆形。第 9 腹板后臂端部较宽，末端略呈斜截状，亚后缘处具 6（5）根亚刺鬃，彼此相距甚近。阳茎钩突端部分小叉，内突端附器呈杆状，端不尖。♀第 7 腹板后缘背叶之端缘有或无内凹，如有则内凹不很深；腹板外侧有长鬃 4 或 5 根，其前有短鬃 2～7 根。

74 斯氏新蚤川滇亚种 *Neopsylla stevensi sichuanyunnana* Wu & Wang, 1982

【关联序号】无。

【同物异名】*N. stevensi* Jordan, 1932。

【宿主范围】针毛鼠、斯氏家鼠、灰腹鼠、齐氏姬鼠、大绒鼠、白腹鼠、社鼠、家鼠。

【地理分布】贵州、四川、云南。

【形态特征】斯氏新蚤川滇亚种与指名亚种比较相似，但本种♂抱器可动突较狭长且较直；第9腹板后臂端膜突较宽短；♂第8腹板后列鬃靠边，位于近后缘处；第9腹板后臂亚腹缘之细

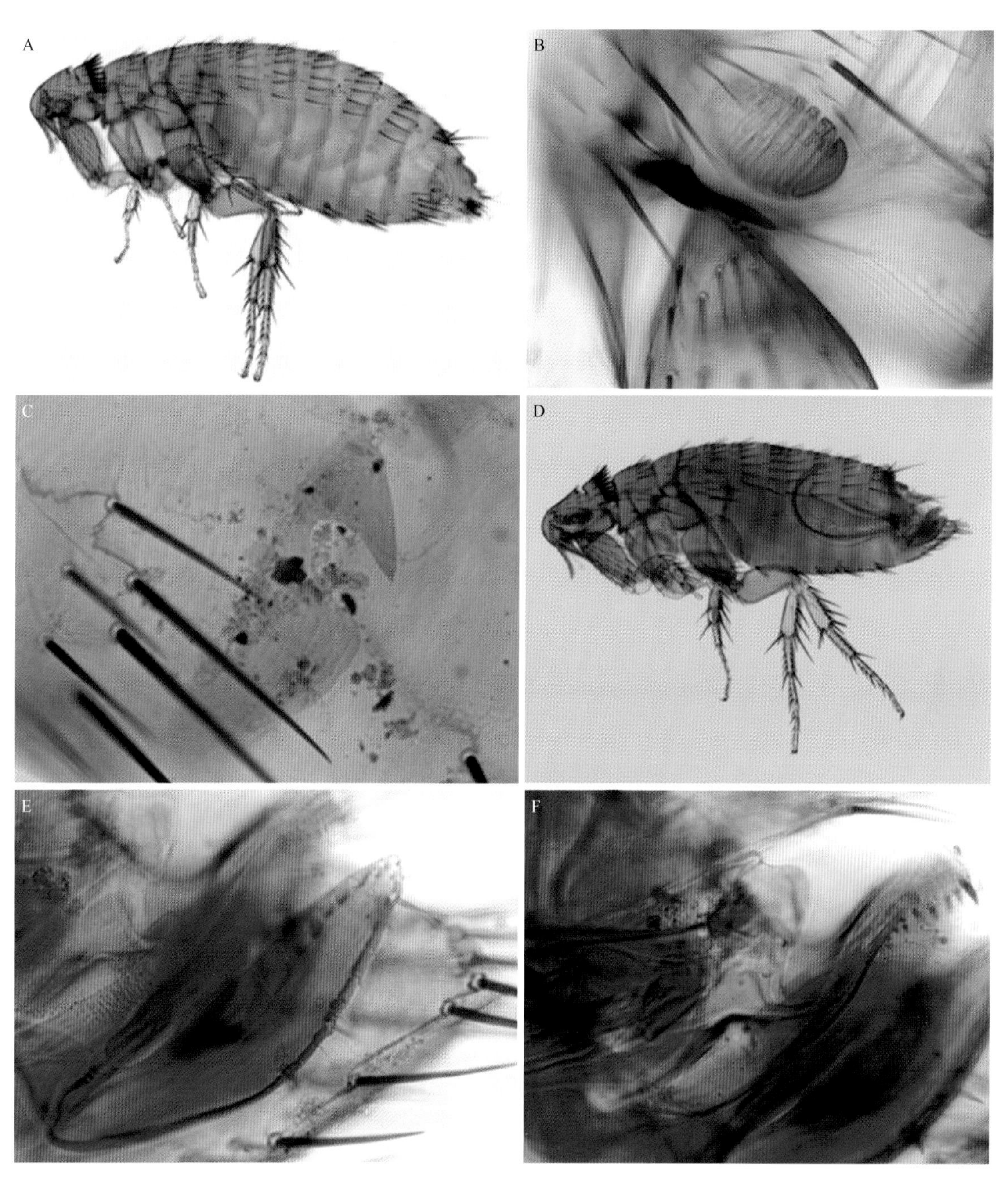

图74　斯氏新蚤川滇亚种（拍摄者：范蓉，宋文宇）

A．雌蚤，10×10；B．雌性颊栉，10×40；C．雌性第7腹板，10×40；D．雄蚤，10×10；
E．雄性可动突边缘，10×40；F．雄性变形节，10×40

长鬃较多，不少于6根，多为7根、8根；阳茎钩突前背角较凸出；♀第7腹板后缘内凹较宽，背叶通常短于腹叶；交配囊较宽，但骨化加深痕较短。

头部：额突位于额缘之1/3～1/2处（♂较♀稍高）。额鬃列6（5～7）根鬃，眼鬃列4根鬃（邻眼鬃者较小），后头鬃3列，依次为4（3～6）根、5（4～8）根、6（5～7）根鬃。触角梗节长端鬃♂达棒节之1/2处、♀约达棒节端。下唇须末端达前足基节1/2～3/5处。胸部：前胸栉共20（18～22）根栉刺，背方栉刺约等或稍微长于其前之背板；前胸背板仅1列鬃5（6）根。后胸后侧片上共8～11根鬃。后足基节内侧下部近前缘处有5～13根短刺鬃，后足胫节外侧1列鬃5（4～6）根。腹部：第1～第7背板具2列鬃，主鬃列在第2～第6背板气门下各具1根鬃，第7背板主鬃列在气门下仅♂有1根鬃，气门小而端尖。通常第1～第4背板各具1根端小刺，但个别标本也有个别背板具2根或无端小刺者，第5背板亦有个别标本具1根端小刺。变形节：♂第8腹板后缘仅微凸，共有侧鬃14～22根，后列较长共4（5）根，基本上着生在后缘附近。可动突窄而较长，于后缘约中点有一较粗短的鬃；不动突后叶宽于和高于前叶；柄突较细长。第9腹板后臂具角状之背端膜及弧形之腹端膜；端段内面有8～15根小刺形鬃，近端处之5（4～6）根较长，位于较短刺鬃的腹侧尚有6～9根细长鬃、阳茎钩突之背（前）端角明显凸出，弹丝发达。♀第7腹板后缘背叶通常短于腹叶，腹板上有5（4～6）根长鬃和5～9根短鬃。第8背板后背突较尖，气门稍扩大。肛锥长约为宽之4倍，长端鬃约为肛锥长之2倍。受精囊头部较宽，交配囊较长，其长度约为后足胫节长之2/3，交配囊管部近交配囊袋部处弯曲且骨化加深。

19.3 古蚤属

Palaeopsylla Wagner, 1903

【形态结构】古蚤属颊栉共4根栉刺且较宽，其中第3（或和第2）刺端部尖细，第4根位于眼之附近。

75 偏远古蚤 *Palaeopsylla remota* Jordan, 1929

【关联序号】无。

【同物异名】*P. remota nesicola* Traub & Evans, 1967。

【宿主范围】四川短尾鼩、白尾鼹、青毛鼠、灰麝鼩、黑齿鼩鼱（*Blarinella*）、大纹背鼩鼱、长尾鼩或褐鼩鼱（*Soriculus caudatus*）、毛猬（*Hylomys suillus*）、中华鼩猬（*Neotetracus sinensis*）、滇绒鼠、大绒鼠、云南白腹鼠（*Rattus coxingi*）、斯氏家鼠、隐纹花松鼠、黑线姬鼠和大足鼠等。

【地理分布】重庆、甘肃、贵州、江苏、四川、陕西、湖北、台湾和云南。

【形态结构】偏远古蚤与奇异古蚤和开巴古蚤很相近，主要区别是偏远古蚤前胸栉刺（通常为16根）少于奇异古蚤，且第1～第3颊栉刺较宽。与开巴古蚤的区别是♂阳茎钩突凹端之后侧突呈弧形、与内管间不呈直角。

头部：额突约位于额缘之2/3处，额突下之额缘骨化变宽。额鬃列4根鬃，后头鬃3列依次为2（1）根、2（1）根、4（3）根鬃。第2颊栉刺剑状，第3颊栉刺端段呈针状。下唇须末端达前足基节3/4～5/6处。胸部：前胸栉刺共16（15～19）根，栉刺平直而端尖，背方栉刺明显长于其前之背板，背板上1列鬃4根。中胸背板颈片处有假鬃3（2）根。后胸后侧片4（5）根鬃。前足基节外侧约15根鬃。后足胫节外侧1列鬃6（7）根。前、中、后足第5跗节各具5对侧蹠鬃，但第1对均内移。腹部：背板基本上2列鬃，但第5～第7背板尤其是♂往往前列仅具个别鬃，甚至缺如。第2～第7背板气门主鬃列在气门下各具1根

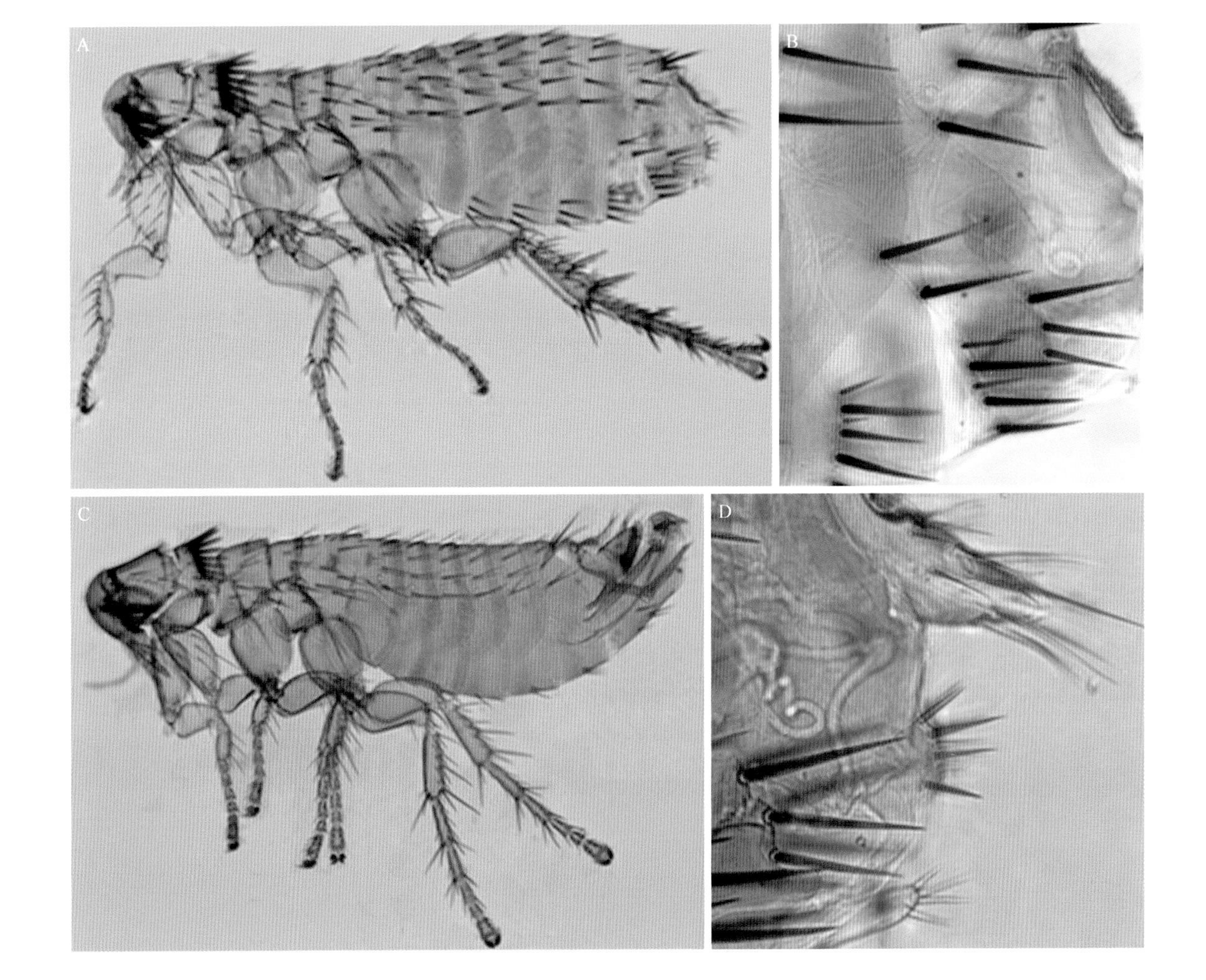

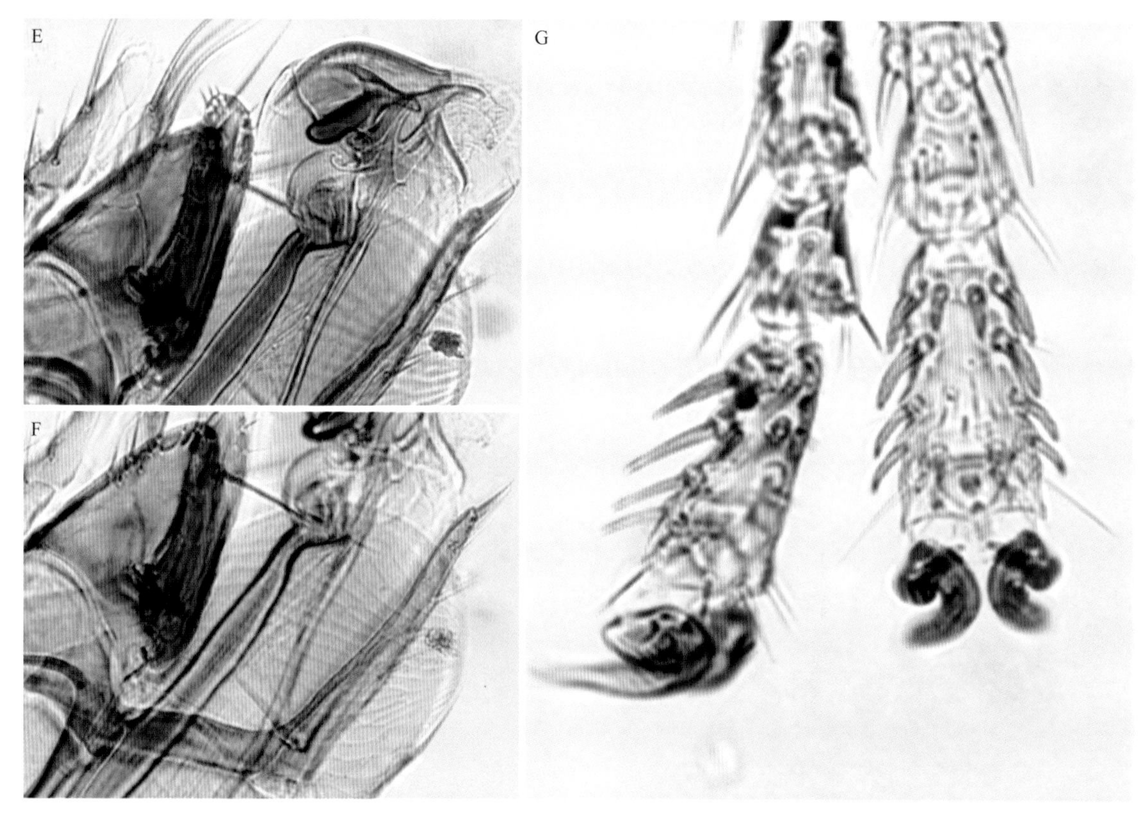

图 75　偏远古蚤（拍摄者：范蓉，宋文宇）

A. 雌蚤，10×10；B. 雌性第 7 腹板，10×40；C. 雄蚤，10×10；D. 雌性第 8 腹板，10×40；
E. 雄性阳茎端，10×40；F. 雄性第 9 腹板，10×40；G. 雄性第 5 跗节 5 对侧蹠鬃，10×40

鬃，气门较大而圆但端部收缩且骨化增厚。第 1～第 5 背板端小刺数依次为 2（1～4）根、2（1～3）根、1（2）根、1（2）根和 0（1）根。臀前鬃 3 根，中位者最长，长约为上、下位者之 2～3 倍，下位者稍长于上位者。变形节：♂第 8 腹板宽大，亚腹缘处有 3（2）根长鬃和 2（1～4）根短鬃。可动突较直，端缘通常较平，端部明显高于不动突；不动突基部有明显的线纹。第 9 腹板后臂自基至端渐细，腹缘处约有 7 根鬃，其中近端 2 根最长。阳茎端部钩突端内凹，而形成 2 个（前后）指状突起；后侧突略与内管呈弧形相连。♀第 7 腹板后缘有个内凹，但形状有变异、腹板上有 5（4～6）根长鬃和间有 2（1～3）根短鬃。第 8 背板气门扩大不明显、后背角钝圆，后缘之隆起上有 3（4）根较长的鬃和间有 2（1～3）根短鬃。第 8 腹板游离突较宽，端部有 2（3）根较长的鬃和 1（2）根较短的鬃。肛锥长为宽的 3～4 倍，长端鬃为肛锥的 1.5～2.0 倍。

19.4 狭臀蚤属

Stenischia Jordan, 1932

【形态结构】各腹节背板之背缘及腹板之腹缘都有色深的骨化增厚区，易与纤蚤族内其他属相区别。

76 低地狭臀蚤 *Stenischia humilis* Xie & Gong, 1983

【关联序号】无。

【同物异名】无。

【宿主范围】针毛鼠、黑线姬鼠、齐氏姬鼠、大绒鼠、大足鼠、黄胸鼠、褐家鼠、珀氏长吻松、灰麝鼩、树鼩、毛足鼠、大仓鼠、仓鼠（*Cricetulus* sp.）、达乌尔黄鼠、长尾巨鼠、小林姬鼠和长尾仓鼠等。

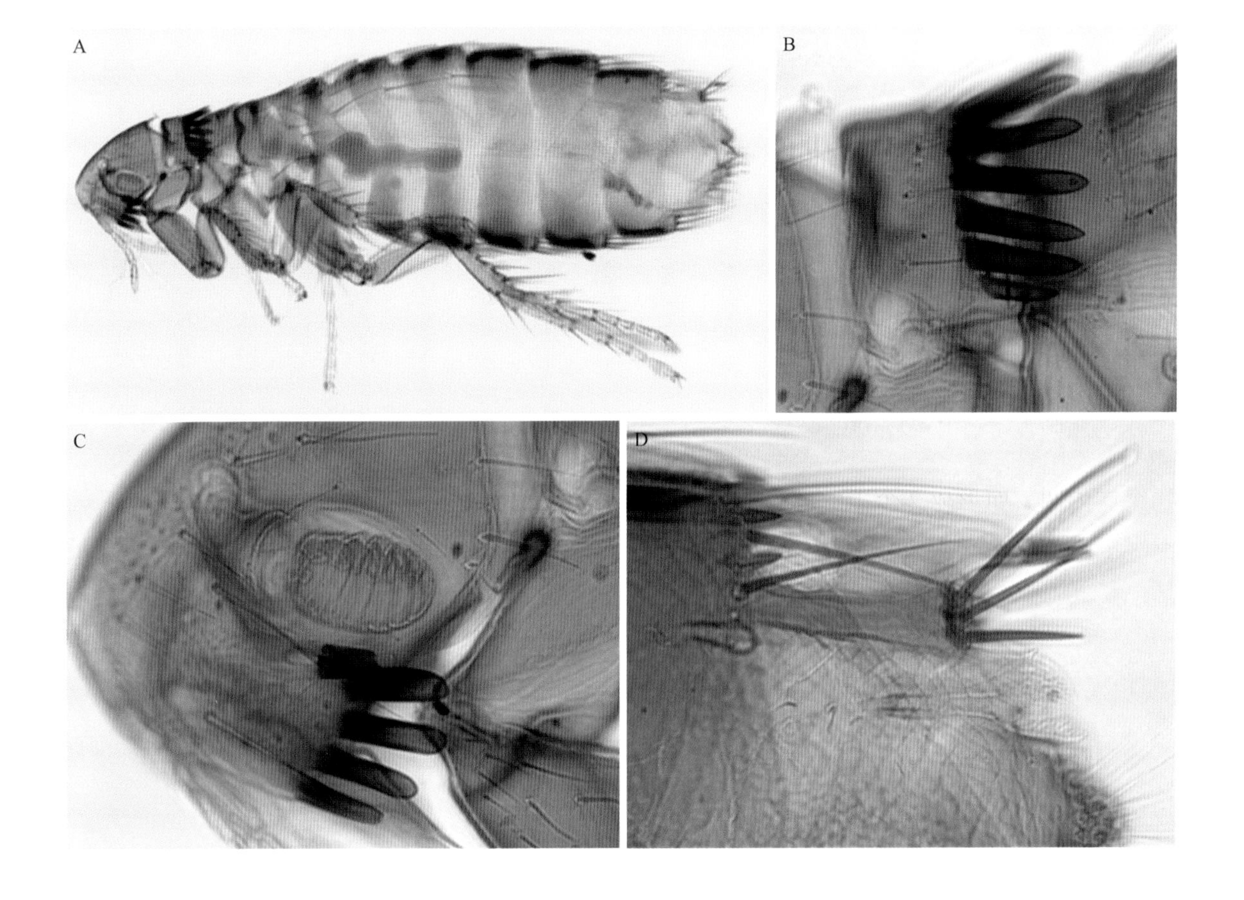

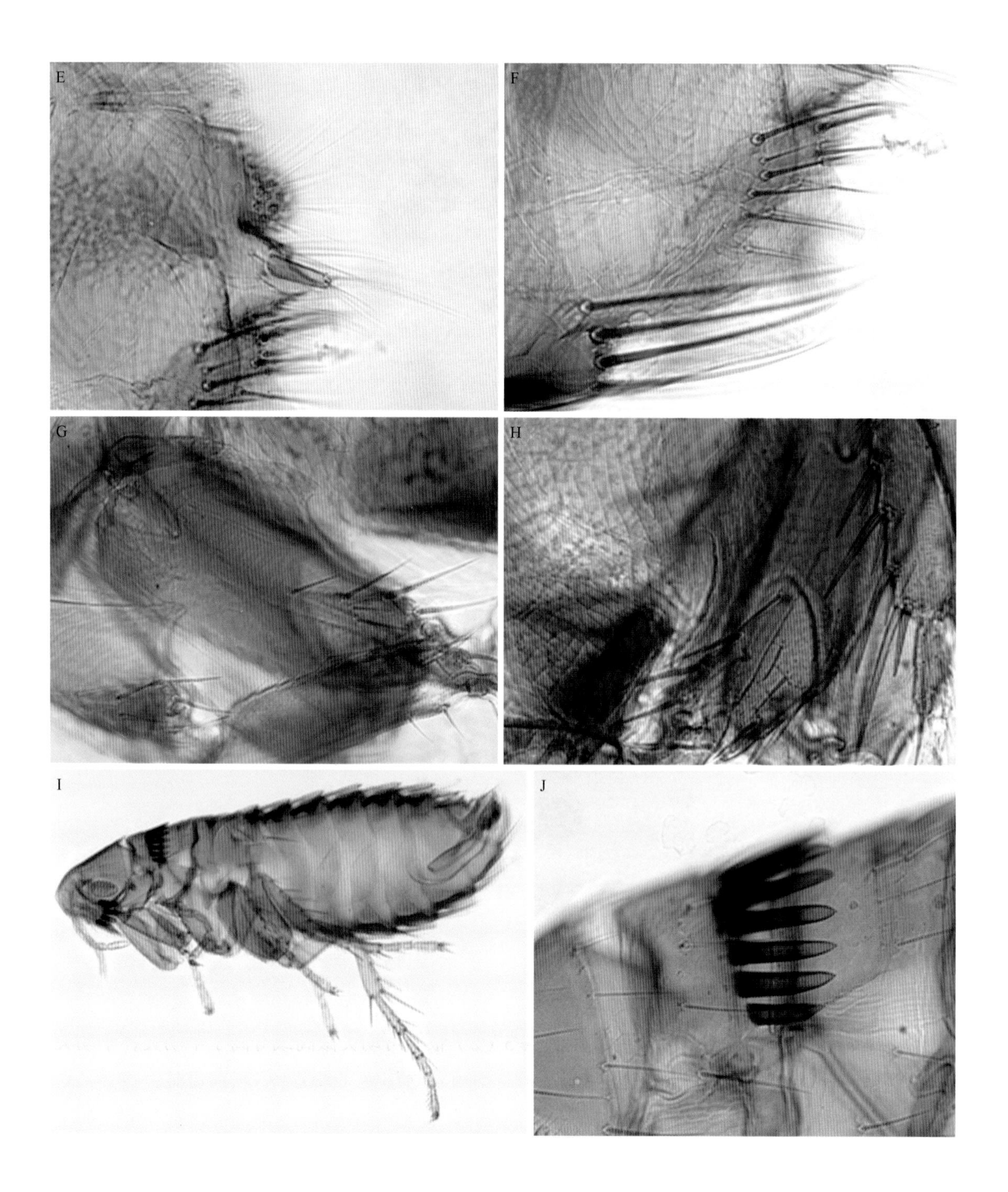
E
F
G
H
I
J

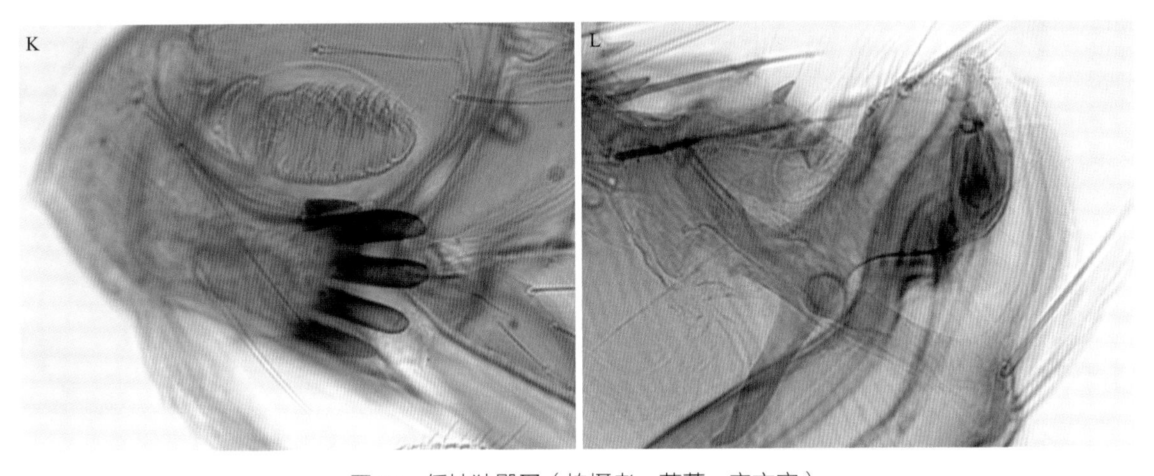

图 76　低地狭臀蚤（拍摄者：范蓉，宋文宇）
A. 雌蚤，10×10；B. 雌性胸栉，10×40；C. 雌性颊栉，10×40；D. 雌性臀前鬃，10×40；E. 雌性肛锥，10×40；
F. 雌性第 7 腹板，10×40；G. 雌性后足基节，10×40；H. 雌性后足基节齿突，10×40；I. 雄蚤，10×10；
J. 雄性胸栉，10×40；K. 雄性颊栉，10×40；L. 雄性可动突，10×40

【地理分布】福建、甘肃、河南、湖北、青海、四川、陕西、云南。

【形态结构】第 5 颊栉刺较宽且明显前移而不同于奇异狭臀蚤、高山狭臀蚤等；额突远高于口角而不同于锐额狭臀蚤。

头部：额突角状，位于额缘之 1/3～2/5 处。额鬃列 5（4～6）根鬃，眼鬃列 2 根鬃，后头鬃 3 列，依次为 3（2～4）根、3～5 根和 5（4～6）根鬃。颊栉基线通常呈较明显之弧形，栉刺间距较小。第 2～第 4 栉刺端通常钝圆。下唇须末端接近或达到前足基节的端部。胸部：前胸栉共 16（14～17）根栉刺、背方栉刺约等于或微长于其前之背板，背板上 1 列鬃 5（4）根。中胸背板颈片处有 2（1）根假鬃。后胸后侧片 4（3～5）根鬃。后足基节后缘齿突约位于 1/2 处，通常♂稍偏上而♀则稍偏下。腹部：除第 1 背板 2 列鬃外第 2～第 7 背板均仅 1 列鬃。第 1～第 6 背板有端小刺 3（1～5）根，♂第 7 背板有端小刺 2（1～3）根。♀有臀前鬃 3（2）根，以上位者最长、下位者最短；第 7 背板之刺突较短，其长度约与基宽相等。变形节：♂第 8 腹板后缘钝圆或呈钝角状，亚腹缘处有长鬃 3（2）根。可动突微高或等高于不动突；不动突端部钝圆。第 9 腹板后臂端部渐细。♀第 7 腹板后缘通常仅 1 个内凹，但形状有较大变异，腹板上有 4（5）根长鬃。第 8 背板后背突较短而钝。肛锥长为宽的 3～4 倍，长端鬃为肛锥长之 2.0～2.5 倍。

77 高山狭臀蚤 *Stenischia montanis* Xie & Gong, 1983

【关联序号】无。

【同物异名】无。

【宿主范围】中华姬鼠、高山姬鼠、社鼠、西南绒鼠、云南白腹鼠、褐家鼠、四川短尾鼩、长尾鼩鼹（*Scaptonyx fusicaudus*）、隐纹花松鼠、侧纹岩松鼠和中华鼩猬等。

【地理分布】云南。

【形态结构】高山狭臀蚤与奇异狭臀蚤和在尼泊尔发现的路氏狭臀蚤比较近似。与它们的主要区别是本种仅第2～第4颊栉刺端钝圆，而奇异狭臀蚤第1～第5颊栉刺端均较尖，路氏狭臀蚤则均较钝圆。♂第8腹板后缘，高山狭臀蚤呈指状后突且后腹缘有较深的内凹，而路氏狭臀蚤虽也呈指状后突但其后腹缘平直，奇异狭臀蚤之后突则远较它们宽大。♀第7背板刺突，高山狭臀蚤较长，其长度明显大于基部之宽度，而奇异狭臀蚤则较短，其长度约与基宽相等。

头部：额突约位于额缘之2/5处。第4颊栉刺不明显前移、颊栉基线近直。额鬃列5（6）根鬃，眼鬃列2根鬃，后头鬃3列。下唇须末端接近或达到前足基节端部。胸部：前胸栉共16（15）根栉刺，背方栉刺稍微长于其前之背板。中胸背板颈片处有假鬃2（1）根、后胸后侧片有4（3）根鬃。后足基节后缘之齿突较高，高于1/2处。腹部：第1背板具2列鬃，第2～第7背板仅1列鬃。第1～第6背板具3（2～4）根小刺，♂第7背板还具3（2）根端小刺。♂第2背板、♀第2～第4（5）背板气门下有1根鬃。♀具臀前鬃3根，以上位者最长。变形节：♂第8腹板亚腹缘处有2～3根长鬃。可动突较长，长约为中段宽的6倍，并略高于

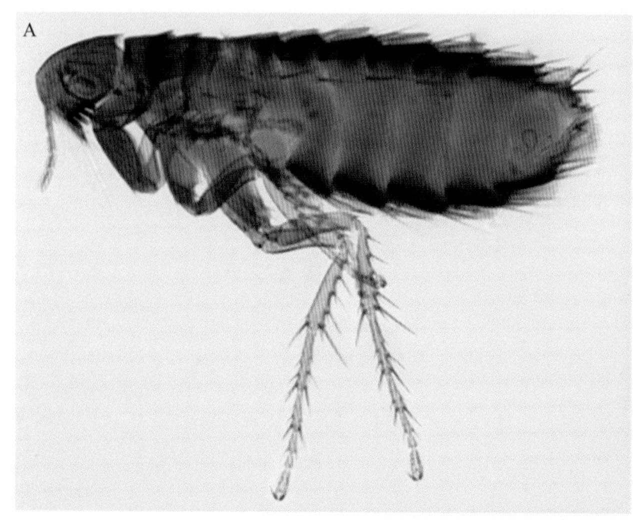

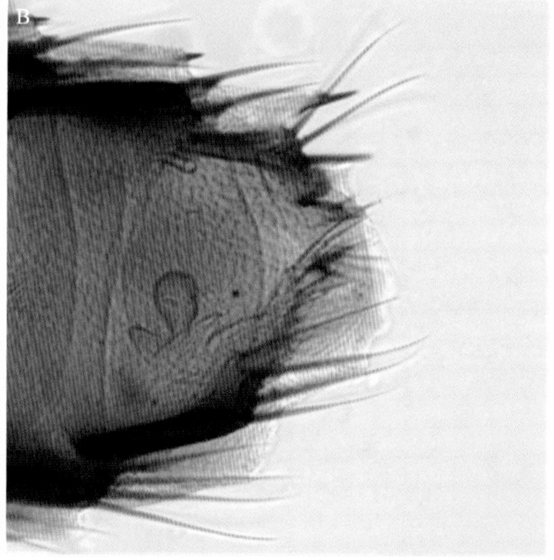

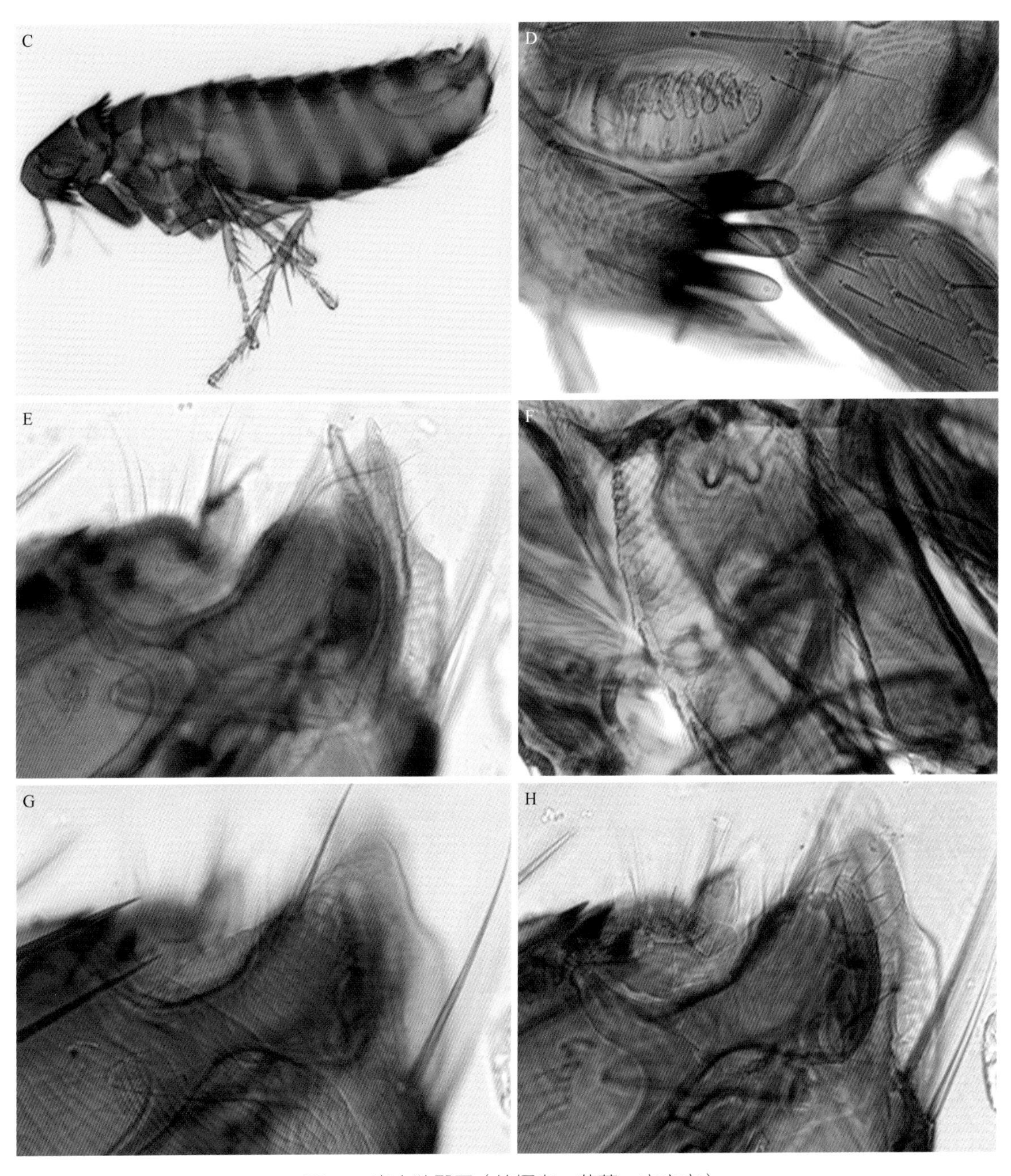

图 77　高山狭臀蚤（拍摄者：范蓉，宋文宇）

A．雌性高山狭臀蚤，10×10；B．雌性变形节，10×10；C．雄性高山狭臀蚤，10×10；D．雄性颊栉，10×40；E．雄性第 9 腹板，10×40；F．雄性后足基节，10×40；G．雄性第 8 腹板，10×40；H．雄性可动突，10×40

不动突。第 9 腹板后臂细长端较尖。♀第 7 腹板后缘有 2 个微凹，腹板上有 4 根长鬃，第 8 背板后背突钝。肛锥长约为宽之 3.5 倍，长端鬃约为肛锥长之 2.5 倍。

20 角叶蚤科 Ceratophyllidae Dampf, 1908

属检索表

1. 眼前有幕骨拱，无额鬃列，前足基节外侧鬃稀少，其中部为裸区 ………… 2
   眼前无幕骨拱，大多有发达程度不同的额鬃列，前足基节外侧鬃多 …… 3
2. 前胸栉刺退化（刺短小色淡），刺间距远大于刺基的宽度；后胸背板无端小刺；♂有不动突 ……………………………………………… 缩栉蚤属 *Brevictenidia*
   前胸栉刺正常，排列紧密；后胸背板有端小刺；♂无不动突 ………………………………………………………………………… 谜蚤属 *Aenigmopsylla*
3. 后足第5跗节第1对侧蹠鬃大体移至第2对侧蹠鬃之间 ……………………… 4
   后足第5跗节第1对侧蹠鬃为侧位（仅单蚤属略向内移）…………………… 9
4. 无额突，后足第1跗节长于第2～第4跗节长之和 …… 跗蚤属 *Tarsopsylla*
   有额突，后足第1跗节短于第2～第4跗节长之和 ……………………………… 5
5. ♂前胸栉刺不少于24根，♂抱器可动突有特长的后下突；♀受精囊头尾界限不清，弯曲呈马蹄形。肛锥末端有数根鬃 ………… 倍蚤属 *Amphalius*
   ♂前胸栉刺常不多于20根（在方突斯氏蚤中较多）；♂抱器柄突和第9腹板前内突均甚发达；♀受精囊头尾界限明显，肛锥末端仅有1根鬃 … 6
6. 可动突常有发达程度不同的下后突，该突端部有4～6根刺鬃或亚刺鬃 … 7
   可动突下后缘无突起，不动突极宽短，端平，♂无臀前突（或退化）……………………………………………………………………… 共系蚤属 *Syngenopsyllus*
7. ♂可动突后缘及亚后缘常有刺鬃（或亚刺鬃）6根，第8腹板背缘内侧无棘丛区；♂肛腹板和（或）肛背板端部具分叉鬃 … 斯氏蚤属 *Smitipsylla*
   ♂第8腹板背缘内侧有棘丛区；♂肛腹板和（或）肛背板无分叉鬃 …… 8
8. ♂第7背板后缘常有发达的臀前突（个别种类无）；可动突发达，后上角（或后缘上段）常有1根大刺鬃呈刀状 …………… 大锥蚤属 *Macrostylophora*
   ♂第7背板后缘无臀前突；可动突后上角无上述刀状刺鬃；不动突峰形，无后上角；第9腹板腹膨发达 ……………………………… 罗氏蚤属 *Rowleyella*
9. 前胸背板特长，其长约为前胸栉背刺长的2倍，该背板与背刺长的总长约等于中胸背板与颈片的总长，前胸背板远较后胸背板长 ………………………………………………………………………… 巨胸蚤属 *Megathoracipsylla*

前胸背板不特别长……………………………………………………………10

10. 胸部各节背板背缘都有1簇竖鬃（4～6根），后胸和腹部前几节背板在端小刺的背方有锯齿状的膜质边缘；♂后足第1跗节后下角有1根巨大的刺鬃……………………………………………………距蚤属 *Spuropsylla*

胸、腹部各背板及后足第1跗节特征不符合前述特征…………………11

11. ♂触角第2节有1簇长鬃，其长可超棒节之半至达前胸或后胸；腹部气门大而圆，约为眼的2/3；可动突宽大，其末端多具膜质叶…………………………………………………………………………副角蚤属 *Paraceras*

♂触角第2节无长鬃簇；腹部气门较小；可动突或窄或宽…………12

12. 中、后足基节内侧近前缘从基部至端部均有小细鬃；前足股节外侧小鬃少……………………………………………………………………13

中、后足基节内侧近前缘仅下半段有细长鬃；前足股节外侧小鬃较多（个别属例外）……………………………………………………………15

13. 下唇须长，可超过前足转节末端；♂可动突近香蕉形，后缘无刺鬃；柄突向端部渐狭窄；第8腹板退化或狭长具长端鬃，末端无端膜；♀受精囊头部椭圆或梨形，尾部有端栓……………………山蚤属 *Oropsylla*

下唇须较短，略短于或略超出前足基节末端；♂第8腹板发达，末端有端膜；可动突三角形或梯形，后缘有刺鬃……………………………14

14. ♂可动突后缘有2（3）根刺鬃，相距较远；阳茎钩突通常不发达且骨化差，第9腹板后臂几呈伞形；第8背板亚背缘内侧通常有发达的棘丛区；第8腹板末端的端膜小；♀臀前鬃通常2根，受精囊头部近卵圆形，尾部长于头部……………………………黄鼠蚤属 *Citellophilus*

♂可动突后上角有2（或3）根刺鬃，它们之间的距离较近；阳茎钩突发达，第9腹板后臂为棍棒形；第8背板亚背缘内侧无棘丛区或退化；第8腹板末端的端膜宽大；♀臀前鬃通常3根，受精囊头部多为桶形，尾部一般不长于头部………………………………………盖蚤属 *Callopsylla*

15. 第8背板气门特别大，在♀中尤甚；♂可动突后缘刺鬃多、粗短；♀受精囊头部桶形，尾部窄而短………………………巨槽蚤属 *Megabothris*

上述气门不特别大；♂可动突后缘有或无刺鬃………………………16

16. 前胸栉刺多于24根，额鬃列3列鬃；♂第8背板内侧有棘丛区（寄生鸟类）……………………………………………………………………17

前胸栉刺少于24根，额鬃列通常1列鬃；♂第8背板内侧无棘丛区或退化……………………………………………………………………18

17. 各足第5腹节有6对侧蹠鬃，其中第3和第6对为腹位，而第6对位于第5对之间；可动突后缘有数根粗壮的刺鬃；♀受精囊尾部有端栓……………………………………………………………………………… 蓬松蚤属 *Dasypsyllus*

    各足第5跗节有5对侧蹠鬃，均在侧位；♂可动突后缘无刺鬃；♀受精囊头部长筒形或柠檬形，明显长于尾部……………… 角叶蚤属 *Ceratophyllus*

18. ♂第8腹板退化，第9腹板后臂中段膨大，后缘有1个三角形狭凹，肛腹板不长于肛背板；臀前鬃♂2根、♀3根；♀交配囊长卷曲呈螺旋状……………………………………………………………………………… 病蚤属 *Nosopsyllus*

    ♂第8腹板狭长，肛腹板长于肛背板，臀前鬃♂1根、♀3根；♀交配囊不符合前述特征………………………………………………………………………… 19

19. 眼较小，其长径小于从眼下缘到颊角的距离。后头鬃较多。♂第8腹板末端的端膜发达。♀受精囊头部宽，尾部末端的端栓骨化较强……………………………………………………………………………… 同瘴蚤属 *Amalaraeus*

    眼较大，其长径大于从眼下缘到颊角的距离。后头鬃仅1或2根。♂第8腹板末端有或无端膜和端鬃。♀受精囊头部常为长筒形或梨形……………………………………………………………………………… 单蚤属 *Monopsyllus*

【形态结构】角叶蚤科无颊栉；眼常发达并有色素，眼鬃列有3根鬃，上位者位于眼的前方；眼前方大多无幕骨拱（谜蚤属例外）；触角窝前缘具中央梁；一般无角间缝，特别是♀，触角窝下端敞开，♂触角长，可达前胸侧板；后胸背板和腹部的前几节背板有端小刺；♂和♀都有发达的臀前鬃；♂第8腹板狭长，有时小而退化；♀具肛锥。

20.1 病 蚤 属

Nosopsyllus Jordan, 1933

【形态结构】病蚤属的特征中有一些是与近缘属相同或接近的。独特的特征是：♂第8腹板退化，或甚小，包于第7腹板之内，无鬃；♀交配囊袋部长而发达，中度骨化，卷曲呈螺形或环形；受精囊头部多少为圆形，尾部为较细长的筒形，向头部的背方弯曲。

78 伍氏病蚤雷州亚种 *Nosopsyllus wualis leizhouensis* Li, Huang & Liu, 1986

【关联序号】无。

【同物异名】无。

【宿主范围】针毛鼠、黄毛鼠、黄胸鼠和板齿鼠（*Bandicota indica*）。雷州亚种主要寄生于野外鼠类，为野外鼠蚤的优势种。室内鼠体亦有发现，但为少数。

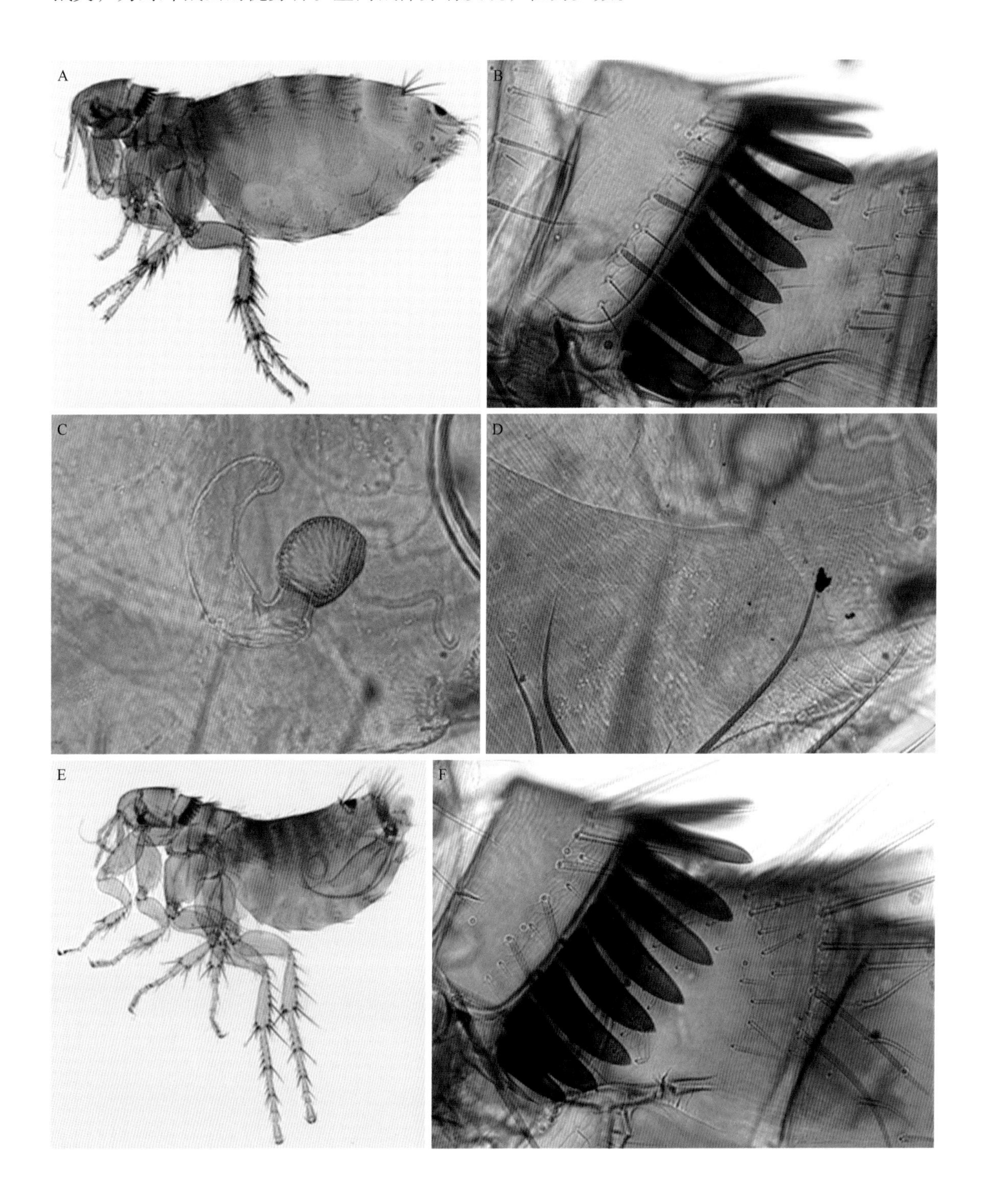

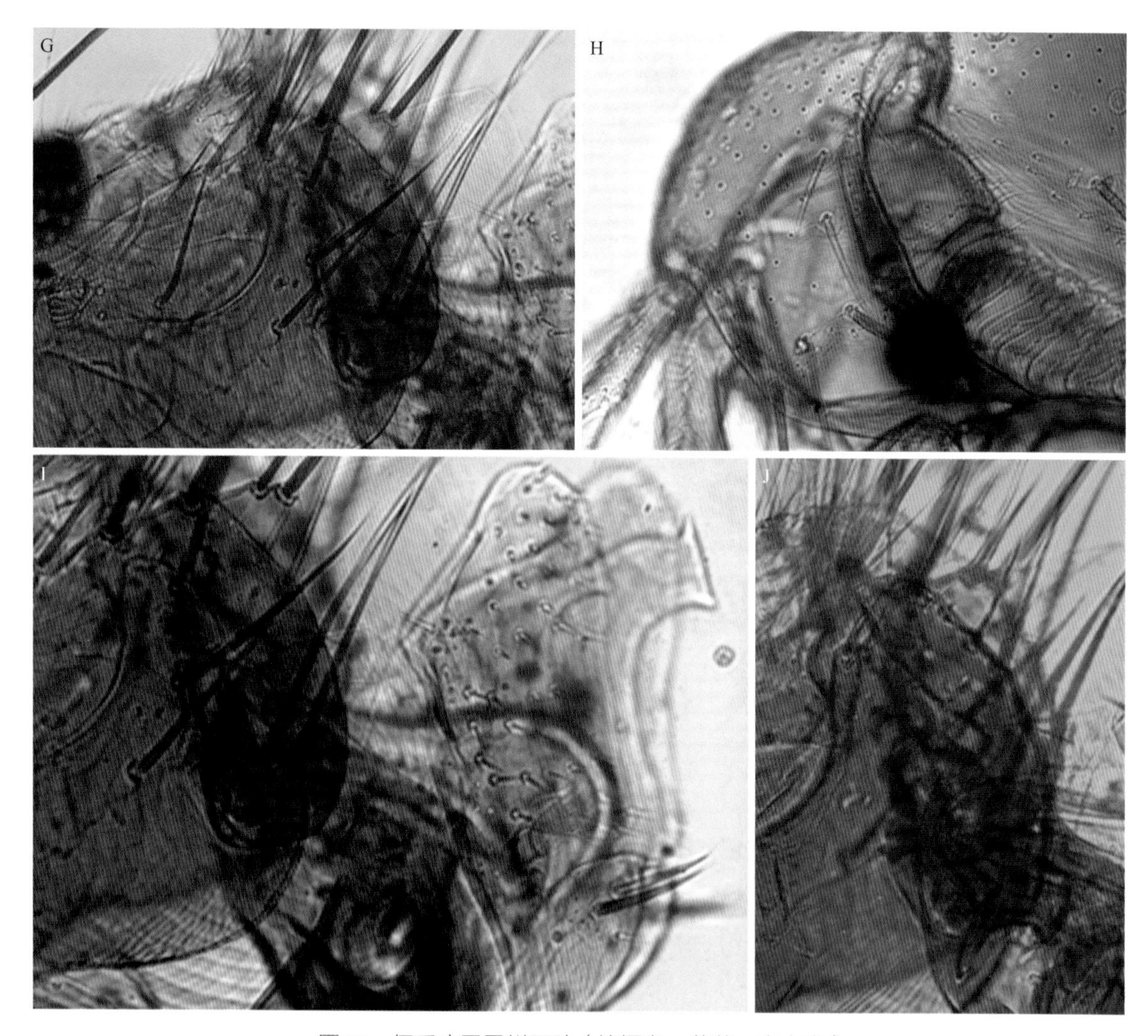

图 78 伍氏病蚤雷州亚种（拍摄者：范蓉，宋文宇）

A. 雌性伍氏病蚤雷州亚种，10×10；B. 雌性胸栉，10×40；C. 雌性受精囊，10×40；D. 雌性第 7 腹板，10×40；
E. 雄性伍氏病蚤雷州亚种，10×10；F. 雄性胸栉，10×40；G. 雄性第 8 背板背缘，10×40；H. 雄性额鬃，10×40；
I. 雄性第 9 腹板后臂 2 刺鬃，10×40；J. 雄性可动突，10×40

【地理分布】按照动物区系，该蚤属于华中区东部丘陵平原亚区和华南区闽广沿海亚区，广东、广西、海南有分布。

【形态结构】伍氏病蚤雷州亚种与指名亚种的区别是：♂第 8 背板背缘在末鬃以后略微延长弯向腹方，背缘在 1 或 2 根短鬃以后有 1 列长鬃 3（4）根，大多为 3 根，较少于指名亚种者。可动突较狭长，略呈梭形，长度为最宽处的 2.6～3.2 倍，大多为 2.7～2.8 倍。第 9 腹板后臂后缘狭凹下方的 2 根刺鬃很长，长于狭凹的深度。阳茎钩突的端部大多较指名亚种者略狭长。♀第 7 腹板后缘形状变异较大，大多数有一短而略圆的后突，后突的下段较直，或略 3 凹；少数呈斜坡形；少数的后下角略凸出。侧鬃较少，大多为 7～10 根，个别可达 12～（13）根。

头部：额前缘，♂者有两型，有些呈均匀的圆弧形，有些向前凸出略呈锥形。额突小，位于额前缘或略下。♀额缘呈斜坡形，额突显然在中线以下。额鬃1列，♂3根，个别4根，♀0（1）根，都位于触角窝的前缘。眼鬃3根，个别4根。后头鬃♂0（1）根、3（4）根，♀0（1）根、4（5）根。下唇须5节，末端可超出前足基节末端（♂），或超出转节之半（♀）。胸部：前胸栉刺20～22根。前胸背板鬃1列，6（7）根。中胸背板假鬃细而长，14～18根。后胸背板端小刺5（6）根。前足基节外侧鬃18～25根。前足股节内侧小鬃2（3）根。后足基节内侧仅下半段有数根细长鬃。前、中、后足胫节后缘都有5个切刻。各足第5跗节都有5对侧蹠鬃，后足第2跗节大致等于（或略长于，或略短于）第3、第4跗节之和。第2跗节的端长鬃接近或略超出第3跗节的末端。腹部：第1～第7背板各有2列鬃，前方有几根不整齐的小鬃。主鬃列最下一根大致与气门平位。各气门均小。第1～第4背板端小刺数：3～6根、4～6根、3（4）根、1（2）根。臀前鬃，♂2根，上位者短壮，形如刺鬃；♀3根，均发达。变形节：♂第8背板、抱器不动突和可动突形态见鉴别特征。柄突为直棒形，向末端略渐狭窄。第9腹板前臂细长，略呈弓形，弯向前方。阳茎钩突末端形成背腹2角，背角大多尖而长，个别略短；腹角大多钝圆或略方。钩突桩小而明显。♀第7腹板形态见鉴别特征，第8气门较小。臂板前方有鬃13～15根。肛锥长度约为基部宽度的3倍，有端长鬃，亚端鬃1根。受精囊如指名亚种者。交配囊袋部长，常卷曲1圈半，多卷曲较松，呈一大环形。交配囊管较长，骨化脊发达。

20.2 大锥蚤属

Macrostylophora Ewing, 1929

【形态结构】♂第9背板前内突发达，向前方伸出，形如柄突，与柄突间形成狭窄或甚狭窄的锐角。抱器可动突大，形状不一，后上角或后缘上段有一刺鬃，常变形呈刀状，或甚粗壮。后下角不同程度地凸出，后缘下段至后下角概有刺鬃或亚刺鬃4根，第2根较小，位于内侧。雌性受精囊头部为桶形，大多不短于尾部，腹缘常略凹，头尾间分界明显，尾端常有乳突。

79 无值大锥蚤 *Macrostylophora euteles* (Jordan & Rothschild, 1911)

【关联序号】无。

【同物异名】*Ceratophyllus euteles* Jordan & Rothschild, 1911; *Aceratophyllus euteles* (Jordan & Rothschild, 1936); *M. euteles* (Jordan & Rothschild, 1939)。

【宿主范围】橙腹长吻松鼠（*Dremomys lokriah*）、红颊长吻松鼠（*Dremomys rufigenis*）、珀氏

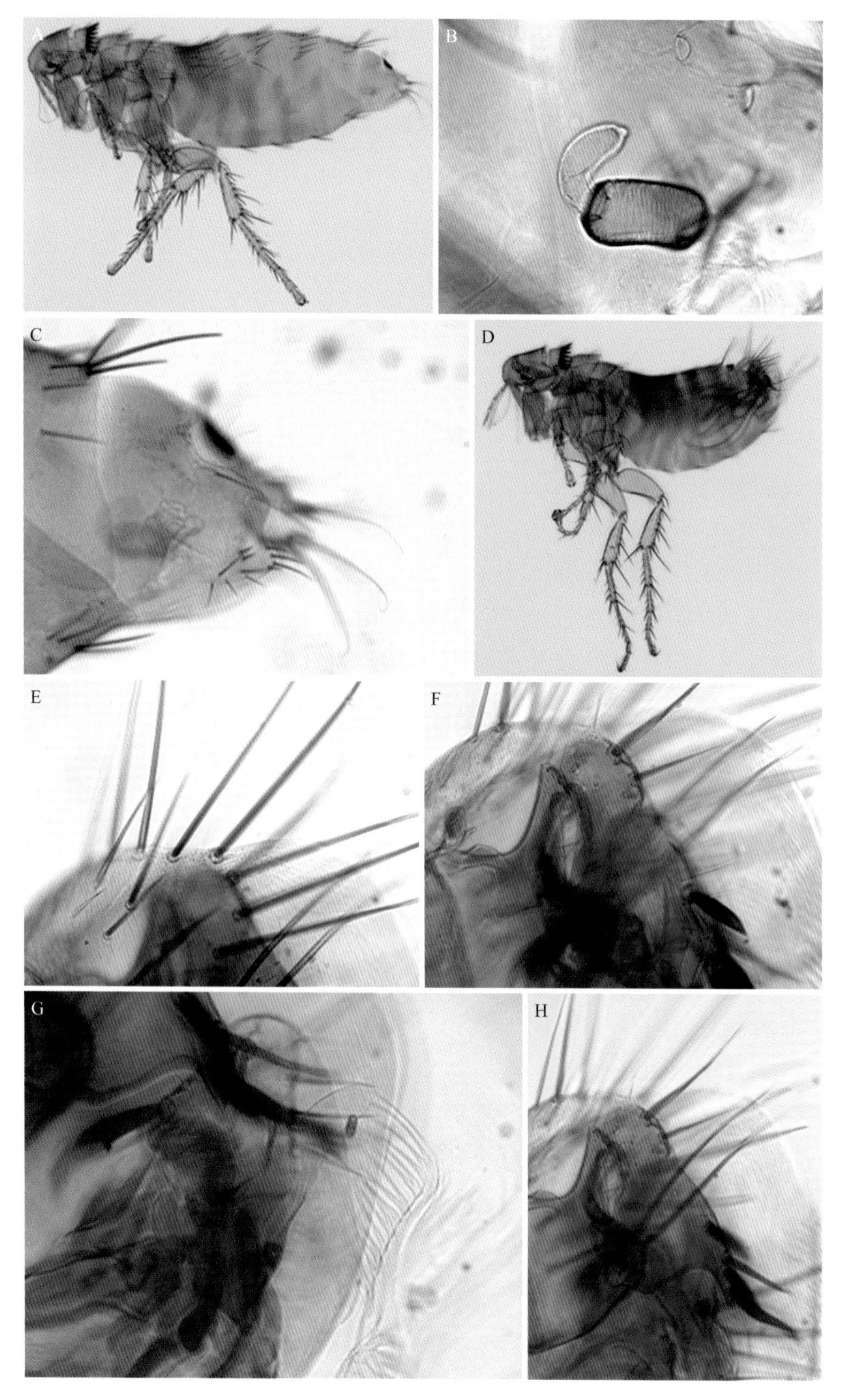

图 79 无值大锥蚤（拍摄者：范蓉，宋文宇）

A．雌蚤，10×10；B．雌性受精囊，10×40；C．雌性第 8 腹板，10×40；D．雄蚤，10×10；
E．雄性第 8 背板背缘，10×40；F．雄性可动突端缘，10×40；G．雄性阳茎突，10×40；H．雄性可动突，10×40

长吻松鼠、岩松鼠、侧纹岩松鼠、隐纹花松鼠、赤腹松鼠（*Callosciurus erythraeus*）、黑白鼯鼠、灰麝鼩、黑线姬鼠、灰腹鼠、白腹鼠、西南绒鼠、间颅鼠兔（*Ochotona cansus*）、树鼩。

【地理分布】在我国按照动物区系，该种分布区属于青藏区的青海藏南亚区和西南区西南山地亚区及华南区的滇南山地亚区，四川、云南有分布。

【形态结构】该种与南丹大锥蚤十分接近，如可动突端段均较宽，前、后缘近平行，后缘中段之上均呈浅凹形等。与后者的主要区别：①可动突腹缘凹入十分深，呈弧形至三角形，后下突十分发达；而南丹大锥蚤则腹缘几平直；②柄突明显短于第 9 背板前内突，而后者几等长；③阳茎钩突大体呈手帕状，背突常短小、后突较宽钝（有变异）；而南丹大锥蚤前、后者均较细长。

头部：额突较发达，位于下缘 2/5（♀）～2/3（♂）处。额鬃列 ♂5（6）根，♀5（4～6）根。后头鬃列 2 列，呈 1、2 分布。下唇须达前足基节基部。胸部：前胸栉刺 17～18 根，其背缘栉刺略长于该背板长。前胸背板 1 列鬃 4 根。中胸背板缘鬃 3～4 根（有些少的只有 2 根）。后胸背板端小刺 1 根，后胸后侧片 3 列鬃，多呈 2（3,1）、3、1 排列。前足基节外面鬃为 19～23 根。前、中、后足第 5 跗节第 1 对侧蹠鬃内移。后足第 2 跗节端长鬃仅达第 3 节 2/3 处。腹部：第 2～第 7 背板气门下鬃数为 0（♂）或 1（♀）。第 1～第 6 背板后缘端小刺数在 ♂ 中为 1（2）根、2（3）根、2 根、1（2）根、0 根、0 根，在 ♀ 中为 1 根、2（1）根、1（0）根、0 根、0 根。臀前突在 ♂ 中无，在 ♀ 中较明显可见。臀前鬃 ♂1，♀3。变形节：♂ 第 8 腹板背缘平直或微凹，背缘鬃 4～5 根。第 8 腹板较短小，端部有 1 根鬃。可动突较瘦短，端缘较宽而十分倾斜，后缘上位刺鬃十分长，下位 4 鬃均呈刺鬃状，只第 2 根显细小，其他特征见鉴别特征。不动突细高、达可动突前缘角之上。第 9 背板前内突十分狭长，柄突窄而短，其背隆发达。第 9 腹板后臂端部较圆钝，其前突生有 1 根柳叶刀状刺鬃，该刺鬃下有 1 根鬃（普通鬃状或亚刺鬃状）。阳茎钩突端部背突指状、较短，后突较宽而长、常端钝（形状变异大）。♀ 第 7 腹板后缘形状变异较大，可从斜坡、波浪至方形，多具浅的凹陷，此腹板主鬃列多为 1 列 4 根鬃（偶有 2 根者，此叶前列为 1 根鬃）。第 8 腹板后缘具弧形凹陷，形成明显的背突和腹突，形状变化较大，背突通常钝圆。受精囊为矩形，中等宽，其宽约为尾部的 1.7 倍，头略长于尾。尾端具乳突。

20.3 倍蚤属

Amphalius Jordan, 1933

【形态结构】倍蚤属的突出特征是 ♂ 可动突具一长而形状特殊的后腹突，其端部膨大。射精管长而卷曲。第 8 腹板狭长，端部有穗状的垂膜。♀ 交配囊袋部和管部都宽而长。肛锥圆柱形，端部圆，上具许多端鬃。

80 卷带倍蚤指名亚种 *Amphalius spirataenius spirataenius* Liu, Wu & Wu, 1966

【关联序号】无。

【同物异名】*A. spirataenius* Liu, Wu & Wu, 1966; *A. spirataenius diqingensis* Li, Xie & Yang, 1980。

【宿主范围】藏鼠兔、黑唇鼠兔（*Ochotona curzoniae*）、间颅鼠兔、大耳鼠兔、狭颅鼠兔（*O. thomasi*）、达乌尔鼠兔（*O. daurica*）、红耳鼠兔（*O. erythrotis*）、西南绒鼠、大足鼠、大耳姬鼠、长尾仓鼠、根田鼠（*Microtus oeconomus*）。

【地理分布】按照动物区系，该蚤隶属于青藏区青海藏南亚区和西南区西南山地亚区，青海、四川、西藏、云南、宁夏、陕西等有分布。

【形态特征】♂阳茎内突端附器卷曲呈螺旋状的飘带，约3圈，第9腹板腱和阳茎腱也相应卷曲4～5圈。♀第8背板上的侧鬃向前上方、后上方、后下方呈放射状生长。

头部：具额突。额鬃1列，5～8根鬃。后头鬃2列，约2（3）根、5～8根鬃。下唇须长度稍超过前足基节末端。胸部：前胸栉刺♂由25～29根组成，♀由26～30根组成。中胸背板颈片内侧♂具2～4根假鬃，♀具3～5根假鬃。后胸背板和1～4腹节背板上端小刺数♂为1～3根、3（4）根、4（5）根、3～5根、2～4根，♀为1～3根、2～4根、4根、2～4根、0～3根。前足股节外侧具10～13根鬃。腹部：1～7腹节背板上各具2列鬃。变形节：♂第8背板背缘具8～12根长鬃，另有17根左右的侧鬃。第8腹板具1根长端鬃。抱器突末端膨大，前后角均尖锐。可动突狭长。上半段强度向前倾，末端渐尖，前缘明显内凹，后缘圆凸而具1根长鬃和1根刺鬃（有的标本为亚刺鬃）。可动突后腹突基部略似钟形，其后缘上半部具1根刺鬃和1根普通鬃，后腹突末段的膨大部分形状变化较大，且左右侧形状各异。其后腹端有的有骨化棘，有的无骨化棘。后腹突中段长度短于末段。阳茎端的构造比较特殊，其内管端管强度

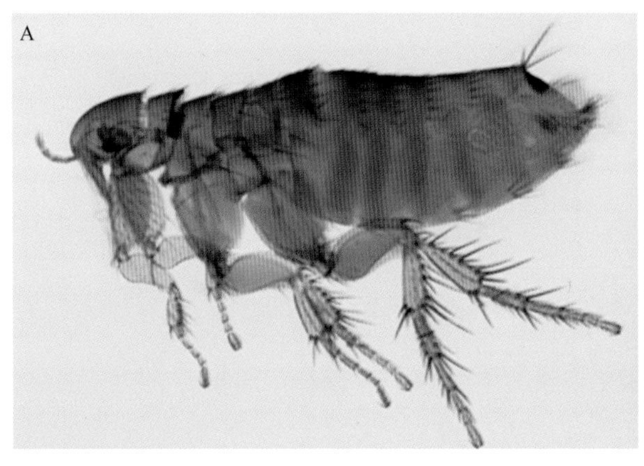

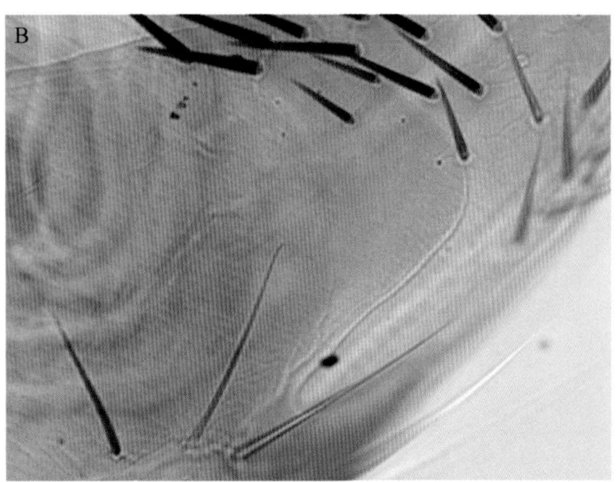

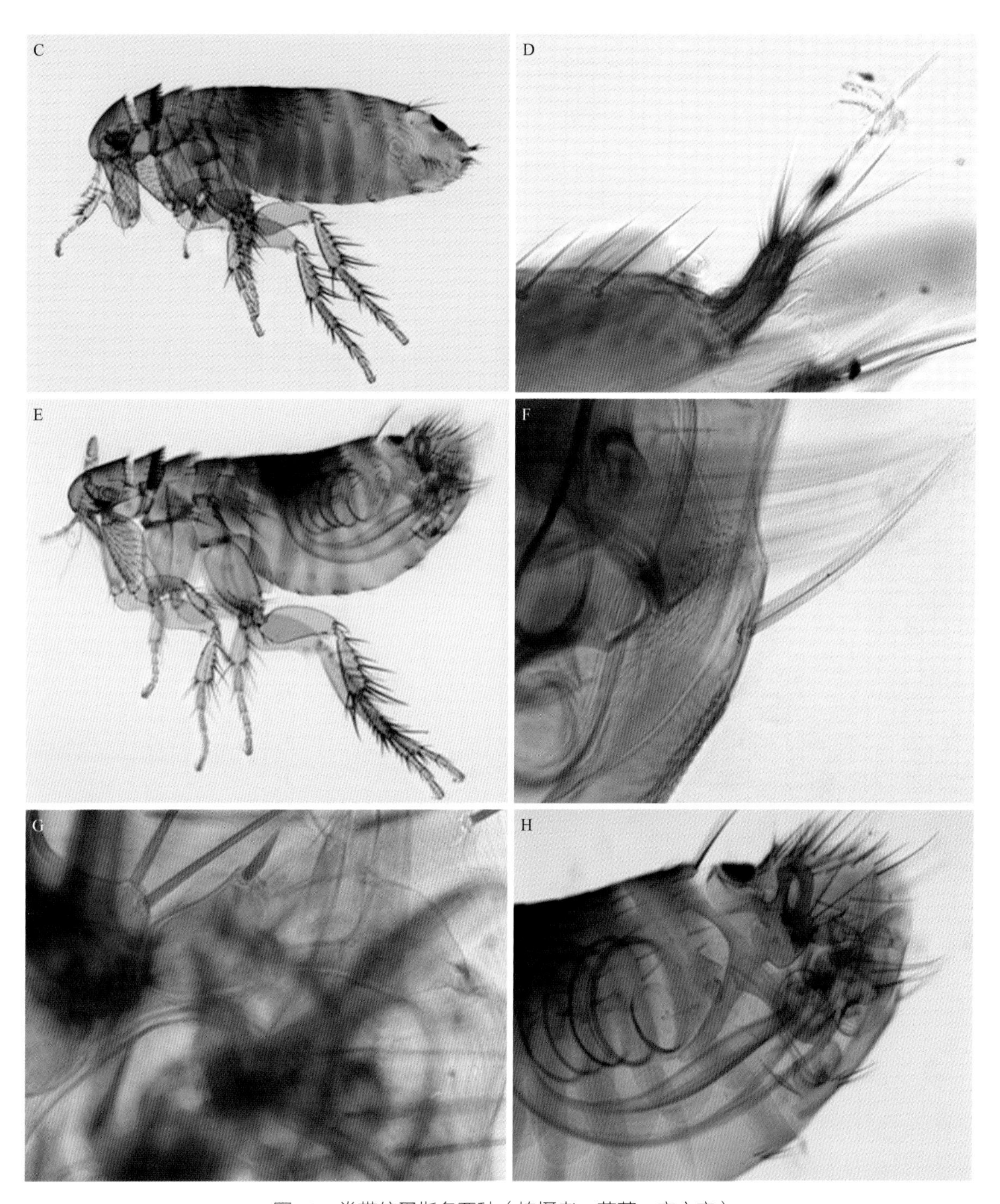

图 80　卷带倍蚤指名亚种（拍摄者：范蓉，宋文宇）

A．雌蚤，10×10；B．雌性第 7 腹板，10×40；C．雌蚤，10×10；D．雌性肛锥，10×40；E．雄蚤，10×10；F．雄性第 8 腹板，10×40；G．雄性可动突后腹突，10×40；H．雄性变形节，10×40

延伸，向下穿过第 8 和第 9 的节间膜，再向上傍着第 9 腹板形成很大的线圈，然后再穿过节间膜在另一侧形成同样的线圈，第 3 次通过节间膜之后形成最后的线圈。节间膜上生出一丛长而硬的向前突的刺突，用以支持该端管。阳茎内突端附器卷曲呈螺旋状的飘带，本种因之得名，卷曲约 3 圈，第 9 腹板腱和阳茎腱也相应地卷曲 4～5 圈。♀第 7 腹板后缘无凹陷或有一深的凹陷。第 8 背板侧鬃向前上方、后上方、后下方呈三方向的放射状生长。交配囊管部极长，卷成一团，这样长的交配囊管部也是适应♂强度延伸的内管端管。

21 臀蚤科 Pygiopsyllidae Wagner, 1939

臀蚤科分属检索表

1. 前列额鬃接近或达到额缘，下位几根或变形成亚刺鬃；前胸栉前方只有 1 列鬃或在其前方另有数根鬃；♂骨化内管中度长，无装甲和棘；♀第 7 背板在臀前鬃下方的端腹叶不特别尖 ······················ 韧棒蚤属 *Lentistivalius*
   前列额鬃不接近额缘，亦不形成亚刺鬃；前胸栉前方至少有 1.5 列鬃；♂骨化内管或特别长，或有装甲或小棘；♀第 7 背板在臀前鬃下方的端腹叶显然长于并尖于端背叶 ·· 2
2. 后足胫节亚后缘在切刻以外有粗壮的变形鬃，在下 2/3 段内形成胫假栉；♂骨化内管特长；♀受精囊头部的后端最宽，有明显的端背峰；交配囊袋部卷曲呈螺形 ·· 微棒蚤属（狭义）*Stivalius* str.
   后足胫节亚后缘在切刻以外有或无变形鬃，如有则与切刻内者并列，并不形成胫假栉；♂骨化内管不特长，有明显的装甲或小棘；♀受精囊头部的背端渐窄，背峰小或不明显；交配囊袋部不卷曲成螺形 ··· 远棒蚤属 *Aviostivalius*

【形态结构】臀蚤科额缘无额突。眼较小，其前腹缘具窦陷。眼的前方常具幕骨拱。触角窝下端关闭。一般无颊栉，有前胸栉，个别在腹部有不完全的背板栉。前胸前侧片的上前缘没有可镶嵌颈连接片的凹陷。后胸腹板腹缘的叉骨不形成向侧板内脊腹端伸出的狭长尖突。后胸后侧片和基腹板之间的腹连接板又称为第 4 连接板，发达，为短棒形。后足基节内侧没有成簇或成列的小刺鬃。臀板常是特别明显地凸出。雌雄都有 2 根臀前鬃。雌性只有 1 个受精囊。

21.1 韧棒蚤属

Lentistivalius Traub, 1972

【形态结构】韧棒蚤属前列额鬃接近或达到额缘，其下位几根较粗呈亚刺形；前胸背板仅 1 列（完整的）鬃；雄蚤阳茎骨化内管中等长度且无装甲及小棘；钩突两端较粗而中段较细；雌蚤腹部第 7 背板后缘在臀前鬃上下凸出之背、腹叶均较短。

81 野韧棒蚤 *Lentistivalius ferinus* (Rothschild, 1908)

【关联序号】无。

【同物异名】*Pygiopsylla ferinus* Rothschild, 1908; *Stivalius ferinus* Jordan & Rothschild, 1922。

【宿主范围】臭鼩、黄胸鼠、褐家鼠、黑家鼠、斯氏家鼠、小家鼠、四川短尾鼩。

【地理分布】是东洋界中印亚界华南区的蚤种，云南有分布。

【形态结构】♂ 抱器可动突腹缘鬃穗分布只在可动突体部腹缘的中段，不达端棒。端棒的长度约为可动突体部的 1/3。第 9 腹板后臂的端侧叶略膨大，其后缘有细鬃 6（7）根。端后叶向后延伸近心形，后缘刺鬃较长，共 7～9 根，成 1 列。阳茎钩突体部和后突都显著宽。♀ 第 7 腹板后缘的中叶较圆，明显短于背叶和腹叶。

头部：前列额鬃 5（6）根，至少下位的 2（3）根达到前缘并呈亚刺形。第 2、第 3 列各有大小不等的 4～6 根鬃，眼鬃列和颊鬃列各有 3 根鬃。后头鬃 3 列，除触角后的 1 根长鬃外，为 5 根、6 根、6 根，并有间鬃。下唇须可达前足基节 4/5～6/7 处。胸部：前胸背板短，仅为背刺的 1/2 左右。前胸栉刺 18（19）根，其前方仅有 1 列鬃。中胸背板假鬃 4 根，鬃 3～4 列，前侧片鬃 4（5）根，后侧片鬃 2（3）根。后胸背板鬃 3～4 列，背板侧区鬃 2 根。前侧片鬃大小各 1 根，后侧片鬃 10～14 根，成不整齐的 3 列。前足基节外侧鬃 40 余根。后足基节内侧下 1/3 段有细鬃 12～14 根，胫节背缘切刻内各有 2（1）根鬃。切刻以外亚背缘无变形鬃。各足第 5 跗节都有 6 对侧蹠鬃，只有第 3 对略为腹位，位于第 4 对之间。亚端鬃，♂ 的前、中足各有 4 根，为刺形。♀ 的 2 根为普通鬃；后足者，♀、♂ 都只有 2 根普通鬃。腹部：第 2～第 7 背板气门下方鬃，♂ 各有 1 根，♀ 各有 2 根。第 2～第 6 背板端小刺各有 2 根；基腹板侧鬃，♂ 无，♀7～15 根。变形节：♂ 第 8 腹板为长舌形，遮盖于第 9 腹板之外。从背缘到外侧有鬃 30 余根，成 5～6 列。抱器体和不动突都较小，锥形突（c.p）三角形。可动突腹缘鬃穗长鬃 4（5）根，只分布在可动突体部的腹缘中段，不达端棒。端棒背峰的感器刺有 3（4）根。柄突基部宽，腹缘与抱器体连接处有凹陷，末端尖翘。第 9 腹板后臂端侧叶

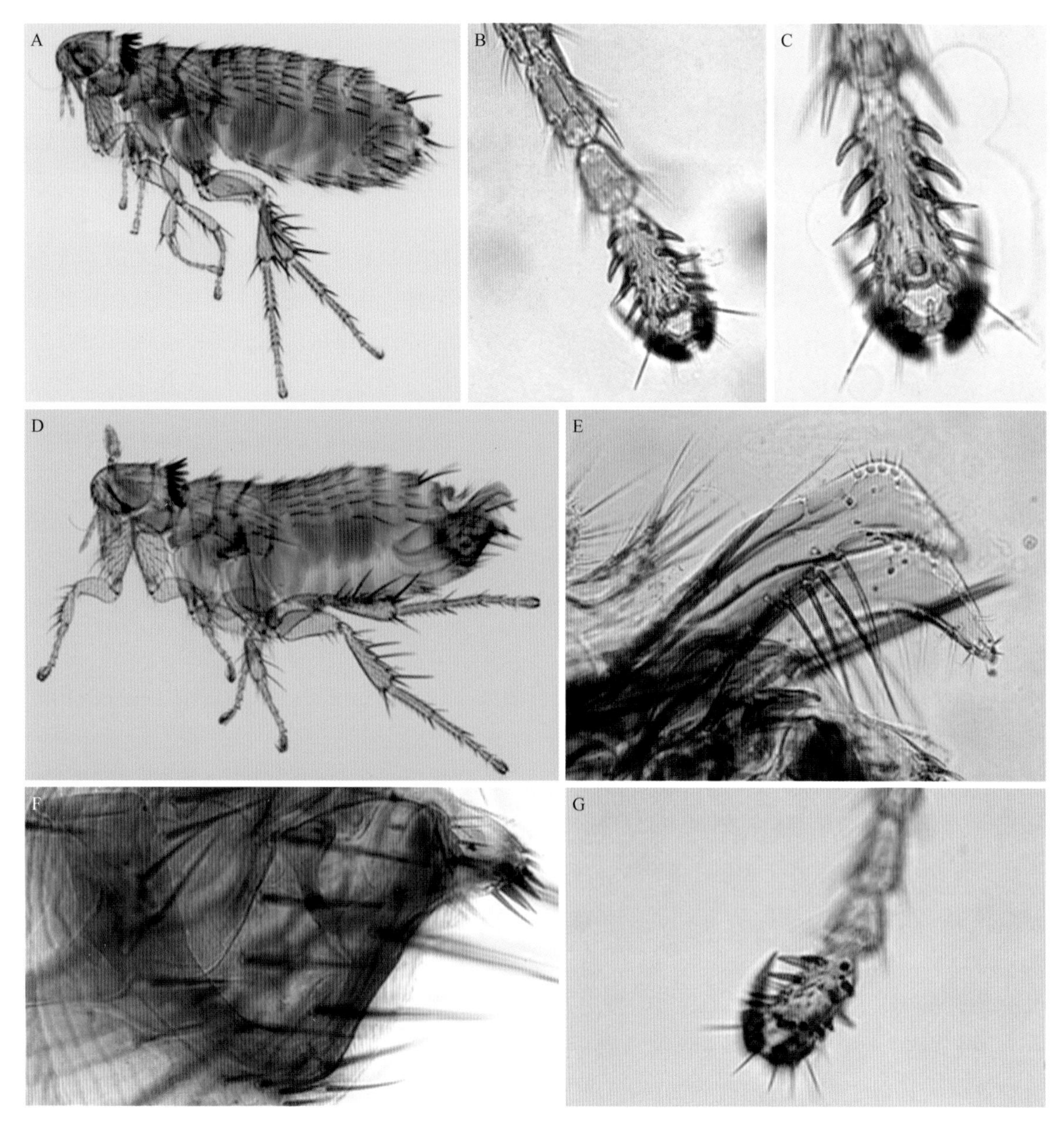

图 81 野韧棒蚤（拍摄者：范蓉，宋文宇）

A．雌蚤，10×10；B．雌性中足跗节，10×40；C．雌性后足第 5 足跗节，10×40；D．雄蚤，10×10；
E．雄性可动突，10×40；F．雄性第 9 腹板及阳茎钩突，10×40；G．雄性前足第 5 跗节，10×40

略膨大，后缘鬃 1 列 7 根。骨化内管较宽短，背壁骨化较厚；新月片宽短，鞍骨片纤细。♀第 7 腹板后缘有 2 个凹陷，上叶凸出呈锥形，中叶甚短，仅略突，下叶为短指形，与上叶约同长。侧鬃主鬃列 7（8）根，前方有短鬃 19～23 根成 2 列。第 8 背板侧鬃 20 余根，成不整齐的 3 列，背缘亚次鬃 2（3）根。肛锥长为基宽的 4 倍，端长鬃、亚端鬃各 1 根。受精囊头部基端宽于端段，尾端有乳突。

21.2 远棒蚤属

Aviostivalius Traub, 1980

【形态结构】远棒蚤属与韧棒蚤属为近缘属，本属与韧棒蚤属的区别主要是：①前列额鬃都不接近额缘，概不变形为刺形或亚刺形；②♂抱器可动突的基部为截形或亚截形，其后腹突甚小，长仅为内突骨片的1/3左右；③阳茎端骨化内管中度长，有装甲或小棘，有端管；④♀第7背板后背角在臀前鬃下方形成的端腹叶甚发达，长而尖，在臀前鬃的上、下有类似臀前鬃的变形鬃，背方1根，腹方1（2）根；⑤第7腹板后缘的凹陷甚深，向前方延伸达主鬃列的前方；⑥受精囊头部中段最宽，两端狭窄，如有背峰亦不高，尾部伸入头腔甚多。

82 近端远棒蚤二刺亚种 *Aviostivalius klossi bispiniformis* (Li & Wang, 1958)

【关联序号】无。

【同物异名】*Stivalius klossi bispiniformis* Li & Wang, 1958; *Lentistivalius klossi bispiniformis* Mardon, 1981。

【宿主范围】白腹巨鼠、黄胸鼠、大足鼠、针毛鼠、黑家鼠、社鼠、树鼩、青毛鼠、屋顶鼠（*Rattus rattus*）、毛猬、板齿鼠。

【地理分布】福建、广东、广西、贵州、海南、云南。

【形态结构】本亚种与指名亚种 *S. klossi klossi* 的区别：①后足胫节后缘下端的4根鬃均变形为粗壮刺形，指名亚种者3根变形，1根较细；②♂抱器可动突腹缘鬃穗鬃数较多，可达5～7根；③第9腹板后臂端侧叶末端多为宽而略斜的截形，端鬃多为5根，而不是较窄圆，端鬃3根；④阳茎端端中骨片中叶末端大多分叉或向后下方斜行略凹，但不是宽的平截形；⑤固化内管背缘的装甲发达，可达内管的末端；⑥阳茎钩突后突的背刺和阳茎端囊的背刺大都长而尖削；⑦♀第7腹板后缘的2个凹陷，上位者浅而宽，下位者狭而深，下叶多呈指形或略宽短；⑧受精囊头部的背峰甚小或不显；⑨交配囊袋部为长袋形，而不是梭形；⑩副生殖盔发达，骨化强，多为斜方形或宽短菱形。它与阿里山亚种的主要区别是：♂阳茎钩突末端窄和略尖而非短而钝；♀第7腹板后缘的背凹通常较深而非较浅；受精囊头部近袋形而非菱形。

头部：额缘圆，为匀称的弧形，角前区共有17～20根鬃，♂者尤为粗壮发达，成不整齐的4～5列，另有大小不等的间鬃7～9根。其中前额列6（5～7）根，不变形，亦不分布到前缘。后额列6（7）根，成2列。眼鬃、颊鬃各3根。下唇须5节，其末端可达到或略超出前足基节末端。后头鬃3列，各6根，另在触角窝后方第2、第3列之间有1长鬃。缘鬃列有小间鬃。胸部：前胸背板约与前胸栉背刺等长，前胸栉刺 21（22）根，前方有鬃 2（3）列。中胸背板鬃 6 列，前 2 列小而不完全。中胸背板假鬃 2（3）根，发达而色较深。后胸背板鬃，♂4 列，♀5 列，前列常不规则。后胸背板侧区鬃 3 根，前侧片鬃 2 根，后侧片鬃 13～16 根，另有间鬃。前足基节外侧有浓重的鬃 40～50 根。后足基节内侧的下 1/4 段内有细鬃 7～9

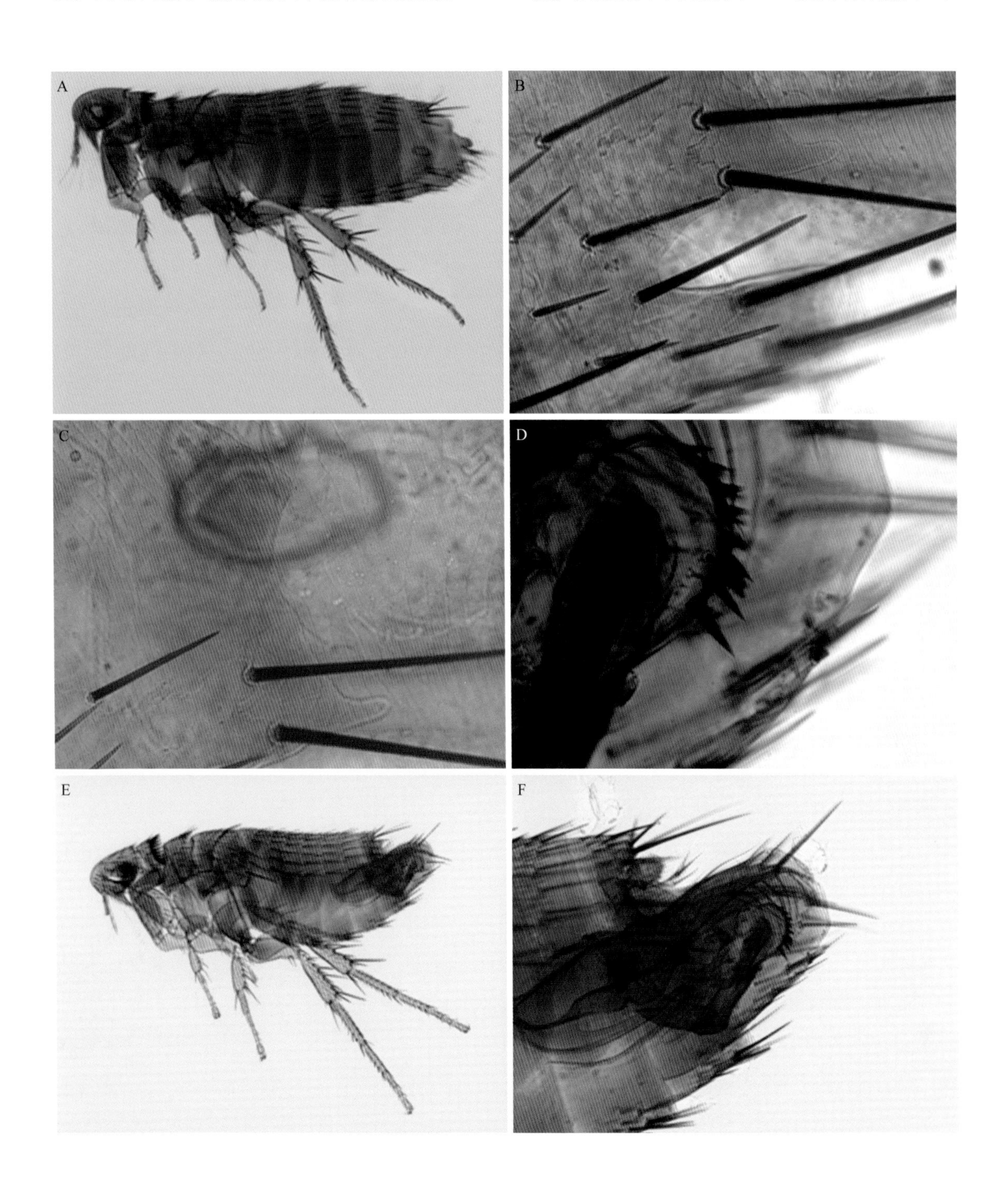

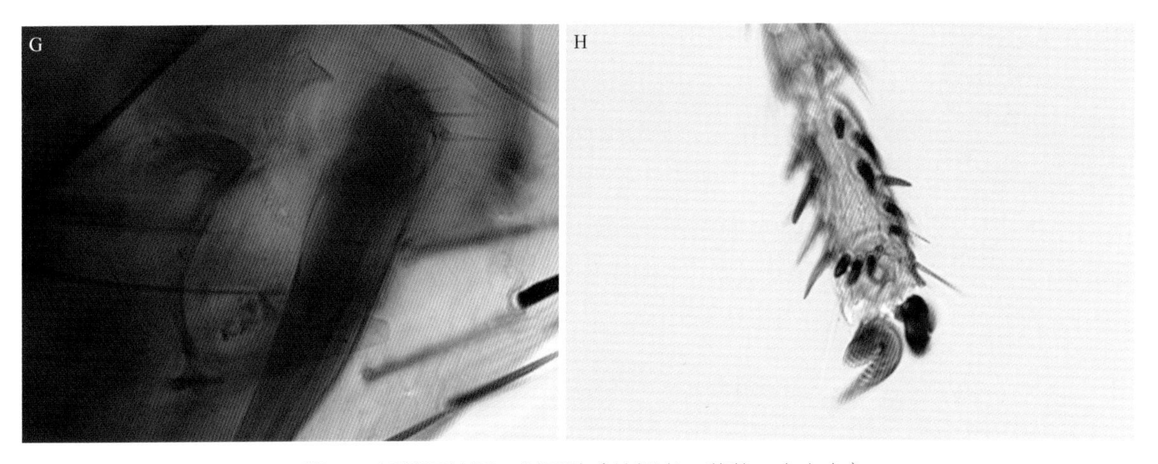

图 82　近端远棒蚤二刺亚种（拍摄者：范蓉，宋文宇）

A. 雌蚤，10×10；B. 雌性第 7 腹板下凹，10×40；C. 雌性第 7 腹板上凹，10×40；D. 雄性第 9 腹板后臂端，10×40；
E. 雄蚤，10×10；F. 雄性变形节，10×40；G. 雄性阳茎钩突，10×40；H. 雄性中足第 5 跗节，10×40

根，成不整齐的 2～3 列，后足胫节外侧鬃 20 余根成不规则的 3～4 列。各足各跗节的端长鬃都短，不能达到下一节的一半。各足第 5 跗节都有 6 对侧蹠鬃，前、中足的第 1、第 3 对为腹位，后足者都为侧位。亚端蹠鬃有♂、♀异态现象：♂的前、中足各有 4 根为亚刺形，后足和♀各足都只有 2 根。蹠面有微小鬃 10 余根，背面鬃 2（3）根。腹部：第 1 背板有 4～5 列鬃，第 2～第 7 背板各有 3 列鬃，其前方常另有 1（2）根鬃。各节气门下方的鬃，♂1 根，♀2 根。第 2～第 5 或第 6 背板有端小刺 2 根，均较长，约为前胸栉背刺的 2/3。基腹板侧鬃♂无，♀7～10 根，个别仅 4（5）根。臀前鬃附近♀另有变形鬃，背 1 根，腹 2 根。第 7 背板在臀前鬃的背方和腹方有端背叶和端腹叶，♀蚤的端腹叶尖，长而发达。第 8 气门窝发达，椭圆形，长于臀板。气门窝前方的侧鬃，♂1（2）根，♀3～5 根。变形节：♂第 8 背板退化。第 8 腹板发达，为长舌形，背缘鬃 3 根，侧鬃 16～19 根，腹缘鬃 5～8 根。抱器不动突前方的锥形突狭高，为指形。抱器体后缘圆，与柄突分界处有 1 腹凹。柄突基部宽，末端狭翘。可动突狭长，长度为中段宽度的 6～7 倍，端棒的前方略窄，背峰感器组有小刺鬃 2（3）个，较大于指名亚种者。可动突腹缘鬃穗有长鬃 5（4～6）根，分布于后 1/3～2/5 段内，其前后方另各有小鬃 3（4）根。第 9 腹板前臂的前端角凸出，后臂端侧叶末端多呈斜截形，具端鬃 4（5）根；另有后方小鬃 5（6）根。端后突为匀称的圆弧形，从背缘到后缘有刺鬃和亚刺鬃 9（10）根，其中第 5、第 6 或第 7 根略钝，第 8、第 9 或第 10 根较尖而长，另有侧鬃 3～5 根。阳茎端骨化内管不特别长，显然短于端中骨片，并有端管，端中骨片甚发达，罩于背中叶下方，背缘为弧形，棘丛区较大。后缘形成的 3 个小叶仅下叶略短。各小叶均有骨化程度不同的骨化突，中叶末端为略凹的斜截形或分叉。阳茎钩突体部略呈“乙”字形，有向后方伸出的后突。卫骨片发达，为垂直棒形。新月片短，鞍骨片纤细，遮盖着骨化内管宽大的基部。阳茎内突形状与柄突相似，末端渐狭并略上翘，无端突。♀第 7 腹板后缘上凹为浅而宽的弧形，中叶大多略尖突，略长于上叶；下凹狭而深，大致等宽，下叶为指形，其背缘多平直。侧鬃，主鬃列 4（5）根，前方短鬃共 30 余根，成不整齐的 2～3 列。第 8 背板前缘的偏中生殖脊清晰可见。该背板的后腹角向后方凸出，末端狭尖，如锥形，侧鬃 12～15 根，有 6（7）根较粗壮；亚背缘内侧有生殖鬃 2 根。第 8 腹板后端渐狭窄，端鬃和亚端鬃共 4（5）根。肛背板和肛腹板均较长，肛锥长度约为基宽 5 倍，有端长鬃和亚端鬃各 1 根。受精囊为橄榄形，前半段较宽，后半段较窄，受精囊孔腹位，尾的大部插入头腔内，尾端有乳突。受精囊管基部膨大，有骨化环纹，远段细长。交配囊袋部和管部都短，管部有骨化脊。

双翅目

Diptera Linnaeus, 1758

22 皮蝇科 Hypodermatidae (Rondani, 1856) Townsend, 1916

22.1 皮蝇属

Hypoderma Latreille, 1758

【形态结构】成蝇形似蜜蜂，体长 11～18 mm，头部及全身均被有黄色绒毛。触角由 3 节组成，第 3 节宽而平滑，发亮，常嵌在第 2 节内，触角芒简单无分支。颜通常为略呈方形的盾状，上面常具淡色毛；眼离眼式，雌蝇的两眼距离较雄蝇的眼距更远；口器退化，不能采食亦无螯咬功能。翅的腋瓣较大，翅脉第 1 室开放，但较窄。腹部常具淡色毛，末端直。各足股节基部和中、后足胫节中部明显增粗，爪垫发达。幼虫在发育初期时色白，以后由黄色变为褐色至黑褐色，体型粗短。口沟仅第一期幼虫有，在第二、第三期幼虫中退化。后气门 1 对，呈肾形，有许多细孔。第三期体长 25～28 mm，深褐色，外形较粗壮，体分 11 节，背面较平，腹面稍隆起，背腹都有许多小刺。蛹黑褐色，微弯曲，头端较窄。成蝇属野居，营自由生活，不采食，也不叮咬动物。一般多在夏季出现，在阴雨天气隐蔽，在晴朗炎热无风的白天，则飞翔交配或侵袭牛只产卵。成蝇仅生活 5～6 天，雄蝇交配后死亡，雌蝇产完卵后死亡。

83 牛皮蝇 ***Hypoderma bovis*** **Linnaeus, 1758**

【关联序号】111.1.1（109.1.1）/698

【同物异名】*H. heteropteran, Oestrus subcutaneous, O. ericetorum, H. bellieri, O. bovinus*。

【宿主范围】牛、马、驴、羊、犬、人及藏羚羊等野生动物，常寄生于黄牛、牦牛，偶尔见于马、驴、绵羊、山羊。一期幼虫寄生在腰底部脊椎管硬膜外的脂肪组织中；二、三期幼虫寄生在腰背部（个别可在臀部、肩部）皮下。

【地理分布】甘肃、河南、黑龙江、湖北、湖南、吉林、江西、辽宁、宁夏、内蒙古、青海、陕西、西藏、新疆。

【形态特征】成蝇体长 13～15 mm，头部被有浅黄色的绒毛；胸部前段和后段的绒毛为淡黄色，中段为黑色。腹部前段为白色，中段为黑色，末段为橙黄色。头稍狭于胸宽。翅呈灰色。雌蝇的产卵管常缩入腹内。卵呈淡黄色，长圆形，表面带有光泽，后端有长柄附着于牛毛上，长宽为 0.76～0.80 mm×0.22～0.29 mm，1 根牛毛上只黏附 1 个虫卵。一期幼虫呈黄白色，半透明，长约 0.5 mm，宽 0.2 mm，口沟呈新月状，前端分叉，腹面无尖齿，后端有 2 个黑色圆点状的后气孔。二期幼虫体长 3～13 mm，后气门呈褐色或黑色。三期幼虫体长 28 mm，近椭圆柱形，两侧膨胀显著，棕褐色。背面较平，腹面稍隆起，有许多结节和小刺（图 83A、C）；体分 11 节，最后 2 节背腹面均无刺（图 83D）；有 2 个后气孔，后气门肾形，凹陷深，呈漏斗状（图 83B）。

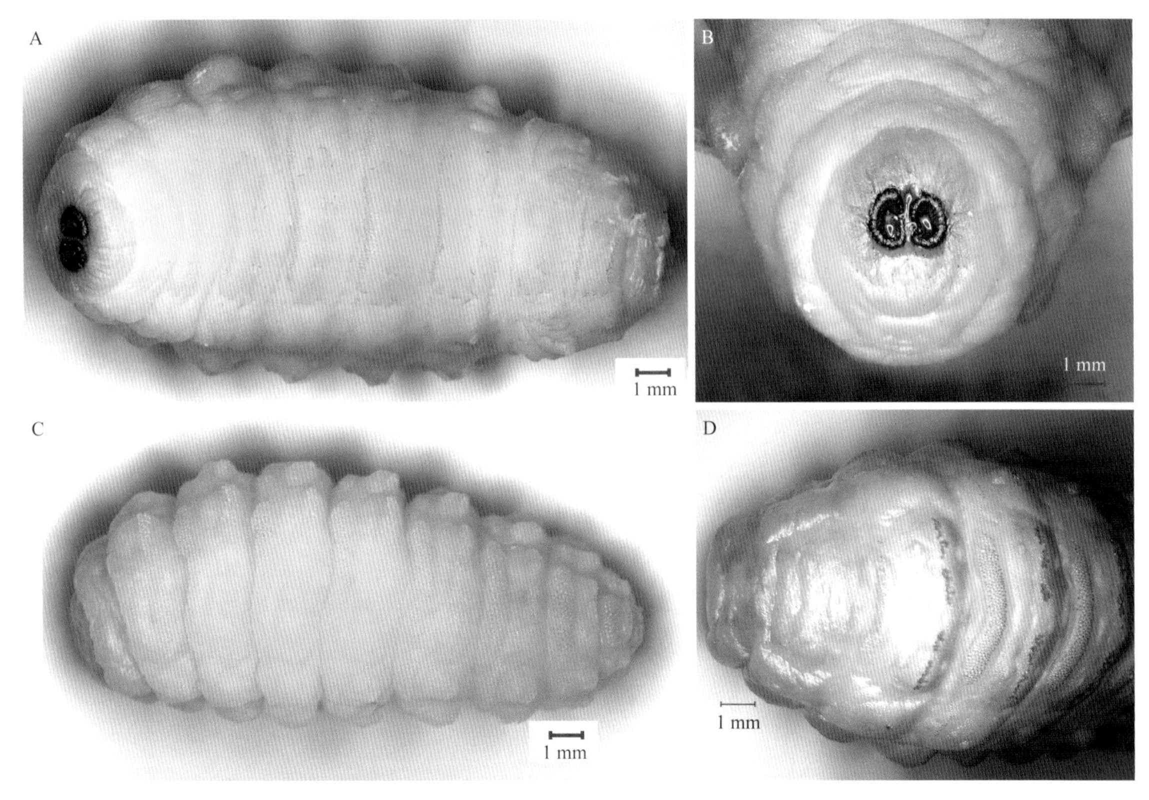

图 83　牛皮蝇（拍摄者：关贵全，刘光远）

A. 三期幼虫腹面；B. 后气门；C. 三期幼虫背面；D. 最后 2 节背腹面无刺

84 纹皮蝇 *Hypoderma lineatum* de Villers, 1789

【关联序号】(109.1.2)

【同物异名】*H. bonassi*, *Oestrus lineatum*, *O. supplens*。

【宿主范围】牛、马、驴、羊、犬、人，常寄生于黄牛、牦牛，偶尔见于马、驴、绵羊、山羊。一期幼虫寄生在咽、食道、瘤胃周围结缔组织和脊椎管中；二、三期幼虫寄生在背部皮下。

【地理分布】甘肃、黑龙江、河南、湖北、湖南、吉林、江西、辽宁、宁夏、内蒙古、青海、陕西、新疆、西藏。

【形态特征】成蝇体长约 13 mm，体表被毛与牛皮蝇相似，但稍短，虫体略小。胸部的绒毛为淡黄色，胸背部除有灰白色绒毛外，还有 4 条黑色发亮的纵纹，纵纹无毛。腹部前段绒毛为灰白色，中段为黑色，后段为橙黄色。翅呈褐色。卵与牛皮蝇的相似，呈黄色，每根牛毛上常整齐地排列 7～8 枚至 20 枚虫卵，一般产于牛的颈与肛门连线以下部分。一期

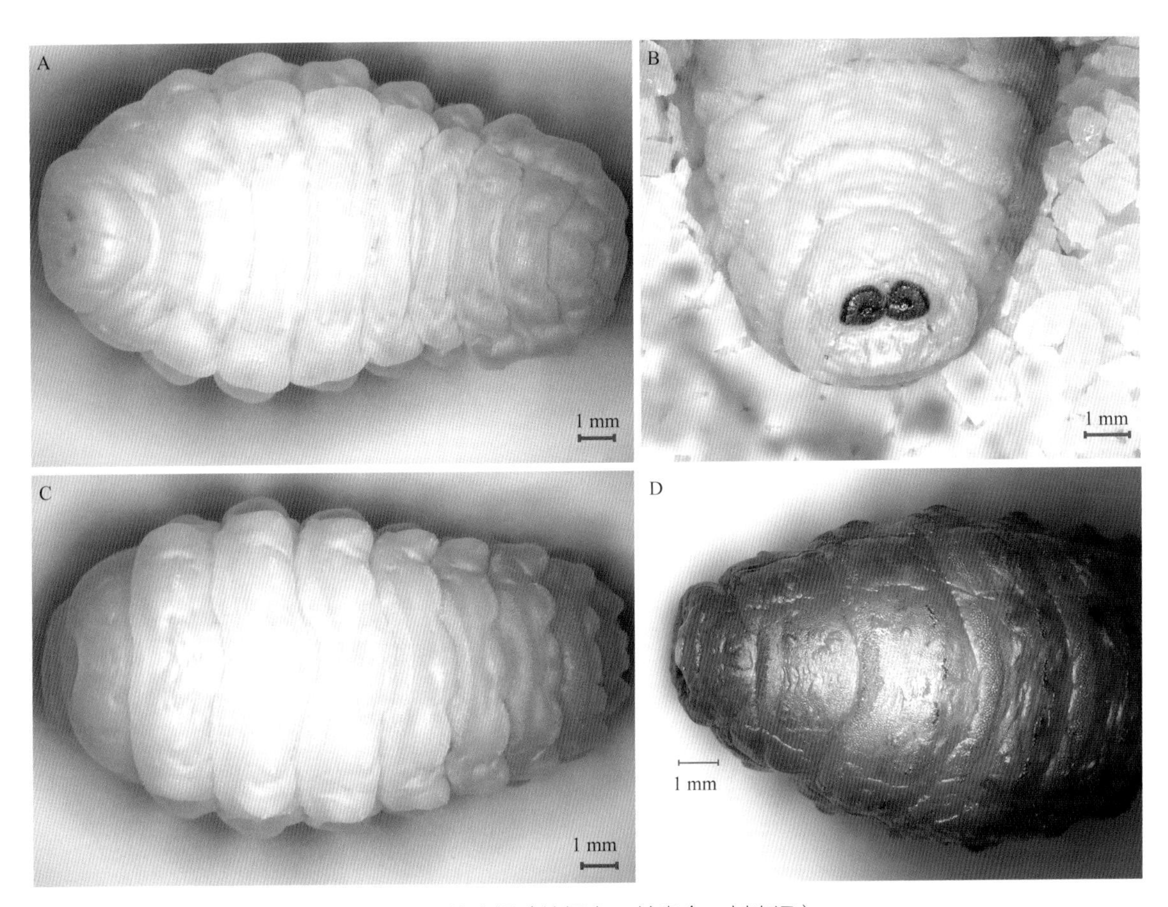

图 84 纹皮蝇（拍摄者：关贵全，刘光远）

A．三期幼虫腹面；B．后气门；C．三期幼虫背面；D．第 10 节的腹面后缘具刺

幼虫体长 0.55～1.7 mm，形态与牛皮蝇相似，但口沟前端尖细，无分叉，腹面有 1 个向后的尖齿。二期幼虫后气门呈橙色或黄褐色。三期幼虫体长 26 mm；较窄长，体分 11 节（图 84A，C），第 11 节无刺，第 10 节的腹面后缘具刺（图 84D）；后气门近圆形，平坦，中央稍凹（图 84B）。

85 中华皮蝇 *Hypoderma sinense* **Pleske, 1926**

【关联序号】111.1.3（109.1.3）/699

【同物异名】无。

【宿主范围】牦牛、藏羚羊、高原鼠兔。

【地理分布】甘肃、青海、四川。

【形态特征】成蝇体长 11～13 mm，雌虫产卵器伸出时可达 17～19 mm。体壁黑色，被有稠密而细长的绒毛。胸部背板上生有较稀疏的淡褐色至褐色并杂生有棕红色的毛，近小盾板处毛色变淡，棕色毛的尖部呈黄白色，再后均为淡黄白色，两侧毛密且色深呈黑褐色或部分毛尖端色浅呈棕红色。盾沟前后各有 4 条无毛光亮清晰的黑色纵纹，其周围有较明显或不明显的金黄色

图 85 中华皮蝇（拍摄者：关贵全，刘光远）

A. 三期幼虫腹面；B. 倒数第 1 节背腹均无刺，倒数第 2 节腹面前后缘均有刺；C. 三期幼虫背面；D. 后气门

粉被，尤其是沟后 2 中条较为明显。胸部侧面生有淡黄白色毛。胸下是黑色或黑褐色毛。腹部被有不同色彩的较长的毛。翅呈淡灰色，翅脉褐色。卵为黄色，呈单侧羽状排列黏于牛毛上，每根毛一般为 7～15 枚，最多可达 30 枚以上，多在四肢、胸前和腹侧毛上。一期幼虫呈乳白色，长宽为 3.5～12 mm×0.75～2 mm，前端稍尖，每节体表有 5～7 列排列稀疏的小刺，口沟与纹皮蝇相似，第 8 腹节上有 2 个后气孔，呈圆形，其顶端有 3 个大刺。二期幼虫呈浅黄白色；胸节 2、3 节，腹节 1 节、部分 1～2 节的背面前缘有小刺，少数光秃；胸节 2、3 节，少数 2 节或 3 节，腹节 1～4 节，部分 1～3 节，少数 1、2 或 1～5 节的背面后缘有小刺；后气门孔呈棕黄色。三期幼虫长为 19～25 mm，体分 11 节（图 85A，C），倒数第 1 节背腹均无刺，倒数第 2 节腹面前后缘均有刺（图 85B）；后气门板呈肾形、较平，气门孔位于中部，稍凸出（图 85D）。

主要寄生于牦牛。一期幼虫寄生于食道、瘤胃、瓣胃、真胃、小肠、结肠、直肠、大网膜、肠系膜、膈肌、胸壁、腹壁、心包、心脏浆膜、心脏、喉头、气管外组织、肺、脾、肾包膜、膀胱基部组织、骨盆壁、股内侧组织、脊椎管等处；二、三期幼虫寄生于脊椎两侧的背部皮下（包括腰部、肩胛和臀部）。

23 狂蝇科 Oestridae Leach, 1856

【形态结构】狂蝇科为中等大小的蝇类，体长 10～15 mm，体躯壮实，略带金属光泽，体毛疏少。头宽等于或稍大于胸宽，额宽阔并显著凸出，侧额区有许多凹陷，各个凹陷具毛 1 根。眼较小，两性复眼相距较远，间额窄于侧额，侧额有分离的暗色生毛疣，生于凹窝中。颜面小，触角短小，位于触角窝内，触角芒裸。口器退化，仅留喙的遗迹及微小的下颚须。胸、腹部宽短。翅小而透明，翅脉大部位于近翅的前缘及中央部分。足短小，腹部黑色，具银灰色与黑绿色光泽的斑点。二、三期幼虫的后气门具许多小气孔。成蝇野居，不营寄生生活，不采食，在每年的春、夏、秋三季出现，尤以夏季为盛。成蝇交配后，雄蝇死亡。雌蝇受精后，待体内幼虫形成后，将幼虫产于羊鼻孔内或周围。刚产下的一期幼虫爬入鼻腔固定于鼻黏膜上，并向鼻腔深处爬动，达到鼻腔、额窦或鼻窦内，少数进入颅腔，经 2 次蜕化，变为三期幼虫。翌春幼虫成熟后，从固着部逐渐向鼻孔爬出，当患羊打喷嚏时，幼虫被喷出，落地入土或羊粪堆内化蛹。

23.1 狂蝇属

Oestrus Linnaeus, 1756

86 羊狂蝇

***Oestrus ovis* Linnaeus, 1758**

【关联序号】112.1.1（111.2.1）/700

【同物异名】*O. perplexus*, *O. argalis*。

【宿主范围】绵羊、山羊、骆驼、白脸牛羚。

【地理分布】北京、甘肃、河北、黑龙江、辽宁、内蒙古、宁夏、青海、山东、陕西、山西、天津、新疆。

【形态特征】成蝇体长10～12 mm，呈淡灰色，略带金属光泽，形似蜜蜂。头部大，呈黄色，

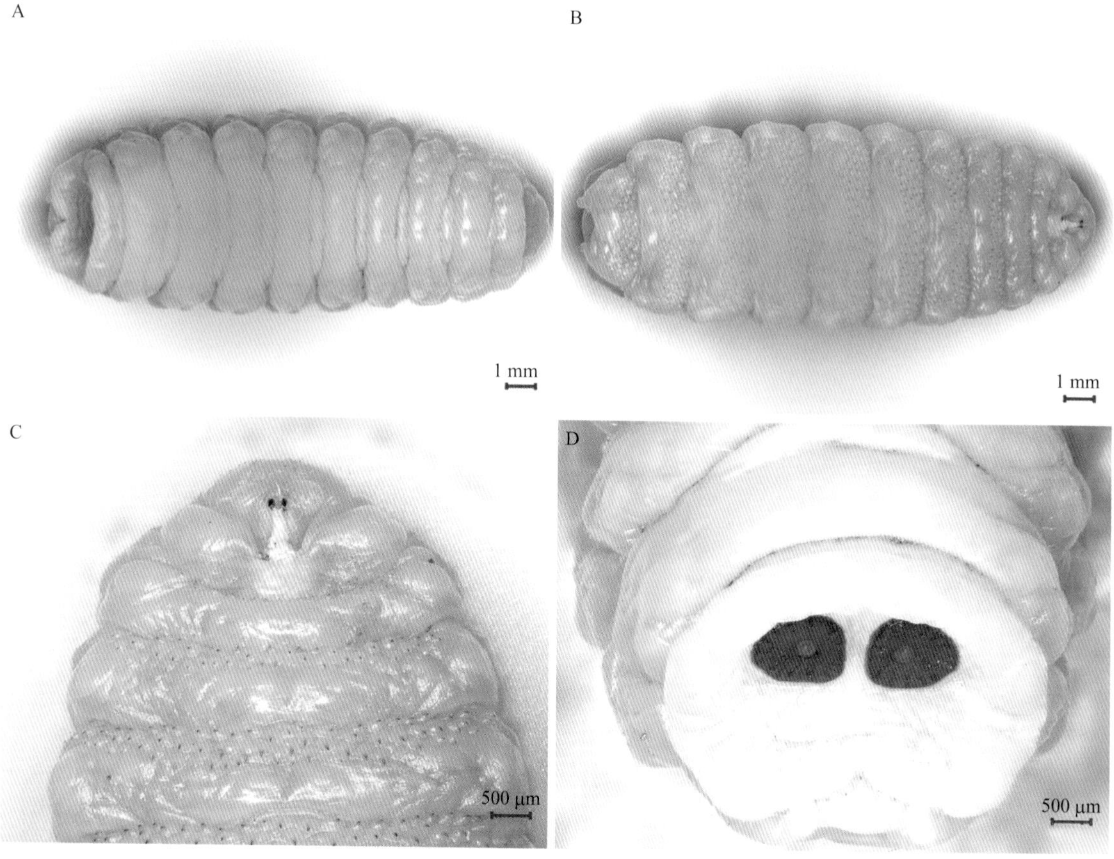

图86 羊狂蝇（拍摄者：关贵全，刘光远）

A. 三期幼虫腹面；B. 三期幼虫背面；C. 具2个发达的口沟；D. 后气门

两复眼小，相距较远。触角短小呈球形，位于触角窝内，触角芒简单无分支。口器退化。头部和胸部具很多凹凸不平的小结。翅透明，腹部具银灰色与黑绿色光泽的块状斑。第一期幼虫色白，纺锤形，长约 1.3 mm，口沟高度角质化，黑色而弯曲。小而被围裹着的后气门尚未被角质化的气门板封闭。二期虫长 3.5～12 mm。后气门板除中部以外，已很明显角质化，气门板封闭。三期幼虫体形似圆柱形，粗壮，长度超过 20 mm，各节上具颜色深浅不一的横带（随成熟程度不同颜色深浅不同）（图 86A，B）。具 2 个发达的口沟，强壮而弯曲（图 86C），内部连接于咽部骨架上。后气门呈明显黑色，肾形，封闭着气门钮（图 86D）。蛹黑色，具弱皱纹，长 15～16 mm。

常寄生于绵羊、山羊、骆驼等家畜及野生羊的鼻腔、额窦、鼻窦、上额窦、颅腔。

24 胃蝇科 Gasterophilidae Bezzi & Steis, 1907

24.1 胃 蝇 属 *Gasterophilus* Leach, 1817

【形态结构】胃蝇形似蜂类，中等大小，全身密布黄褐色或黄白色的长绒毛，俗称“蜇驴蜂”。头部触角短小，触角芒简单；口器退化为 2 个小球形的构造，紧靠头的下方。翅透明或不透明而呈褐色或具褐色的斑纹，第 4 纵脉直伸而略向后弯曲。腹部长而尖，雌蝇具较长的产卵管。雌蝇产卵于草上或宿主的毛上，呈单个或排列一行或数行，以卵的尾端胶固于毛上。幼虫寄生于马、骡、驴等奇蹄类食草动物的消化道如食管、胃、肠等处，大多寄生于胃，故称胃蝇。成熟幼虫粗大圆柱状，前端较尖，口沟发达，后端较钝，有一凹窝，后气门即位于凹窝中，每一气门具弓形或曲折垂直排列的气门隙 3 条，幼虫各节的前缘有大小棘相间围成一圈的刺带，以腹节上的最为发达，刺的多少及形状因种不同而异。胃蝇的发育属完全变态发育，经卵、幼虫、蛹和成虫 4 个阶段。每年完成一个生活周期。成蝇不食，靠幼虫期的营养物质完成交配。多雨和阴沉的天气对马胃蝇发育不利，因为成蝇在阴雨天气不飞翔产卵，且蛹在高湿条件下易受真菌侵袭而死亡。

87 肠胃蝇 *Gasterophilus intestinalis* De Geer, 1776

【关联序号】113.1.3（107.1.3）/704

【同物异名】*Oestrus gastrophilus, G. magnicornis, O. equi, G. asininus, G. bengalensis*。

【宿主范围】马、骡、驴、牛、兔。

【地理分布】甘肃、黑龙江、吉林、辽宁、内蒙古、宁夏、青海、新疆、陕西。

【形态特征】成蝇浅黄色，体长 12～16 mm。头部有浅黄色细毛，额宽为头宽的 1/2～1/3，触角棕黄色。盾片黑色，中胸侧板具淡黄色密长毛。翅脉色淡，翅间有 2 个暗色圆点。足棕褐色，腹部被浅黄色细毛，带褐色斑点。卵淡黄色，大约平均长 1.25 mm，侧看呈楔形；刚刚孵化出的一期幼虫大约长 0.9 mm，与红尾胃蝇很相像。二期幼虫口沟和三期幼虫的一样，呈马鞍状，中间节第一排上的刺是第三排上刺的 3 倍长，发育完全的二龄幼虫长可达到 16 mm。三期幼虫的口沟呈马鞍状（图 87C），成熟三龄幼虫体长 18～20 mm，宽约 8 mm，各节具 2 行强大而钝的刺（图 87A，B），第 10 节背面中央缺少 1～2 个刺，第 11 节背侧有 1～5 个刺（图 87A）。后端较钝，有一凹窝，后气门即位于凹窝中，具气门隙 3 条（图 87D）。蛹长 15～17 mm。

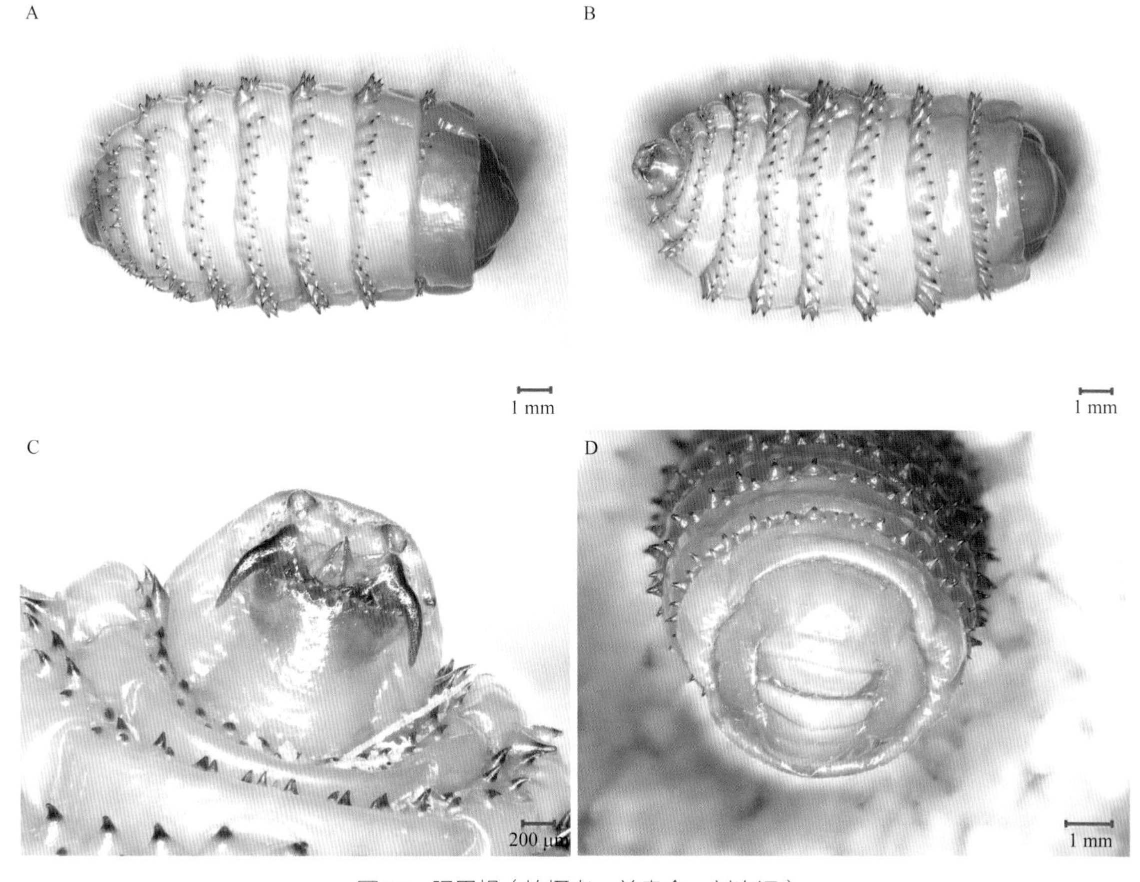

图 87　肠胃蝇（拍摄者：关贵全，刘光远）

A. 三期幼虫背面；B. 三期幼虫腹面；C. 口沟；D. 后气门

幼虫（蛆）主要寄生于马、骡、驴等家畜，野生的马属动物也是其特异性宿主。成熟三期幼虫主要寄生于胃和十二指肠。

88 鼻胃蝇 *Gasterophilus nasalis* Linnaeus, 1758

【关联序号】113.1.6（107.1.6）/706

【同物异名】*G. nudicollis, G. crossi, Oestrus veterinus, G. aureus*。

【宿主范围】马、骡、驴、牛、兔，幼虫（蛆）主要寄生于马、骡、驴。成熟三期幼虫主要寄生于胃和肠。

【地理分布】甘肃、黑龙江、吉林、辽宁、内蒙古、宁夏、青海、新疆、陕西。

【形态特征】成蝇体长 12～15 mm。体大部分具棕黄色毛。头部明显狭于胸，额宽为头宽的 1/3～1/4。盾片大多为黑色，仅肩胛、翅后胛和小盾片暗棕色至淡棕色，盾片上大部分具黄棕

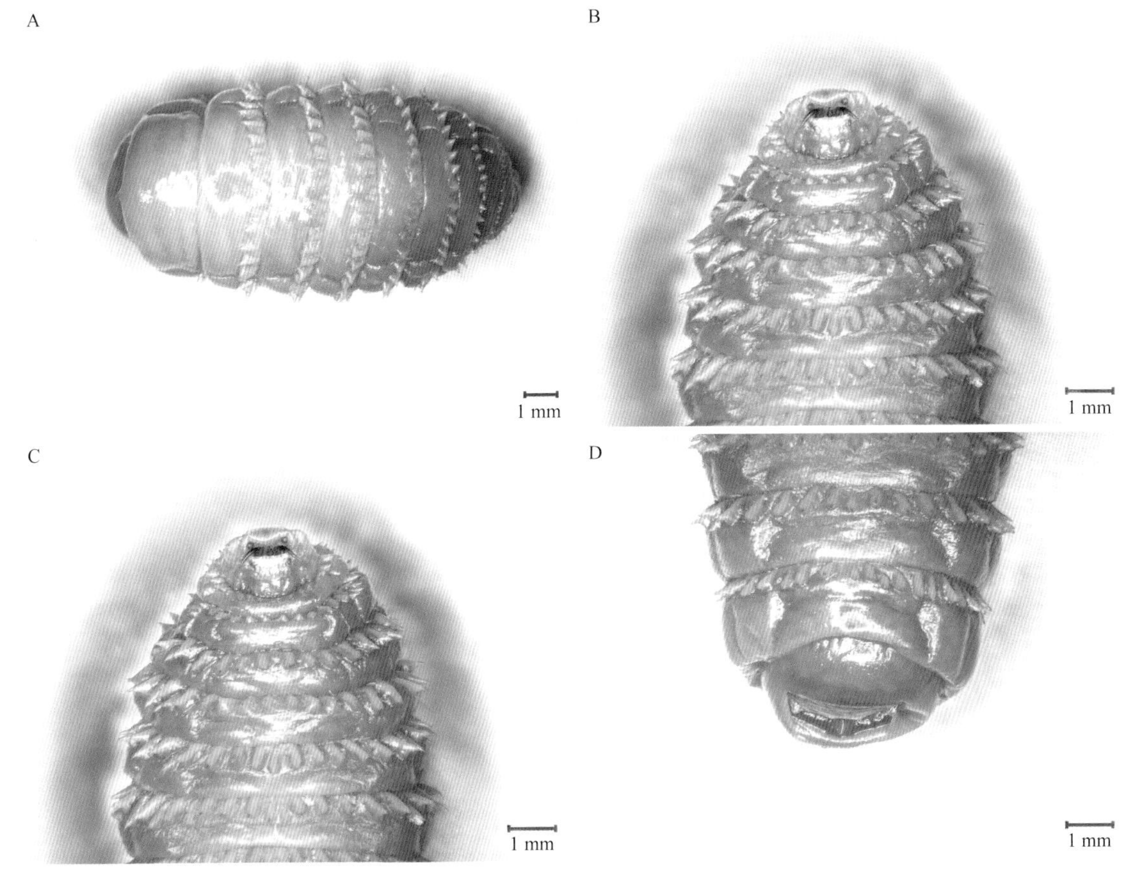

图 88 鼻胃蝇（拍摄者：关贵全，刘光远）

A. 三期幼虫背面；B. 体节第 3～第 6 节腹面每节有 1 排大刺；C. 背面的刺一直到第 10 节；D. 后气门

色毛。中胸侧板具灰白色长毛。翅透明，无暗斑。足颜色有变异，通常股节黑色至棕色，胫节比股节色淡，爪末端 1/3 黑色。腹部暗褐色至黑色，第 2 背板具淡黄色长毛，第 3 背板常具黑褐色至黑色毛，形成 1 条黑毛横带。卵无柄，长大约 1.3 mm，长大约是宽的 4 倍，呈拉伸的卵圆形，附着在宿主毛根部；刚孵化出的一龄幼虫长 0.8～0.9 mm，体被长毛，在体节边缘具有小齿组成的横条纹；二龄幼虫长 11 mm；成熟的三期幼虫长可达 14 mm，通常情况下，体节第 3～第 6 节腹面每节有 1 排大刺，背面的刺一直到第 10 节都有（图 88A，B，C）。后端较钝，有一凹窝，后气门即位于凹窝中（图 88D）。蛹深黑色，形态特征与三龄幼虫的相似。

89 红尾胃蝇 *Gasterophilus haemorrhoidalis* Linnaeus, 1758

【关联序号】113.1.1（107.1.1）/703

【同物异名】*Oestrus flavipes, G. pseudohaemorrhoidalis, O. pallens*。

【宿主范围】马、骡、驴、牛、兔，幼虫（蛆）主要寄生于马、骡、驴。成熟三期幼虫主要寄生于胃和十二指肠。

【地理分布】甘肃、黑龙江、吉林、辽宁、内蒙古、宁夏、青海、新疆、陕西。

图 89 红尾胃蝇（拍摄者：关贵全，刘光远）

A. 三期幼虫腹面；B. 三期幼虫背面；C. 口沟；D. 后气门

【形态特征】成蝇体长 9～12 mm。单眼三角具黑毛，触角第 3 节棕色，额、颜及颊均具白色毛，下颚须球状。盾片在缝前毛白色，缝后大部分为黑色毛，小盾片在正常情况下有红色毛。腹部第 3 背板的毛以黑色为主。足黄色，后足第 1 分跗节为其余分跗节之总长度的 1/2。卵淡棕黑色，具一柄状蒂，平均长度 1.5 mm。一、二龄幼虫较难与肠胃蝇相区分。成熟的三期幼虫长可达 18 mm，体节第 3～第 10 节背腹面都具有 3 排小刺组成的横纹，第 1 排小刺的长度是后一排的 2 倍（图 89A，B）。口沟统一向背面弯曲（图 89C）。后端较钝，有一凹窝，后气门即位于凹窝中（图 89D）。通过体刺的形态和统一弯曲的口沟比较容易地区分于肠胃蝇。蛹深棕色，已经可以看到幼虫。

90 兽胃蝇 *Gasterophilus pecorum* Fabricius, 1794

【关联序号】113.1.5（107.1.5）/705

【同物异名】*Oestrus vituli, G. vulpecula, G. zebrae, G. gammeli, G. hammeli, Gastrus jubarum,*

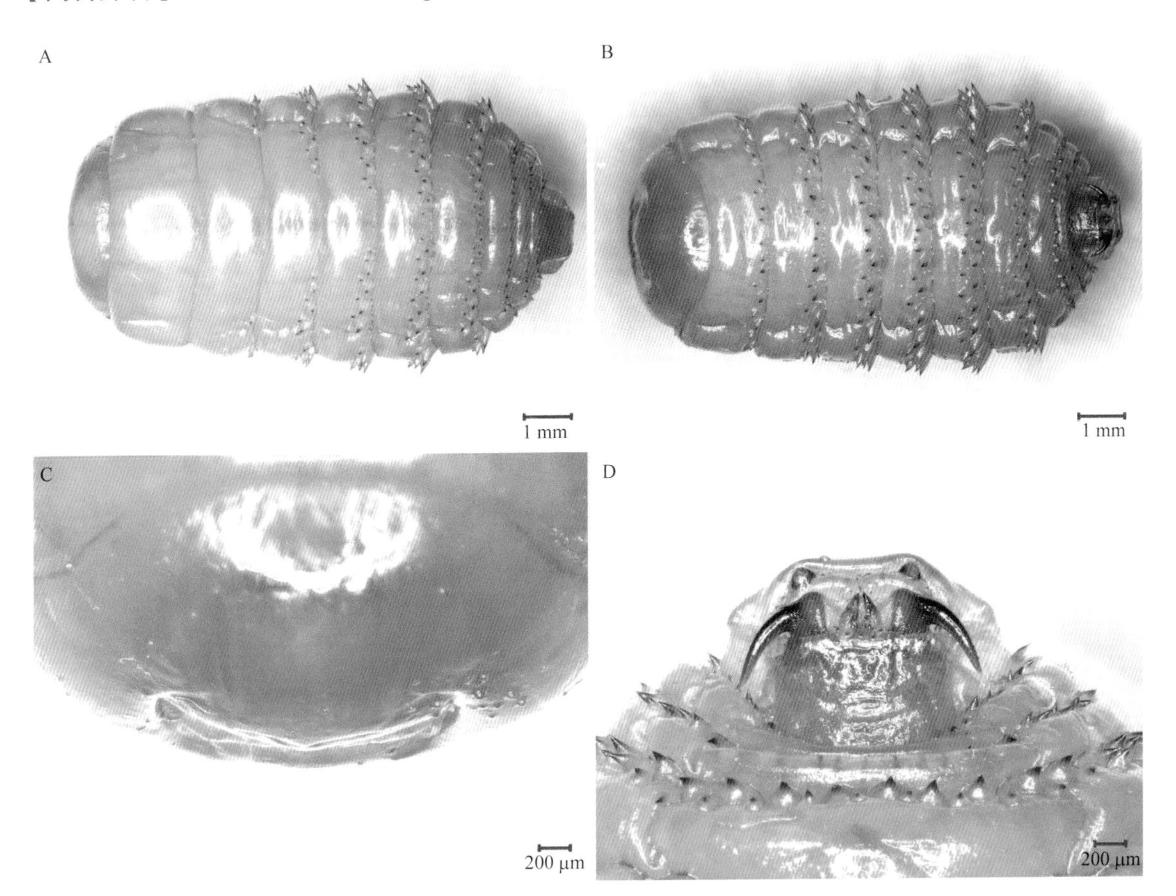

图 90 兽胃蝇（拍摄者：关贵全，刘光远）

A. 三期幼虫腹面；B. 三期幼虫背面；C. 后气门；D. 口沟

O. ferruginatus。

【宿主范围】马、骡、驴、牛、兔。

【地理分布】甘肃、黑龙江、吉林、辽宁、内蒙古、宁夏、青海、新疆、陕西。

【形态特征】成蝇体长12～15 mm。雄蝇除胸背横缝后有间断黑带外，其余的胸背和腹背面上均密生金黄色绒毛。雌蝇胸背和第1腹节被有金黄色绒毛，其余的腹背各节均系黑色。翅呈烟雾色，产卵管短，不向腹面弯曲。卵呈亮黑色，带蒂，常附着在植物上而不在宿主毛上，长约0.9 mm；刚孵出的一期幼虫第1节上有一明显的齿状突起和向后弯曲的刺。最后一节缺失由2排小齿组成的横向条纹；二期幼虫长可达到12 mm，呈圆锥形，口沟和触角神经叶间的伪头上的小刺呈半圆形排列，刺组成的横纹一直延续到第10节。成熟的三期幼虫长20 mm，呈红色，各节有2列刺，前列刺大，后列刺小（图90A，B）；自第7节起，背面中部开始缺刺，第10节后刺全无（图90A）。伪头上的齿分为3组（2组在口沟的后面，1组在前面）（图90D）。后端较钝，有一凹窝，后气门即位于凹窝中（图90C）。蛹的形态和三期幼虫相似。

幼虫（蛆）主要寄生于马、骡、驴，偶见于牛、兔。成熟三期幼虫主要寄生于胃和十二指肠。

25 虱蝇科 Hippoboscidae Linne, 1761

【形态结构】小型蝇。翅前缘脉、径脉等位于翅前缘前半段，特别粗大，其后方为呈平行的纵脉，但无横脉，各足粗大，径节的距刺常很发达。无额缝，两复眼间无间额带与侧额带之分。蜱蝇属（*Melophagus*）蝇无翅，密被黑毛，体壁革质。头部短阔扁，陷于胸部1个窝内。刺吸式口器，下颚须长，内缘紧贴喙两侧，形成喙鞘。无单眼，复眼小，两眼距较宽，额宽而短，头顶部光滑。触角短，位于复眼前方，陷于触角窝内。足末端有1对强而弯曲的爪，无齿。

25.1 蜱蝇属 *Melophagus* Latereille, 1802

91 羊蜱蝇 *Melophagus ovinus* Linnaeus, 1758

【关联序号】117.1.1（108.2.1）/711

【同物异名】*M. hirtella, M. fera, M. bolivianus, M. montanus*。

【宿主范围】绵羊、山羊、穴兔（*Oryctolagus cuniculus*）、犬、欧洲野牛（*Bison bonasus*）、红狐狸（*Vulpes vulpes*）、人。

【地理分布】甘肃、辽宁、新疆、青海、西藏。

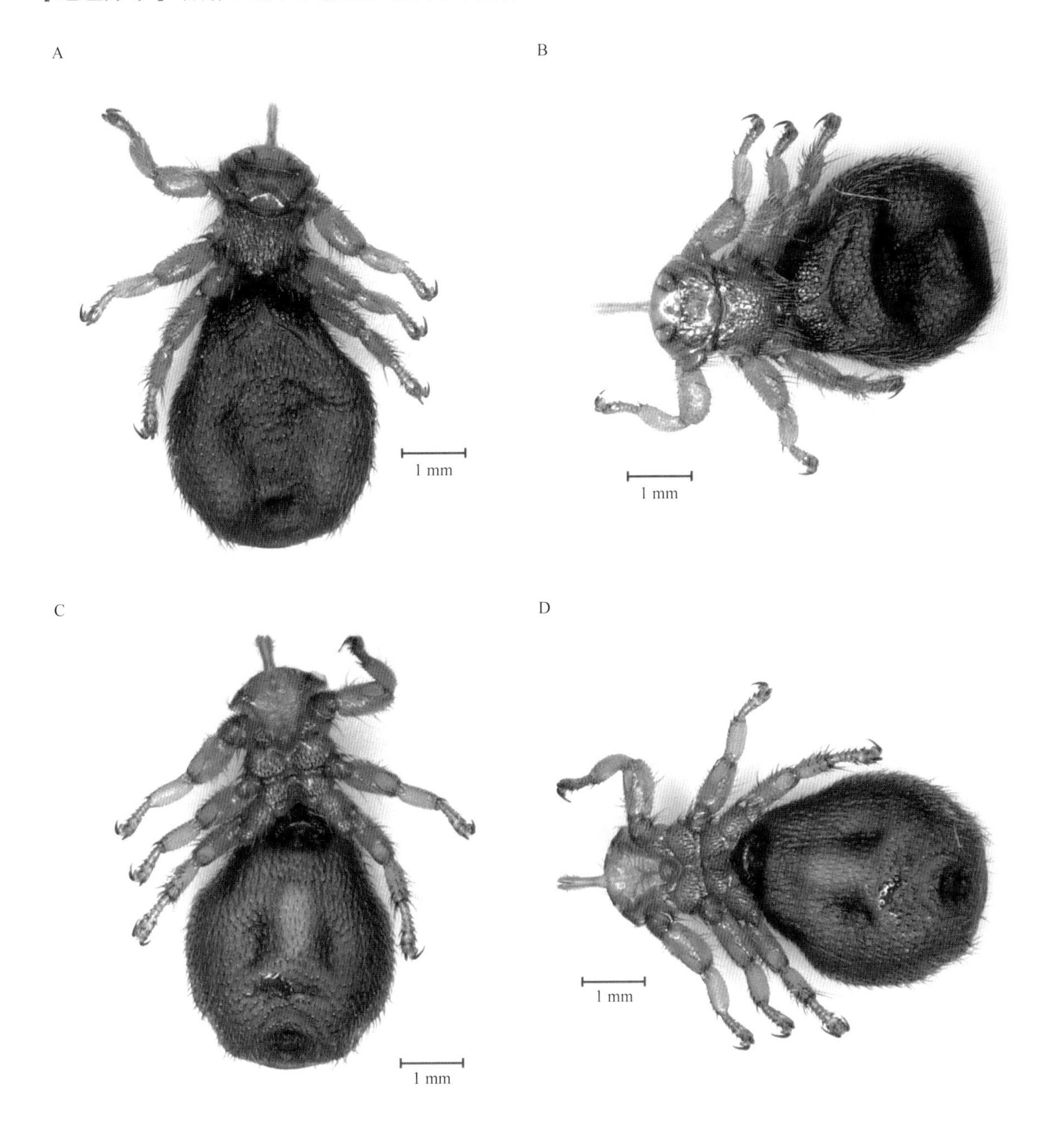

图 91　羊蜱蝇（拍摄者：关贵全，刘光远）

A. 背面；B. 眼；C. 腹面；D. 喙鞘

【形态特征】虫体长 4～6 mm，棕色，翅退化，体表呈革质，密被黑色细毛。头短而宽，与胸部紧密相连，不能活动，头和胸均为深棕色（图 91A）。具刺吸式口器，下颚须长，内缘紧贴喙两侧，形成喙鞘（图 91D）。复眼小，椭圆形，两眼间距离大（图 91B）。额宽而短，头顶部光滑。触角短，位于触角沟内。胸部暗褐色，腹部大，呈卵圆形，淡褐灰色，不分节，呈袋状（图 91A，C）。雄性腹小而圆，雌性腹大，后端凹陷。足粗壮，末端有 1 对强而弯曲的爪，爪无齿。蛹呈圆形，扁平，黑褐色。

26 蚊科 Culicidae Stephens, 1829

【形态结构】隶属昆虫纲双翅目，身体分头、胸、腹 3 个部分。成蚊胸部具 3 对足、2 对翅，后翅演变为平衡棒。具刺吸式口器，身体大部有鳞片。

蚊科可以分为巨蚊亚科、按蚊亚科、库蚊亚科。

巨蚊亚科 Toxorhynchitinae：喙末段下弯呈钩状，翅后缘近纵脉 V5.2 末端处有一凹陷。

按蚊亚科 Anophelinae：小盾片后缘圆弧状。

库蚊亚科 Culicinae：小盾片后缘三叶状。

按蚊亚科 Anophelinae

【形态结构】按蚊亚科的主要特征是成蚊腹节腹板无鳞片或大部无鳞片，通常背板也无鳞片，幼虫无呼吸管。

雌蚊的头顶和后头具很多竖鳞，平覆鳞少或无；眼间区有一簇长毛状鳞片（额簇）。触角通常比喙短，触须多数与喙接近等长，也有少数种类触须比喙短。中胸后片长，略拱起，小盾片弧状，后背片和侧背片无鳞片。有或无气门鬃，无气门后鬃和下后侧鬃。翅膜有微刺，纵脉 6 末端明显超过纵脉 5 的分叉处。足细长，爪垫不发达。

雄蚊与雌蚊近似，触角轮毛发达或不发达。触须多数与喙接近等长。末 2 节通常膨大呈棒状。腹节Ⅸ背板不发达。抱肢基节构造简单，通常无凸叶，有特化的刚毛；端节细长，末端或近末端具短指爪。小抱器发达。阳茎长，圆筒状或圆锥状，通常在末端或近末端具叶片、刺或弯突毛。

幼虫头长大于宽，通常近似梨形；颈宽；头毛 2、3-C 位于头前端。5～7-C 接近成一横列，位于头中部之前。胸部通常具明显的凹器（notched organ）；有的胸毛 1 -M 或 3-T 作掌

状。至少部分腹节的 1 号毛掌状；腹节背面中央有前背片，有的其后还有后背片；腹节Ⅷ无栉齿，具 1 对梳板，气门位于背端。尾鞍不完全；腹毛 3-X 通常末端呈钩状，4-X 8 对或更多对。

按蚊亚科仅有 3 个属，即皮蚊属（*Bironella* Theobald, 1905）、夏蚊属（*Chagasia* Cruz, 1906）和按蚊属（*Anopheles* Meigen, 1818）。皮蚊属记录 4 种，分布于澳大利亚及巴布亚新几内亚等太平洋岛屿；夏蚊属已知记录 10 种，分布于中美、南美和北美的墨西哥；按蚊属记录超过 400 种，分布广泛。

26.1 按 蚊 属

Anopheles Meigen, 1818

【形态结构】成蚊触须与喙约等长。雄蚊触须节 4～5 膨大向外折，节 4 边缘有毛丛。小盾片后缘圆弧状，缘毛分布均匀，腹部无鳞或少鳞，即使鳞片较多，也不完全覆盖。

按蚊亚属 subgenus *Anopheles* Meigen, 1818

【形态结构】雌蚊无食窦甲。翅有或无淡色斑，无淡色斑的可有暗鳞组成的鳞簇或暗斑；有白斑的则前缘脉至纵脉 1 的黑斑至多 3 个。雄蚊抱肢基节基部具 2 根亚基刺，或并有 1 根内刺。幼虫头毛 2-C 的间距小于或等于同侧 2-C 和 3-C 的间距。触角毛 1-A 大或较大，分支（头毛 5～7-C 不发达的除外），一般着生在触角干的背内侧。胸部侧毛的长毛通常不分支。腹部掌状毛通常无明显的肩部。

赫坎按蚊组 *Anopheles hyrcanus* group

92 中华按蚊 *Anopheles sinensis* Wiedemann, 1828

【关联序号】122.1.30（106.2.32）/719

【同物异名】无。

【宿主范围】成蚊偏嗜牛、羊等畜血，兼吸人血，吸血高峰在日落后 1～2.5 h，凌晨 4～5 点是其活动的次高峰，是疟疾传播的主要媒介之一。

【地理分布】除新疆外，我国各地均有分布。

【形态结构】翅前缘脉基部有散生淡鳞，具 V5.2 缘缨白斑，新鲜标本腹侧膜上有“T”形暗斑。

【生态习性】幼虫多孳生于阳光充足、水质较污、水温较暖、面积较广而静止的水中，主要孳生场所为稻田、秧田、苇塘、莲塘、灌溉沟等，在水流较缓边缘有杂草或芦苇的大型河流也可生存。最适生长水温为 28℃左右，当水温从 28℃降至 25℃时，发育明显延缓，20℃以下时发育非常缓慢，10℃以下不能发育。

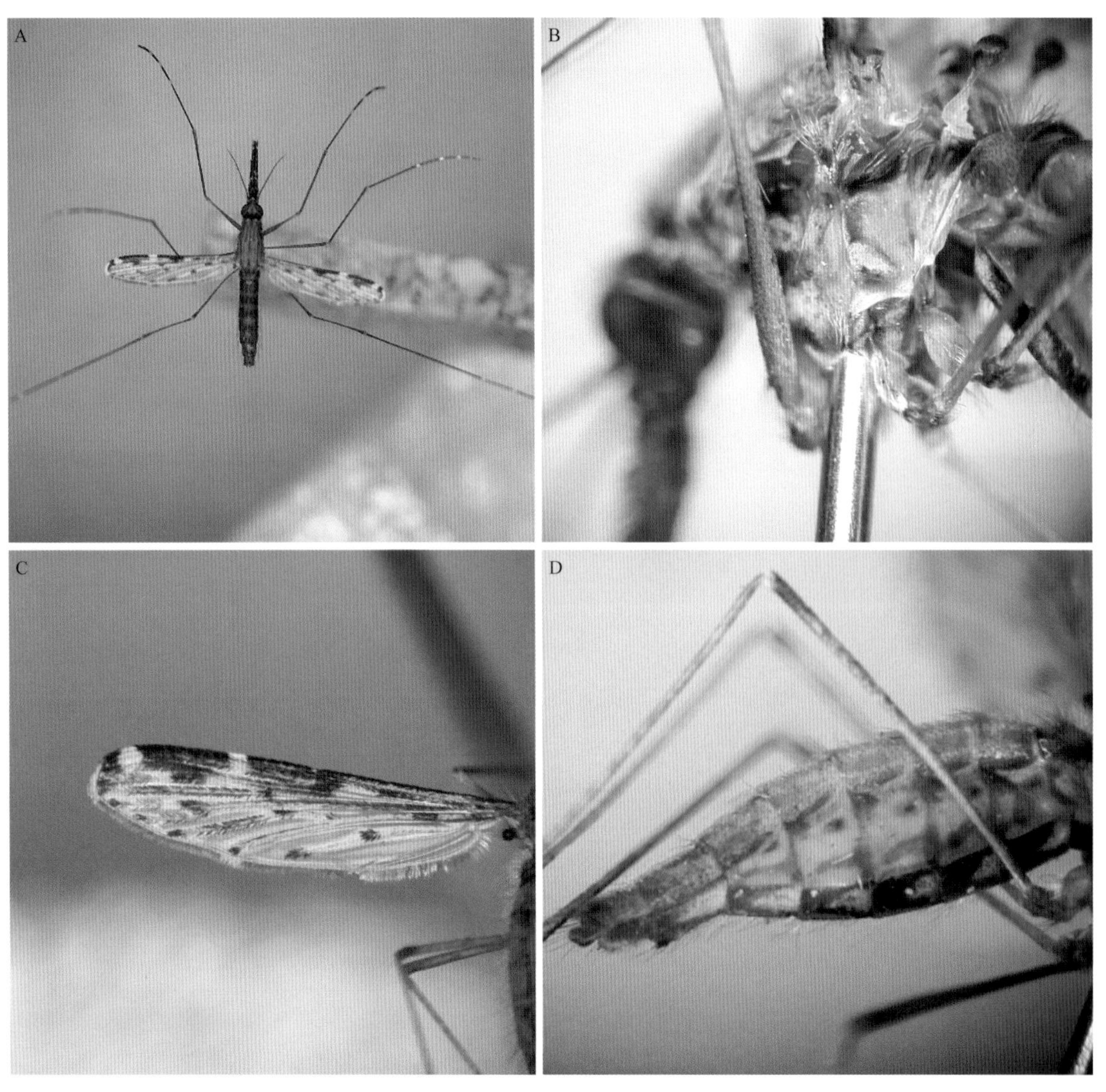

图 92 中华按蚊（图片提供者：张定）

A. 大体形态；B. 中足基节白鳞簇；C. 翅脉 V6 有 2 个暗斑，翅 V2.1 缘缨白斑大，延伸至 V4.1 末端，纵脉 V5.2 缘缨白斑；D. 腹节侧膜“T”形暗斑

须喙按蚊组 *Anopheles barbirostris* group

93 须荫按蚊 *Anopheles barbumbrosus* Strickland & Chowdhury, 1927

【关联序号】(106.2.31)

【同物异名】无。

【宿主范围】雌蚊吸人血。

【地理分布】广东、贵州、海南、湖南、台湾、云南等，东洋界分布物种。

【形态结构】中型黑色蚊虫。雌蚊触须全暗，唇基无鳞。腹节Ⅲ～Ⅵ腹板无白鳞。翅前缘脉上有 3 个小白斑；V3 的缘缨白斑宽，伸达 V4.1 末端。

【生态习性】幼虫孳生于原生或次生森林内遮蔽的积水中，如泉水坑、小溪边缘、沼泽、水塘、石穴等。

图 93 须荫按蚊（图片提供者：郭玉红，赵奇）

A. 大体形态；B. 暗色触须；C. V3 缘缨白斑宽；D. 腹节Ⅲ～Ⅵ腹板无白鳞

亚洲按蚊组 *Anopheles asiaticus* group

94 簇足按蚊 *Anopheles interruptus* Puri, 1929

【关联序号】无。
【同物异名】无。
【宿主范围】雌蚊偶吸人血，无医学重要性。
【地理分布】海南、云南等。
【形态结构】各足胫节和跗节暗色，后股节末端有一基黑端白的长鳞簇。
【生态习性】幼虫孳生于树洞，是森林山区的蚊种。

林氏按蚊组 *Anopheles lindesayi* group

【形态结构】本组为中型至大型棕黄或棕褐色按蚊。雌蚊触须无白环，翅前缘斑不超出 3 个，各纵脉大部为暗色。后足股节中段有一宽白环，各足跗节均暗色。我国常见种类为林氏按蚊。

95 林氏按蚊 *Anopheles lindesayi* Giles, 1900

【关联序号】（106.2.23）
【同物异名】无。
【宿主范围】目前仅知雌蚊可吸猪血。
【地理分布】除黑龙江、吉林、青海、新疆外的各省份。
【形态结构】深色蚊虫，雌蚊触须全部暗色。胫节和跗节全为暗色。后股基腹面具有纵走白环。
【生态习性】幼虫孳生于阴凉的泉潭、水井、渗出水和蹄印积水、溪床等处，偶尔也见于人工容器积水处。

塞蚊亚属 Subgenus *Cellia* Theobald, 1902

【形态结构】成蚊翅一致有白斑，黑斑和白斑界限分明；前缘脉并包括纵脉 1（V1）的黑斑至少 4 个；纵脉 2（V2）和纵脉 4（V4）的分叉处及横脉交接处色淡。雌蚊有食窦甲。雄蚊抱肢基节有亚基刺 4～6 根。幼虫头毛 2、3-C 的间距比一侧 2-C 和 3-C 的间距为宽。触角毛 1-A 细小，通常位于触角干的外侧，不分枝。除新迈蚊系外，中胸至少有一长羽状侧毛（9-M 或

9-T)。腹部掌状毛叶片的肩部通常明显。

迈蚊系 *Myzomyia* series

96 微小按蚊 *Anopheles minimus* Theobald, 1901

【关联序号】(106.2.26)

【同物异名】无。

【宿主范围】雌蚊嗜血具有明显的地域性差异。在海南，主要吸人血，兼吸牛血；在其他地区，雌蚊兼吸人、牛、马、驴等动物血，随纬度增加刺吸人血的比例减小。

【地理分布】安徽、福建、广东、广西、贵州、海南、河南、湖北、湖南、江西、四川、台湾、香港、云南、浙江等。

【形态结构】喙一致暗色或在端腹面有一淡色斑；触须具3个白环，端白环通常与亚端白环接近等宽；翅前缘脉通常有肩白斑和分脉前白斑，V6无缘缨白斑；前跗节1～4仅有很小的背端白斑或很窄白环。

【生态习性】雌蚊可栖息在牛舍和羊栏等处，幼虫孳生于泉潭、渗水坑、清水沟、溪流或稻田等水体。

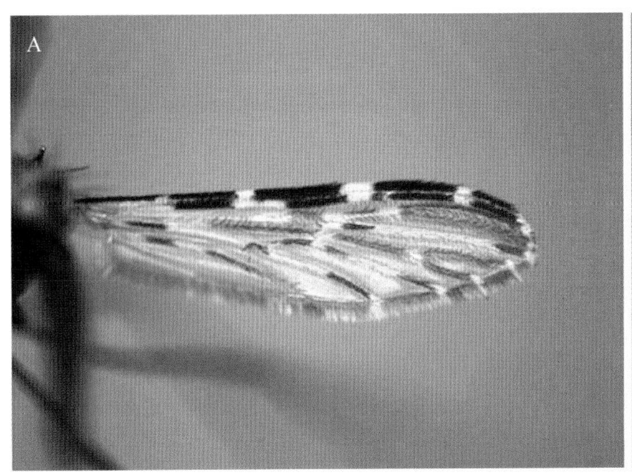

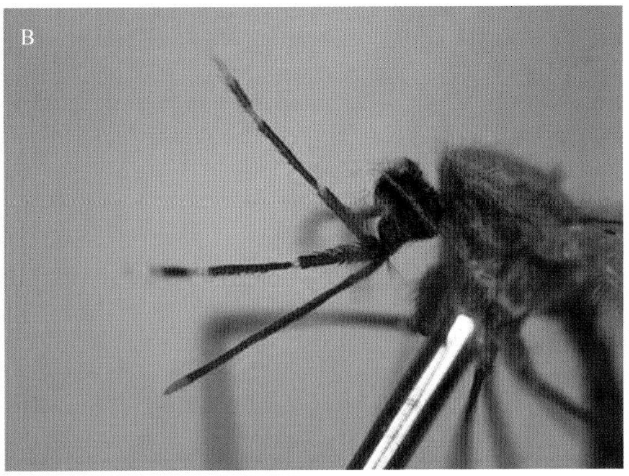

图96 微小按蚊（图片提供者：郭玉红，赵奇）

A. 前缘脉大黑斑超过4个，纵脉3除基部和端部外，大部白色；B. 触须具3个白环

新塞蚊系 *Neocellia* series

97 达罗毗按蚊 *Anopheles dravidicus* Christophers, 1924

【关联序号】无。

【同物异名】无。

【宿主范围】雌蚊吸人血。

【地理分布】广西、四川、云南等。

【形态结构】中型黄褐色蚊虫。翅形较狭长，V3 共有 4 黑斑，除基端 2 个和末端 1 个外，在中部有 1 宽黑斑，此黑斑宽窄有个体差异。各足股节、胫节和跗节 1 或 1～2 有白点，后跗节仅节 5 全白；雌蚊触须端黑环为亚端白环的 1/3～1/2 宽，亚端黑环有白点，也有少部分无白点。

【生态习性】幼虫孳生于小水塘、水坑、渗出水、梯田边缘、蹄印积水等。

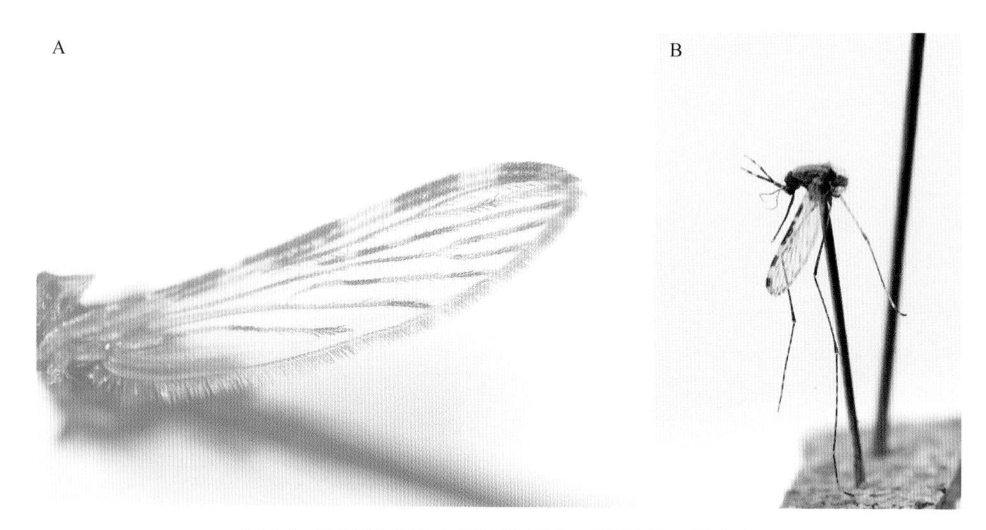

图 97　达罗毗按蚊（图片提供者：郭玉红，赵奇）

A．V3 两端和中部均有黑斑；B．大体形态

98 多斑按蚊 *Anopheles maculates* Theobald, 1901

【关联序号】无。

【同物异名】无。

【宿主范围】可以吸食牛、羊、人血等，我国 20 世纪 40 年代有个别疟原虫阳性感染记载，但此后未发现自然感染，推测为我国非重要疟疾媒介。在印度、马来西亚、印度尼西亚和菲律宾等地是疟疾媒介之一。

【地理分布】安徽、福建、广西、贵州、海南、湖北、江西、台湾、西藏、香港、云南等。

【形态结构】中型灰色蚊虫。前缘脉共有 7 个白斑，V2.1 和 V2.2 各具 2 个黑斑，V3 末端有 1 个黑斑、基部 2 个黑斑。各足股节、胫节和跗节 1 或 1～2 有白点，后跗节仅节 5 全白，至少部分腹节背板有鳞片，雌蚊触须端黑环为亚端白环的 1/3～1/2 宽。

【生态习性】雌蚊可栖息在牛舍和羊栏等处，幼虫孳生于泉潭、渗水坑、清水沟、溪流或稻田等水体。

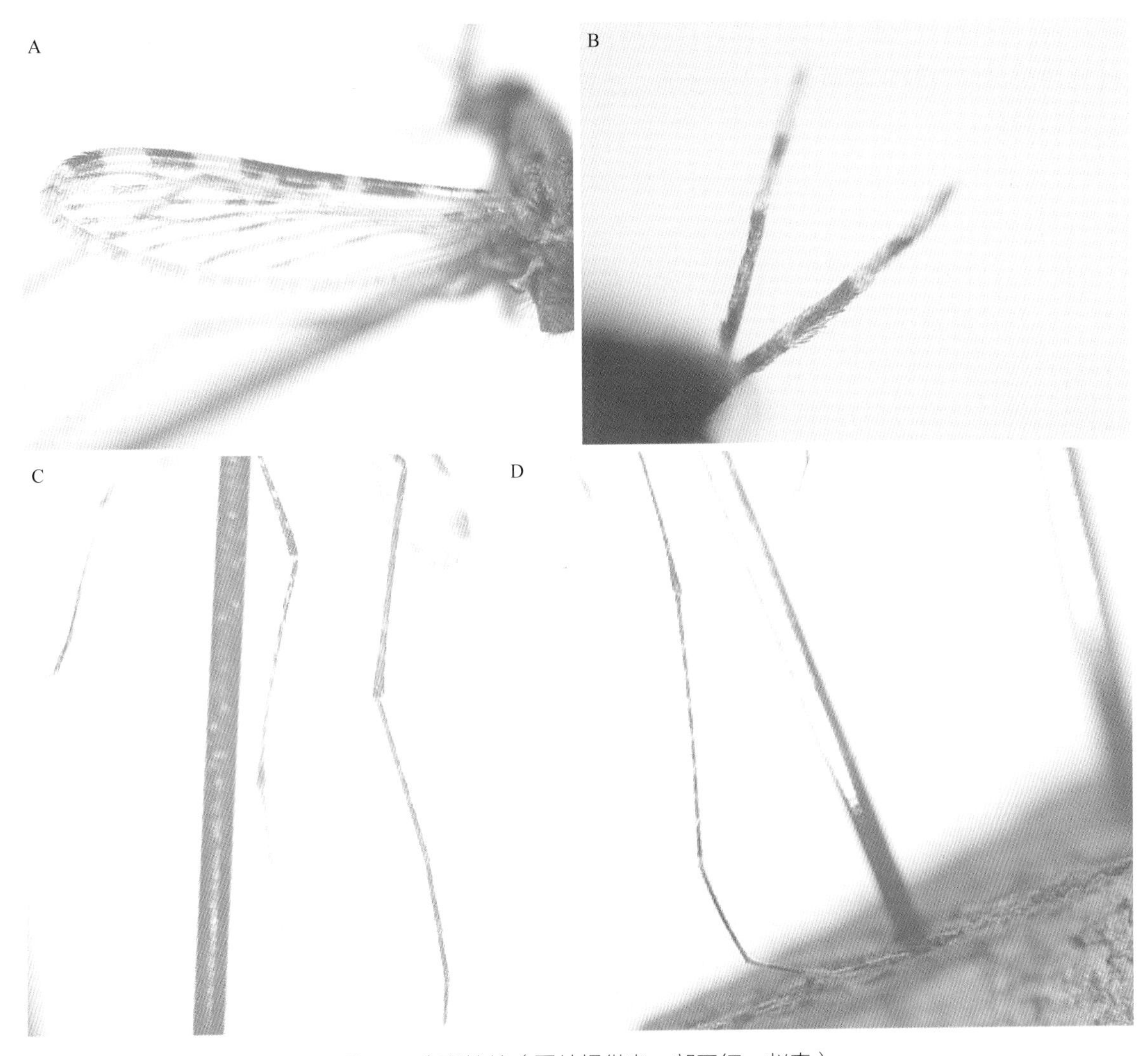

图 98 多斑按蚊（图片提供者：郭玉红，赵奇）

A. 翅；B. 触须；C. 股节、胫节白点；D. 后跗节仅节 5 全白

99 伪威氏按蚊 *Anopheles pseudowillmori* Theobald, 1910

【关联序号】无。

【同物异名】无。

【宿主范围】成蚊半家栖，嗜吸人血，是疟疾的传播媒介之一。

【地理分布】广西、云南及西藏南部地区等。

【形态结构】中型棕灰色或棕黄色蚊虫。似多斑按蚊（各足股节、胫节和跗节 1 或 1～2 有白点，后跗节仅节 5 全白，雌蚊触须端黑环宽为亚端白环的 1/3～1/2），但腹节背板Ⅱ～Ⅶ无鳞。

【生态习性】幼虫主要孳生于小水塘、水坑、蹄印、河床积水、渗出积水等。

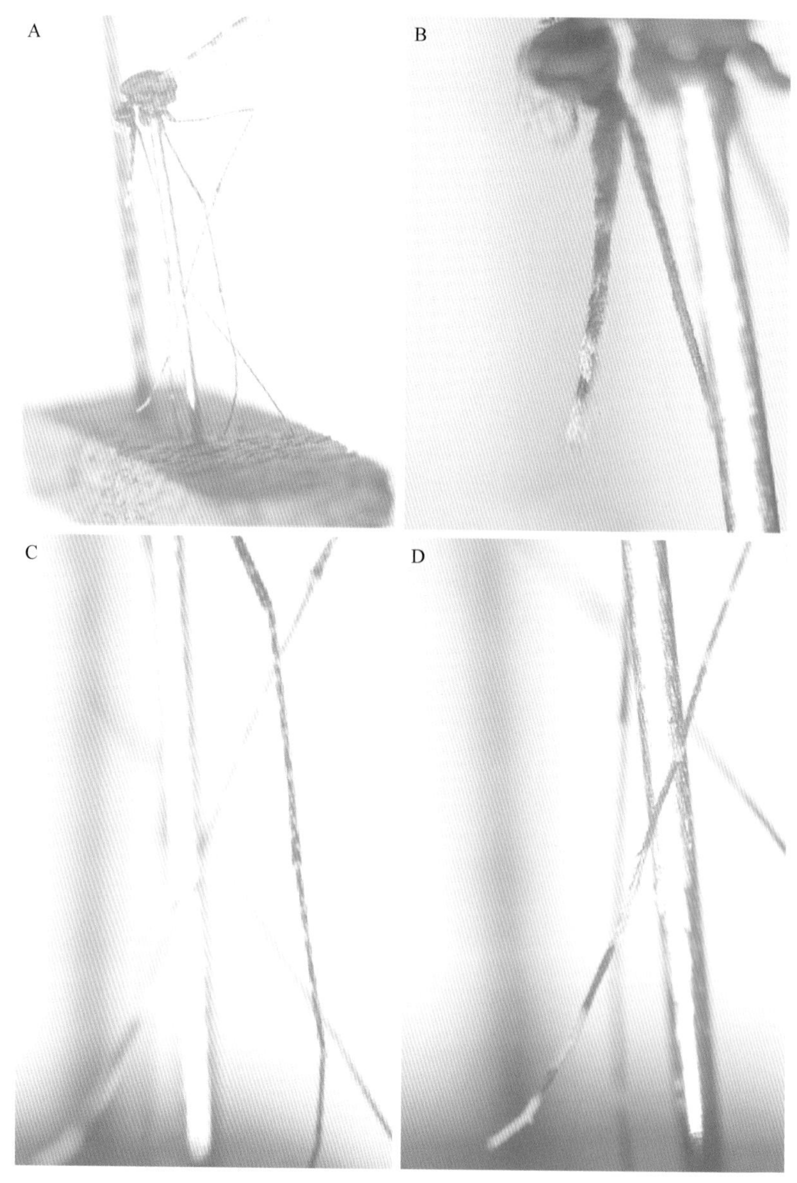

图99 伪威氏按蚊

A. 大体形态；B. 触须；C. 足白点；D. 后跗节5全白

库蚊亚科 Culicinae

【形态结构】本亚科成蚊喙直或略弯，或末端膨大，但不向后弯作钩状；小盾片三叶状，缘毛生在凸叶上；腹节背板和腹板密覆鳞片。幼虫无掌状毛；有呼吸管；腹节Ⅷ具栉。

26.2 伊蚊属

Aedes Meigen, 1818

【形态结构】成蚊喙细直，不带侧扁，末端也不膨大。两前胸前背片远离；中胸盾片通常覆盖窄鳞，后背片光裸；无气门鬃，有气门后鬃。除蟹洞蚊亚属（Subgenus *Cancrades*）外，翅纵脉 6 长，末端终止点明显超过纵脉 5 分叉处；翅鳞窄，或宽而对称。幼虫头有完全的下颚缝；触角不分节。呼吸管有梳，具 1 对呼吸管毛 1-S，但有的还有少数不明显的附毛，位于基部 1/3 之后。腹刷（4-X）至少具 3 对毛。

覆蚊亚属 Subgenus *Stegomyia* Theobald, 1901

【形态结构】雌蚊为具银白花斑的深褐到黑色小型或中型蚊虫。头：头顶平覆宽鳞，竖鳞限于后头。触角梗节有大片重叠银白或白宽鳞。触须（白线伊蚊 *Ae. albolineatus* 除外）末端背面有大银白斑或端环。胸：前胸前背片和中胸小盾片通常覆盖宽鳞。前胸腹板，至少在背侧区，有银白或白宽鳞。无中胸下后侧鬃。足：后跗节 1～2 有基白环或背白斑或节 3 有基白环或全白或暗黑。尾器：腹节Ⅷ大部内缩，略扁；腹节Ⅸ盾形。后生殖板末端略凹；尾突宽。雄蚊触须通常为喙的 3/5 或接近等长。抱肢基节背基内叶发展成比较明显的小抱器；小抱器有多种形状，但末端不具单一刚毛或附器。抱肢端节通常简单，指爪位于末端或近末端。阳茎有两侧片，具齿；肛侧片无肛毛。幼虫头：触角光滑；1-A（我国种类中白线伊蚊除外）单枝，细小。头毛 4-C 和 6-C 位于头前端；我国种类中除白线伊蚊外，4～7-C 都近似；5-C 单枝；6-C 单枝，分叉或二分叉；7-C 单枝或分 2～3 枝。腹：栉齿通常 1 列或数少而生在一骨片上。呼吸管通常较短，无管基突或仅个别种有游离的小片。梳齿接近等距分布。尾鞍完全或不完全。

100 白纹伊蚊 *Aedes albopictus* (Skuse, 1894)

【关联序号】（106.1.4）

【同物异名】无。

【宿主范围】成蚊喜好哺乳动物血液，喜刺吸人血，刺吸活动在白昼和黄昏进行，通常在日出后和日落前各有一个刺叮高峰，并以后者为主。

【地理分布】北起辽宁，途经河北、山西、陕西、甘肃天水、四川，西至藏南的墨脱以南地区均有分布。

【形态结构】具黑白相间的花纹；盾片有中央银白纵条，翅基前有一银白宽鳞簇。

【生态习性】半野生蚊种，幼虫主要孳生在城乡、郊外、林场、竹林等的竹筒、树洞、石穴、废轮胎及缸罐等容器积水中，也可孳生于植物叶腋。在某些城市中，废轮胎积水和房屋内外的水养植物是本种最常见的孳生场，也可见于下水道环境中。

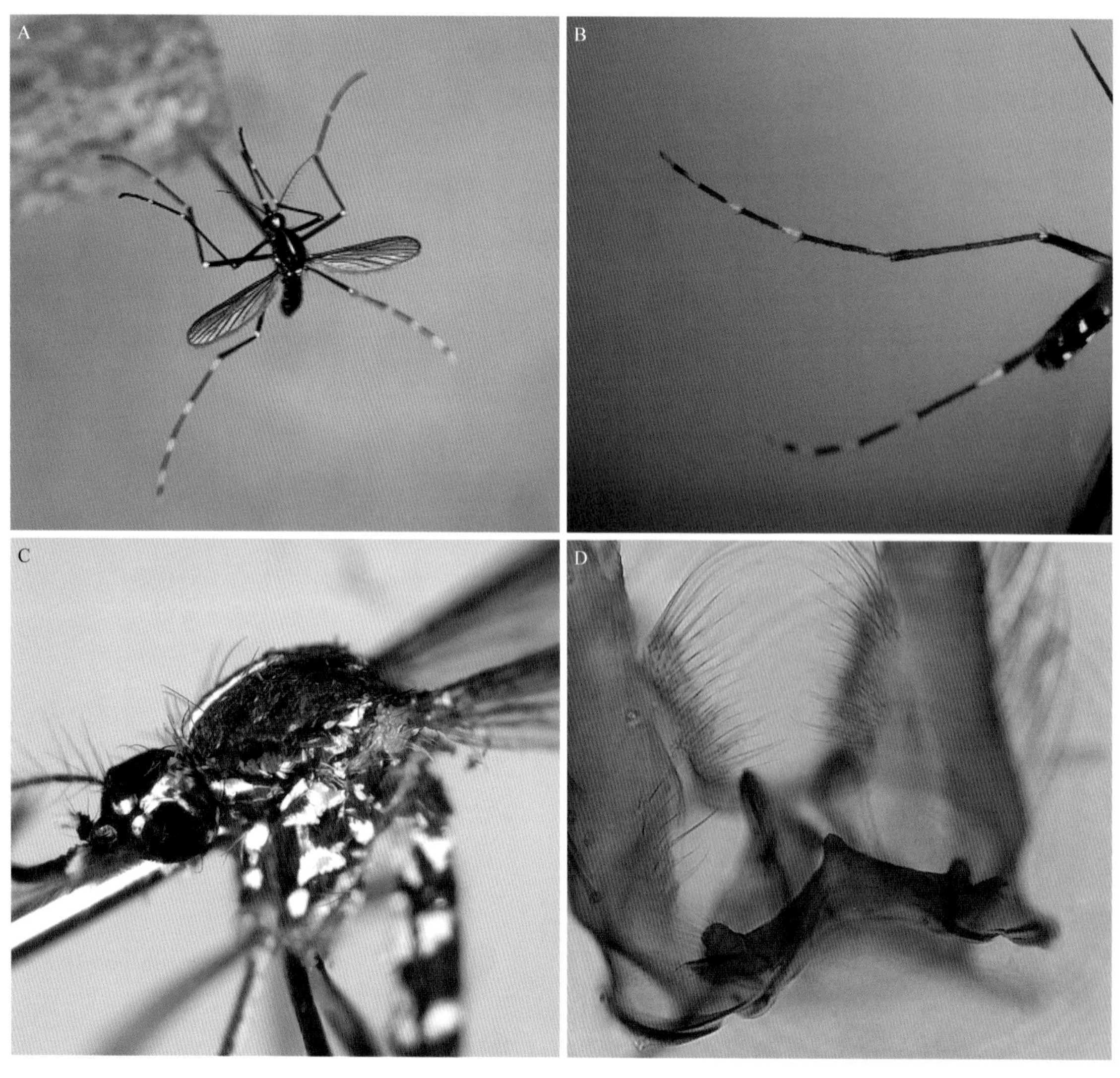

图100 白纹伊蚊（图片提供者：张宝）

A. 大体形态，中胸盾片有中央银白纵条；B. 后足跗节1～4有宽基白环，节5全白；

C. 翅基前有一银白宽鳞簇；D. 雄蚊腹节Ⅸ背板山峰状具中突

101 圆斑伊蚊 *Aedes annandalei* (Theobald, 1910)

【关联序号】(106.1.5)

【同物异名】无。

【宿主范围】已知在竹林中刺吸人血。

【地理分布】福建、广西、贵州、四川、台湾、云南、浙江。

【形态结构】成蚊盾片前端中央具有一卵圆形大白斑，白斑末端盾圆，两侧翅基前有大银白斑，雌蚊后跗节4大部或几乎全部白色，节5全部暗黑；雄蚊后跗节4部分白色或全部暗黑。

【生态习性】幼虫主要孳生于竹筒积水中。

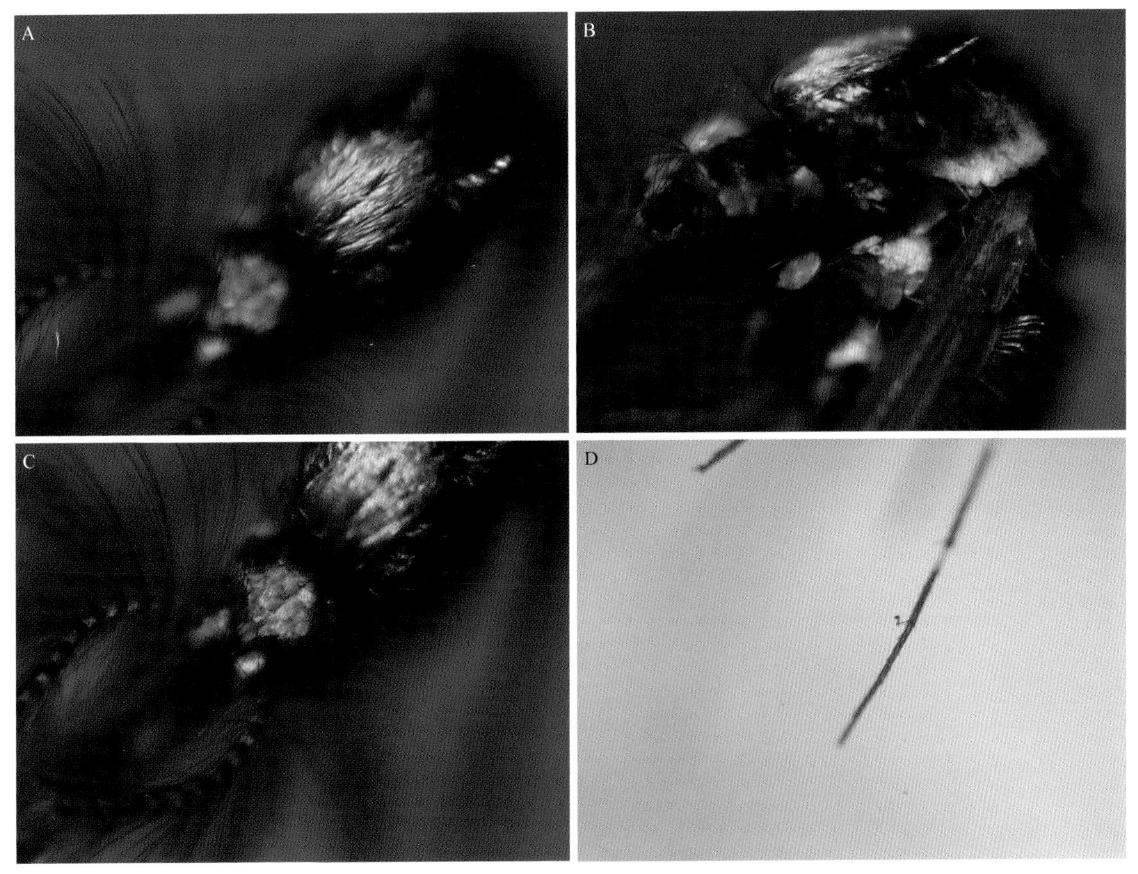

图101 圆斑伊蚊（图片提供者：郭玉红，赵奇）

A. 盾片前端中央具一卵圆形大白斑；B. 两侧翅基前有大银白斑；C. 头顶中央白斑；D. 雄蚊后跗节4全部暗黑

102 叶抱伊蚊 *Aedes perplexus* (Leicester, 1908)

【关联序号】无。

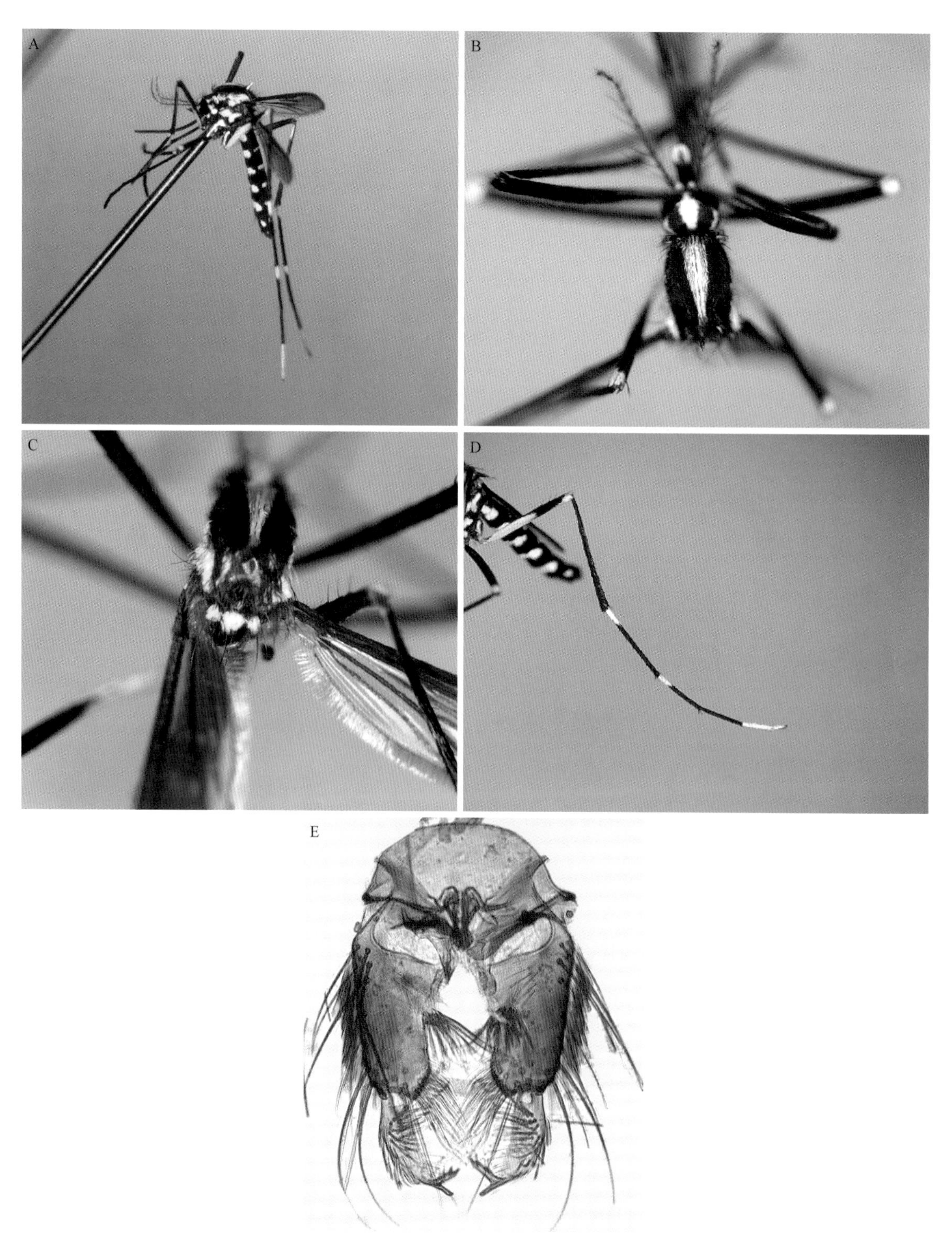

图 102　叶抱伊蚊（图片 A、B、C、D 提供者：张定；图片 E提供者：郭玉红，赵奇）

A．大体形态；B．中胸盾片具前宽后细白纵条；C．小盾片中叶和侧叶具白宽鳞；

D．后跗节 1～2 基白环，节 3 全黑，节 4 全白；E．尾器

【同物异名】无。

【宿主范围】雌蚊刺吸人血。

【地理分布】四川、云南。

【形态结构】盾片中央有一前宽后细的白色纵条，小盾片中叶具白鳞，侧叶具白鳞或呈深褐色；后跗节 3 全部暗黑而节 4 全白或接近全白。

【生态习性】幼虫孳生于竹筒积水中。

103 伪白纹伊蚊 *Aedes pseudalbopictus* (Borel, 1928)

【关联序号】（106.1.30）

【同物异名】无。

图 103 伪白纹伊蚊（图片提供者：郭玉红，赵奇）

A. 中胸盾片具白纵条；B. 气门后区具银白宽鳞；C. 盾片翅基前具白窄弯鳞；D. 大体形态

【宿主范围】雌蚊在林中或竹林中刺吸人血。
【地理分布】安徽、福建、广西、贵州、湖南、海南、江苏、江西、四川、云南、浙江。
【形态结构】类似白纹伊蚊，盾片翅基前无银白宽鳞簇而具白窄弯鳞，气门后区有银白宽鳞。
【生态习性】幼虫孳生于远离人居环境的树林或竹林的树洞和竹筒积水中。

纷蚊亚属 Subgenus *Finlaya* Theobald, 1903

【形态结构】**雌蚊** 小型或中型蚊虫。头：头顶覆盖窄鳞或平覆宽鳞或两者兼有；头顶和（或）后头有竖鳞。唇基光裸。喙通常比前股长；触须长为喙的1/8～1/4。胸：中胸盾片多数具淡白、白色、金黄或黄色等条纹、斑区等花饰；侧背片有或无鳞；小盾片具窄鳞或宽鳞或两者兼有。中胸侧板多有翅前结节下鳞簇，但多数无中胸下后侧鬃。足：前和中跗爪具齿，后跗爪简单。腹：腹节Ⅷ仅略微缩入节Ⅶ，节Ⅷ腹板大，通常侧扁；尾突短。**雄蚊** 触须比喙长或比喙短。尾器：腹节Ⅸ背板形状不一。抱肢基节无端叶，背基内叶一般不发达；抱肢端节通常简单而作臂状，指爪近末端。小抱器末端具刀叶或长刚毛。阳茎简单。肛侧片发达，有肛毛。**幼虫** 形态不一。头：触角光滑或有细刺。头毛有多种排列：有的4～6-C都位于头前端，几乎在同一水平线上；有的一侧的4～6-C靠在一起，有的则5-C位于6-C之后，等等。胸腹：少数种类体有细刺毛或星状毛。胸毛9～12-T一般正常。有腹毛12-I。栉齿不生在骨片上，排列成单行或齿区。呼吸管通常有管基突。尾鞍不完全，腹毛4-X 4～6对，位于栅区，或有少数位于栅区前。

104 白带伊蚊米基尔亚种 *Aedes albotaeniatus mikiranus* Edwards, 1922

【关联序号】无。
【同物异名】无。
【宿主范围】暂无记录。
【地理分布】贵州、海南、云南。
【形态结构】雌蚊喙具白环；盾鳞大部暗色；雄蚊喙深褐色，盾鳞大部白色。后跗节1～4有基白环。腹节Ⅱ～Ⅶ背板两侧有“T”形白斑。雄蚊抱肢基节内叶有一簇变形鳞片。
【生态习性】幼虫主要孳生于竹筒积水中。

图 104 白带伊蚊米基尔亚种（图片提供者：郭玉红，赵奇）
A. 雌蚊喙具白环；B. 雄蚊喙深褐色；C. 腹节Ⅱ～Ⅶ背板两侧有“T”形白斑；D. 后跗节 1～4 基白环

105 阿萨姆伊蚊 *Aedes assamensis* (Theobald, 1908)

【关联序号】无。

【同物异名】无。

【宿主范围】雌蚊常在森林中刺吸人血。

【地理分布】广西、贵州、海南、云南。

【形态结构】触须黑色，背片前端有一大宽短白斑（雌蚊）或前半部大部分白色（雄蚊），后跗节 1 基部和末端都有白环。腹节Ⅱ～Ⅶ腹板有突生而向后倾斜的鳞簇。

【生态习性】幼虫主要孳生于竹筒、树洞积水中。

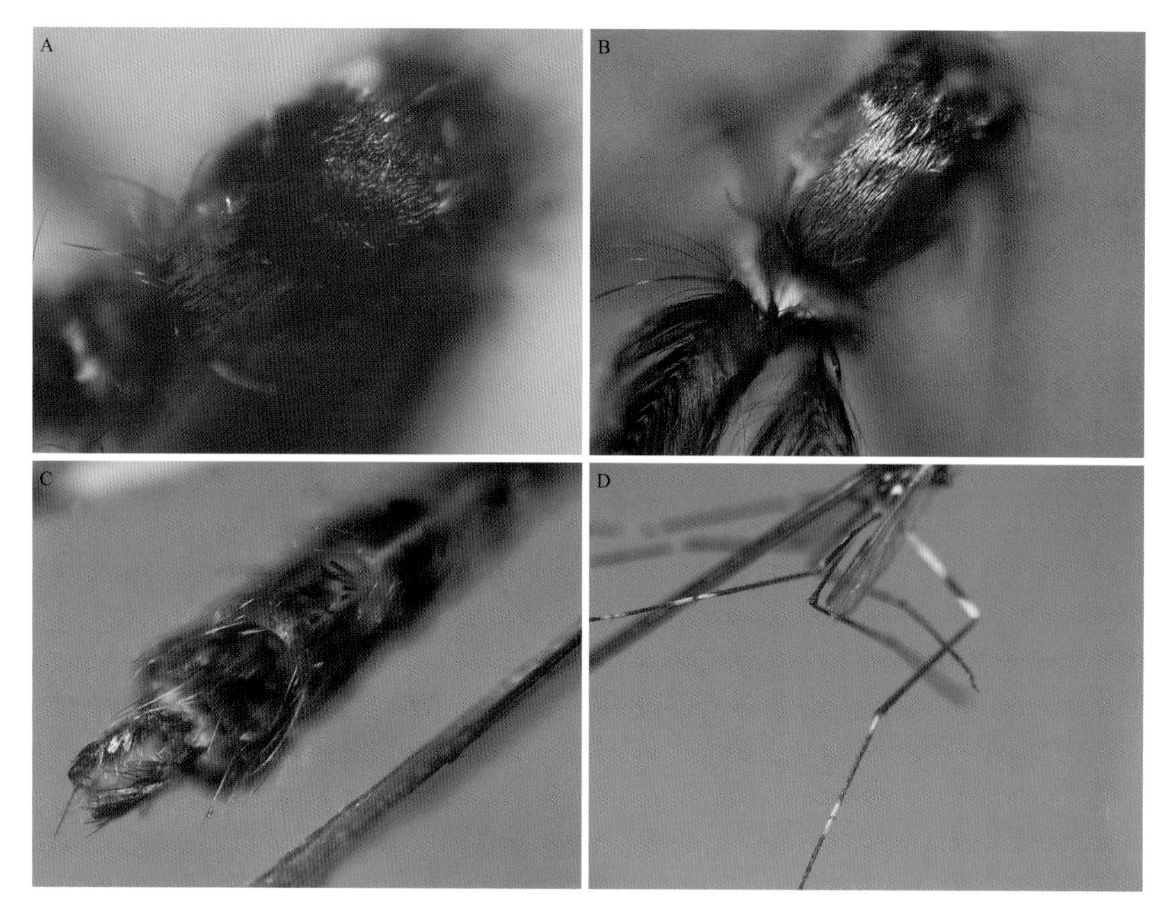

图 105　阿萨姆伊蚊（图片提供者：郭玉红，赵奇）

A. 雌蚊中胸盾片前端有一大宽短白斑；B. 雄蚊中胸盾片前半部大部分白色；
C. 腹节Ⅱ～Ⅶ腹板突生而向后倾斜的鳞簇；D. 后跗节 1 基部和末端白环

106 金线伊蚊 *Aedes chrysolineatus* (Theobald, 1907)

【关联序号】无。

【同物异名】无。

【宿主范围】国外有刺叮人的记载。

【地理分布】福建、广西、云南。

【形态结构】雌蚊喙腹面淡色区向两侧扩展，中部部分扩展到背面；雄蚊喙中部有一清晰白环，侧背片和亚气门区无鳞；后跗节 1～3 基部有宽白环。

【生态习性】幼虫主要孳生于叶腋、竹筒、树洞积水中。

图 106 金线伊蚊（图片 A、B、C、D 提供者：张定；图片 E、F 提供者：郭玉红，赵奇）

A. 大体形态；B. 中胸盾片多条不连续淡黄色纵线；C. 雄蚊喙中部清晰白环；D. 后跗节 1～3 基部宽白环；E. 雌蚊喙腹面淡色区向两侧扩展，中部部分扩展到背面；F. 尾器

107 台湾伊蚊 *Aedes formosensis* Yamada, 1921

【关联序号】(106.1.18)

【同物异名】无。

图 107　台湾伊蚊（图片提供者：郭玉红，赵奇）

A. 大体形态；B. 喙腹面淡色区；C. 亚气门区乳白宽鳞；D. 腹节背板Ⅱ～Ⅶ有白色基带；E. 尾器；F. 抱肢端节

【宿主范围】雌蚊刺吸人血。
【地理分布】福建、广西、贵州、海南、四川、台湾、西藏、云南。
【形态结构】喙腹面有淡色区；侧背片和亚气门区有乳白宽鳞，腹节背板Ⅱ～Ⅶ有白色基带。
【生态习性】幼虫孳生于竹筒、树洞、叶腋等积水中。

108 棘刺伊蚊 *Aedes elsiae* (Barraud, 1923)

【关联序号】(106.1.13)
【同物异名】无。
【宿主范围】暂无记录。
【地理分布】安徽、福建、广西、贵州、海南、河南、江西、四川、台湾、西藏、云南、浙江。

图 108 棘刺伊蚊（图片提供者：郭玉红，赵奇）
A. 喙腹面除基部和近末端黑色区外全部淡白色；B. 中胸盾片多对细鳞和窄鳞纵线；
C. 后跗节 1～3 基部和末端都有白环或白斑；D. 后跗节 5 深褐色

【形态结构】喙腹面除基部和近末端黑色区外全部淡白色；小盾片中叶平覆浅色和深褐色宽鳞；后跗节 1～3 基部和末端都有白环或白斑；节 5 深褐色。
【生态习性】幼虫孳生于石穴积水中。

109 新雪伊蚊 *Aedes novoniveus* Barraud, 1934

【关联序号】无。
【同物异名】无。
【宿主范围】暂无记录。
【地理分布】广西、贵州、四川、西藏、云南。
【形态结构】前胸后背片通常无鳞。中胸侧板有翅前结节下鳞簇；中股后面基段白色区扩展到背面。雄蚊抱肢基节背基仅有几根长刚毛。
【生态习性】幼虫孳生于竹筒、树洞等积水中。

图 109 新雪伊蚊（图片提供者：郭玉红，赵奇）
A．前胸后背片无鳞；B．中胸侧板翅前结节下鳞簇；C．中胸盾片具完全分开的大白斑；D．中股后面基段白色区扩展到背面

26.3 阿 蚊 属

Armigeres Theobald, 1901

【形态结构】头顶平覆宽鳞；喙侧扁而下弯；触角梗节、中胸小盾片和侧板及各足基节都有平覆宽鳞；无气门鬃，有或无气门后鬃。

阿蚊亚属 Subgenus *Armigeres* Theobald, 1901

【形态结构】雌蚊为大型蚊虫。触须约等于喙的 1/3 长或更短。中胸盾片不前凸至头上方；有气门后鬃，气门后区有白鳞，其后无黑鳞。有 1 根中胸下后侧鬃。雄蚊与雌蚊近似。抱肢端节的指爪排成一列，位于末端腹缘。幼虫触角光滑，但黄斑阿蚊（*Ar. theobaldi*）的幼虫具稀疏小刺。头毛 4-C 小而分枝；6-C 单枝；5，7-C 分枝。栉齿通常不超过 10 个，但黄斑阿蚊的栉齿可多至 11 个；各齿末端细削，具缝，或末端圆钝而具缝，但不深裂分。

110 贝氏阿蚊 *Armigeres baisasi* Stone & Thurman, 1958

【关联序号】无。
【同物异名】无。
【宿主范围】雌蚊刺吸人和牛血。
【地理分布】台湾、云南。
【形态结构】前胸后背片鳞全部白色；足基节具白鳞；腹节Ⅶ腹板具端白带。雄蚊抱肢端节的

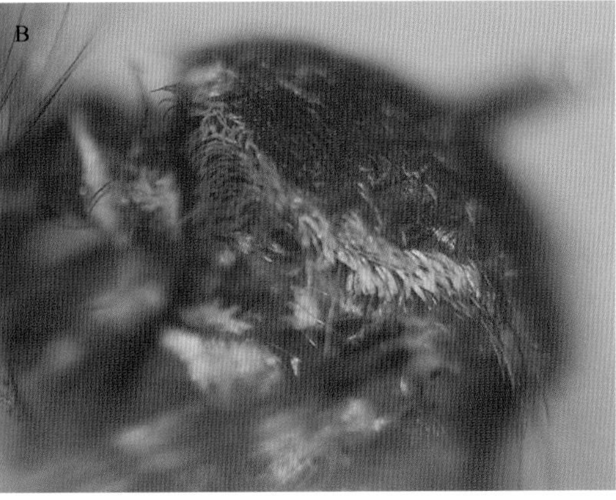

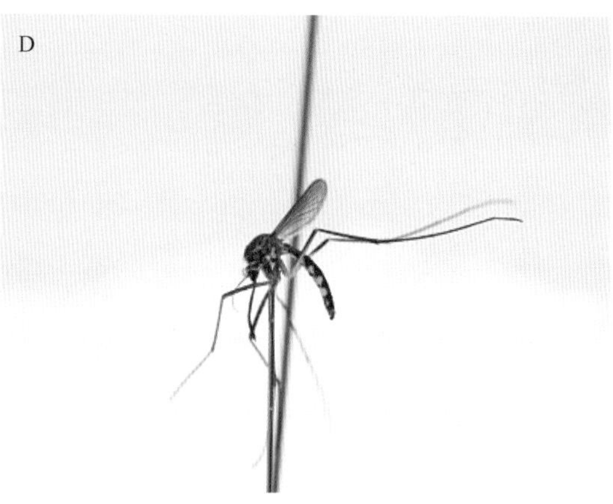

图 110 贝氏阿蚊（图片提供者：郭玉红，赵奇）
A. 腹节Ⅶ腹板具端白带；B. 前胸后背片白鳞；C. 足基节白鳞；D. 大体形态

指爪不超过节的 1/2。

【生态习性】幼虫发现于尿桶和树洞、竹筒积水中。

111 毛抱阿蚊 *Armigeres seticoxitus* Luh & Li, 1981

【关联序号】无。

【同物异名】无。

【宿主范围】暂无记录。

【地理分布】广西、云南。

【形态结构】近似骚扰阿蚊，但盾鳞较宽，前胸后背片的鳞片也较宽。雄蚊抱肢基节有 1 簇长叶状刚毛；端节具 4 个锥状指爪。

【生态习性】幼虫孳生于竹筒积水中。

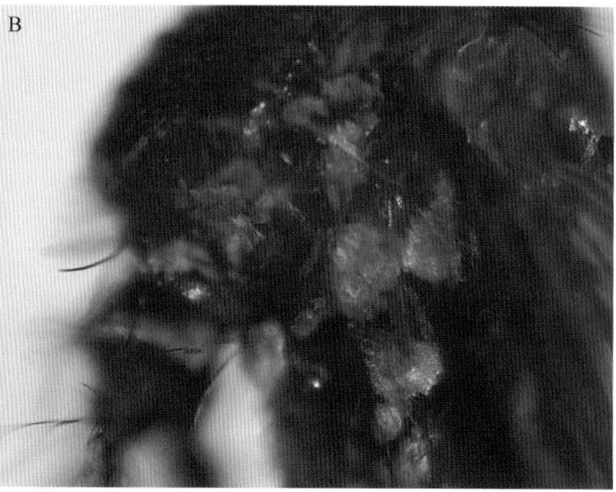

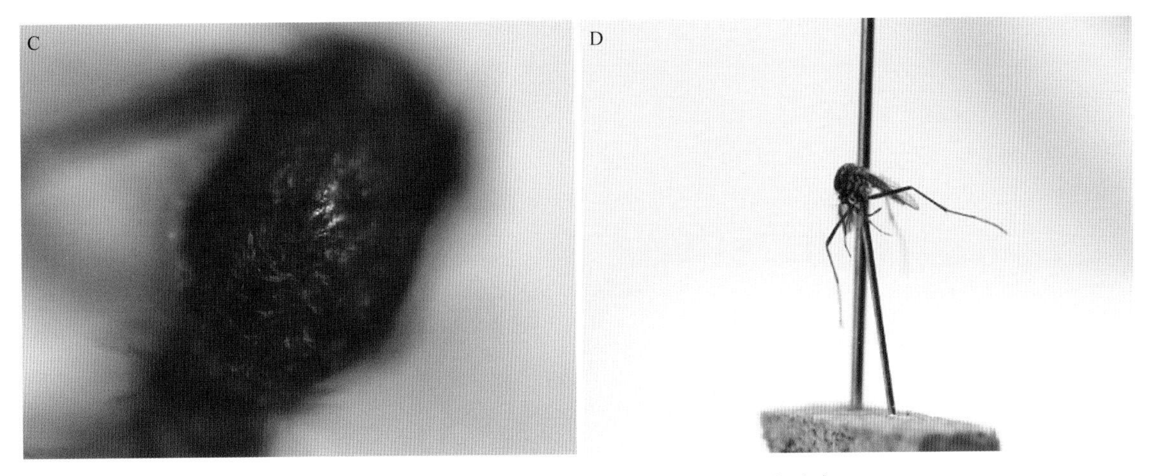

图 111 毛抱阿蚊（图片提供者：郭玉红，赵奇）

A．前胸前背片铜褐色宽鳞；B．前胸后背片上部深褐色宽鳞；C．中胸盾片铜褐色宽鳞；D．大体形态

112 骚扰阿蚊 *Armigeres subalbatus* (Coquillett, 1898)

【关联序号】（106.3.4）

【同物异名】无。

【宿主范围】雌蚊能猛烈地刺吸人血。

【地理分布】除黑龙江、吉林、辽宁、内蒙古、宁夏、青海、新疆外，全国各省份都有记载。

【形态结构】唇基光裸；中胸盾片大部覆盖稀疏铜褐色窄鳞，具侧白纵条，从盾端伸达翅基。雄蚊抱肢端节短，下压时不能伸达小抱器端刺基；小抱器只有 2 直刺。

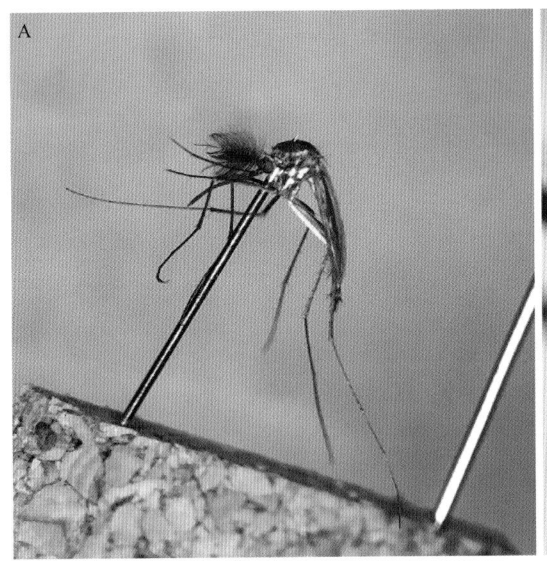

图 112 骚扰阿蚊（图片提供者：张定）
A. 大体形态；B. 唇基光裸；C. 中胸盾片侧白纵条伸达翅基；D. 腹节Ⅶ亚端窄白带

【生态习性】幼虫主要孳生于污染的植物容器和人工容器，包括清水粪坑、石穴、污水坑、轮胎积水等。成蚊在住屋、厩舍及野外草丛、防空洞等地方都有捕获。

厉蚊亚属 Subgenus *Leicesteria* Theobald, 1904

【形态结构】雌蚊为中型蚊虫。唇基有或无白鳞；触须至少为喙的 1/2 长。中胸侧扁，盾片伸达头上；无气门后鬃，气门后区平覆黑鳞和白鳞。雄蚊触须超过喙长。抱肢端节指爪集中在端部；小抱器末端刚毛形成端刺或指状突。幼虫 4-C 通常分多枝；5-C 分 2～7 枝；6-C 单枝；7-C 多数分 2 枝。栉齿少的仅 4 个，多至 95 个，形状多样，部分种类的末端裂分。呼吸管毛 1-S 单枝或分枝，单枝的粗长，具侧芒。尾鞍具背和腹 2 片，或仅具背片。

113 五指阿蚊 *Armigeres digitatus* (Edwards, 1914)

【关联序号】无。
【同物异名】无。
【宿主范围】雌蚊可刺吸人血。
【地理分布】台湾、云南。
【形态结构】跗节无白环；前胸侧板到前足基节仅有一黑鳞带；腹节Ⅱ～Ⅶ背板仅有白色侧斑。雄蚊抱肢端节末端不扩张，具 5 指状指爪。

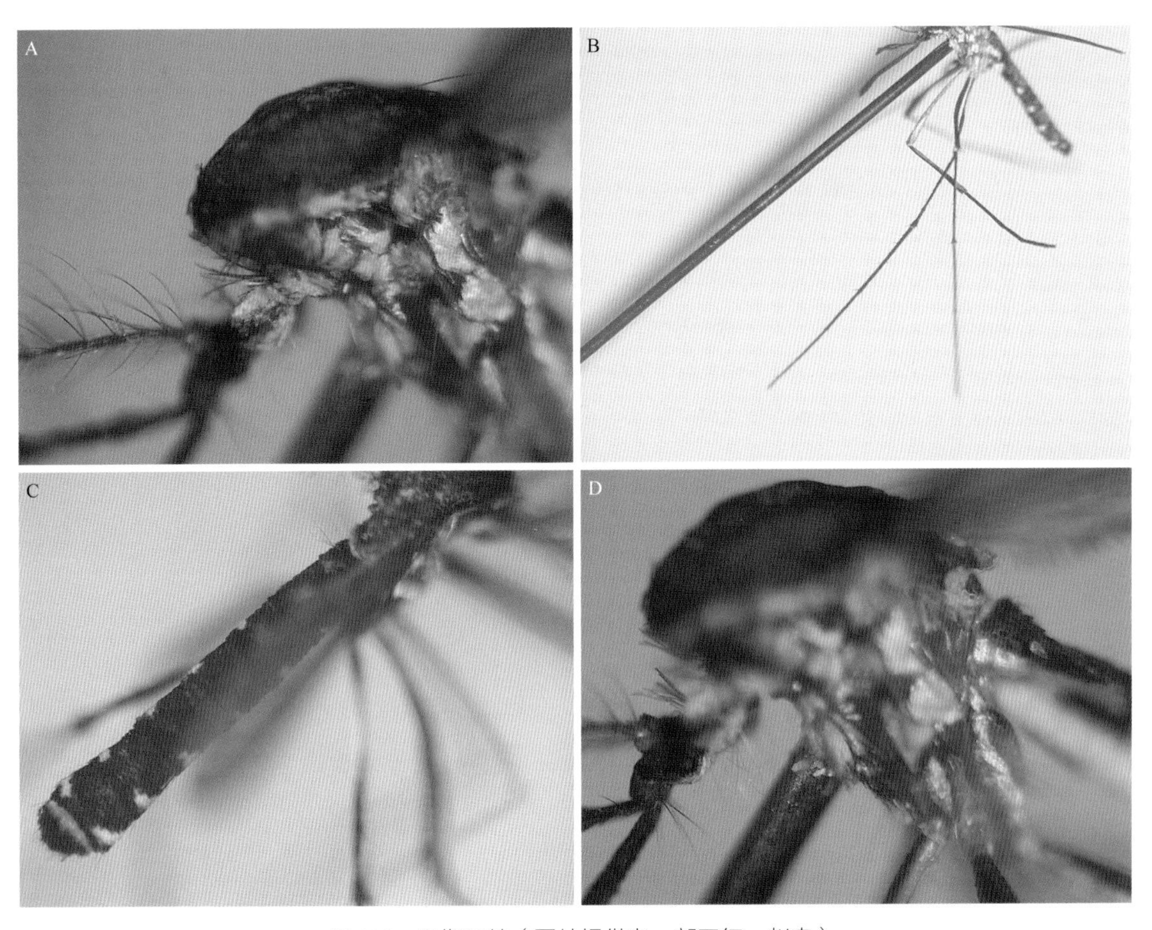

图 113 五指阿蚊（图片提供者：郭玉红，赵奇）

A. 前胸侧板到前足基节仅有一黑鳞带；B. 跗节无白环；C. 背板仅有白色侧斑；D. 足基节白鳞

【生态习性】幼虫孳生于竹筒积水中。

114 黄色阿蚊 *Armigeres flavus* (Leicester, 1908)

【关联序号】无。

【同物异名】无。

【宿主范围】暂无记录。

【地理分布】台湾、云南。

【形态结构】跗节有白环；中胸后背片具一小丛细短刚毛；腹节Ⅱ～Ⅵ背板有窄黄端带。雄蚊抱肢端节末端扩张，具 4～6 根长钝指爪，小抱器具 2～3 根粗刺和许多长刚毛。

【生态习性】幼虫孳生于竹筒积水。本种具有特殊的产卵习性，将卵粘在后足跗节 1 末端或胫节和跗节 1 之间，然后通过足将卵放入有很小洞眼的竹筒，卵遇水即可孵化。

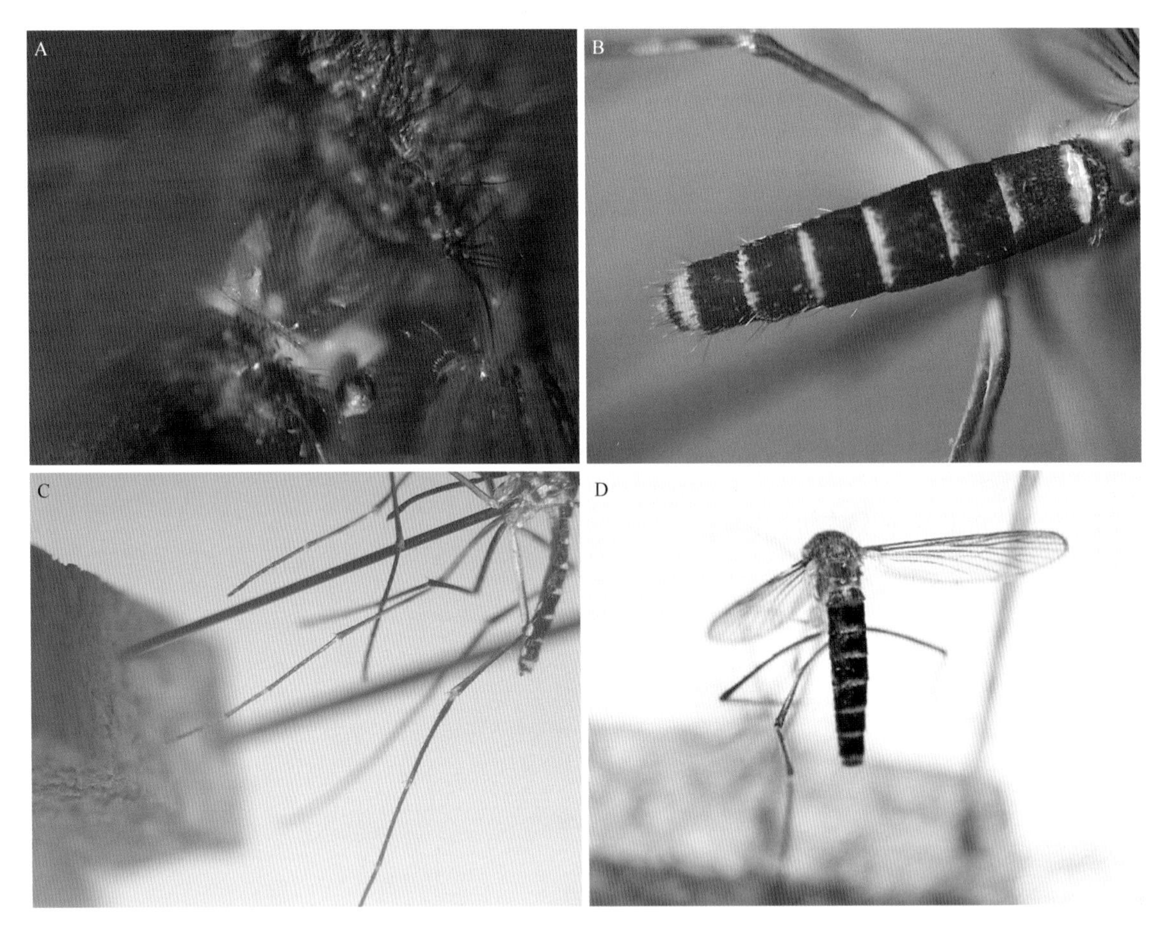

图 114　黄色阿蚊（图片提供者：郭玉红，赵奇）

A．中胸后背片具一小丛细短刚毛；B．腹节Ⅱ～Ⅵ背板有窄黄端带；C．跗节白环；D．大体形态

115 白斑阿蚊　*Armigeres inchoatus* Barraud, 1927

图 115　白斑阿蚊（图片提供者：郭玉红，赵奇）

大体形态

【关联序号】无。

【同物异名】无。

【宿主范围】雌蚊可刺吸人血。

【地理分布】广西、云南。

【形态结构】跗节有白环；唇基光裸；触须末端暗色；腹节背板仅有斜形侧白斑。抱肢端节末端扩张，具 12～14 个指爪；小抱器具 5～6 根粗壮端刺。

【生态习性】幼虫孳生于竹筒积水中。

116 巨型阿蚊

***Armigeres magnus* (Theobald, 1908)**

【关联序号】无。

【同物异名】无。

【宿主范围】雌蚊可刺吸人血。

【地理分布】广西、贵州、海南、云南。

【形态结构】腹节背板具黄色基斑。雄蚊抱肢端节具指爪 9～11 个，斜位于末端。小抱器具 4 根指状刚毛。

【生态习性】幼虫孳生于竹筒、树洞、容器及叶腋等积水中。

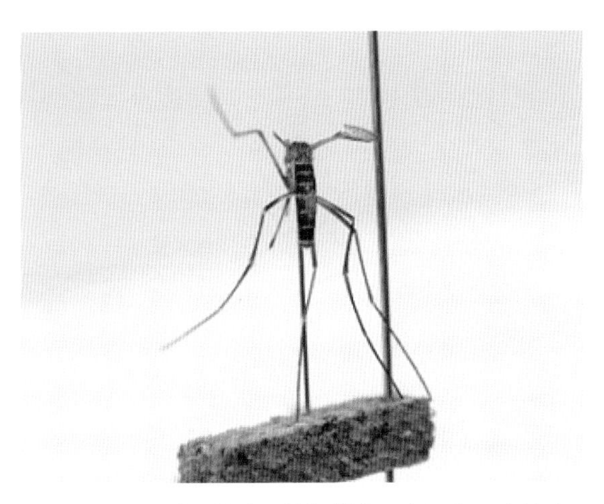

图 116 巨型阿蚊（图片提供者：郭玉红，赵奇）
大体形态

26.4 库 蚊 属

***Culex* Linnaeus, 1758**

【形态结构】雌蚊有食窦甲。雄蚊肛侧片有刺冠。幼虫呼吸管毛 1-S 有 3～7 对，并于腹侧各排列成一行，或有 7～14 株在腹面排成一曲折行；2-S 仅 1 对，生于末端背位。

路蚊亚属 Subgenus *Lutzia* Theobald, 1903

【形态结构】成虫有中胸后侧下鬃 4 根以上。幼虫全面特化。

117 贪食库蚊 *Culex halifaxia* Theobald, 1903

【关联序号】(106.4.8)

【同物异名】无。

【宿主范围】雌蚊吸食野生鸟血为主，偶侵袭人畜。曾有实验感染班氏丝虫的微丝蚴，可在其体内发育为成熟幼虫。

【地理分布】除黑龙江、吉林、内蒙古、宁夏、青海、山西、新疆和西藏外，全国各省份都有记载。

【形态结构】胸：中胸下后侧鬃4根以上。腹：腹节背板有端部淡色横带。足：各股节、胫节有暗鳞和淡鳞掺杂形成麻点和麻斑，可呈纵走点线。雄蚊尾器阳茎侧板有1簇细齿形成齿突。

【生态习性】幼虫孳生于盆罐积水、污水坑、洼地、池沼、稻田、河渠、石穴、树洞积水等，捕食孑孓，以一龄幼虫的掠食性最强，当共栖蚊种数量减少时，常会种内自相残食。成蚊野栖。

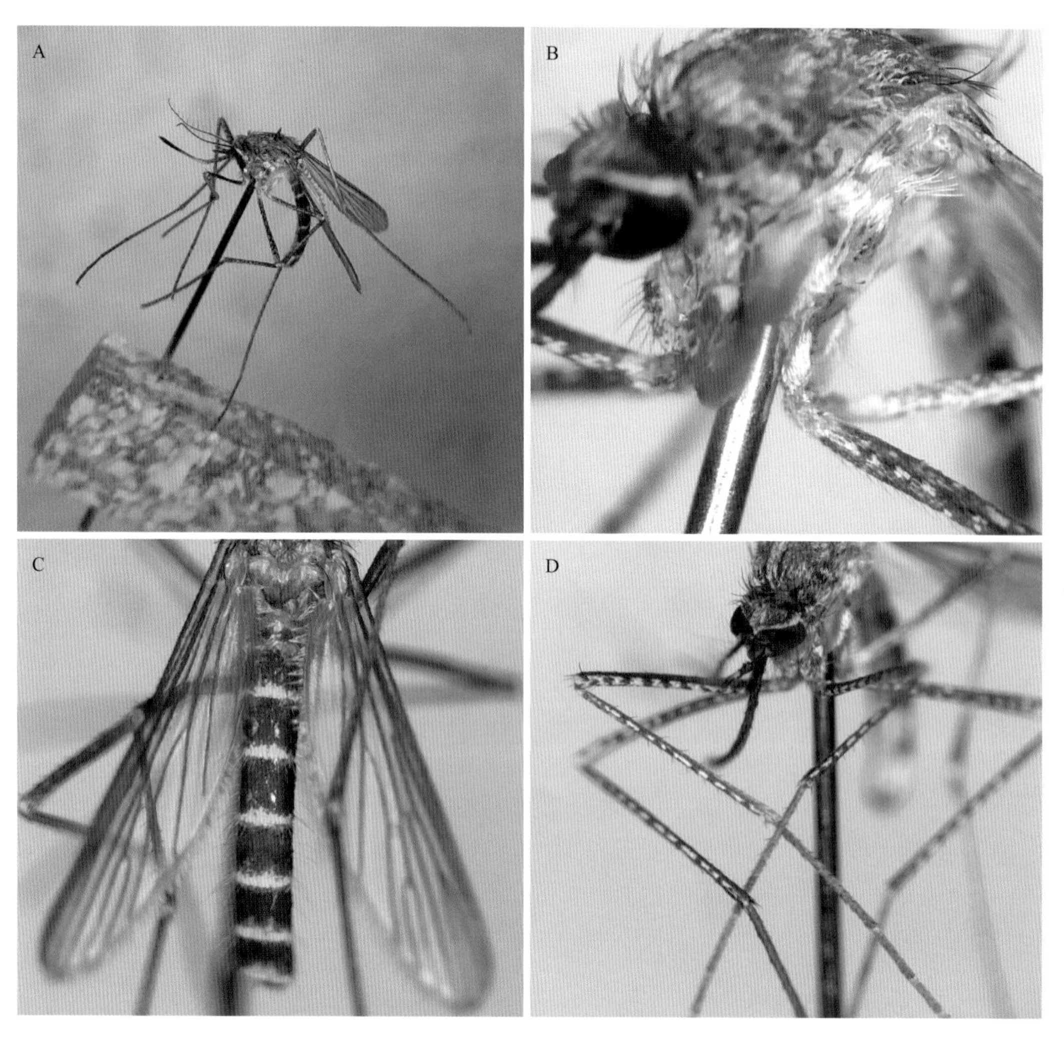

图117 贪食库蚊（图片提供者：张定）

A．大体形态；B．中胸下后侧鬃4根以上；C．腹节Ⅱ～Ⅶ背板端位淡色横带；

D．各股节、胫节有暗鳞和淡鳞掺杂形成麻点和麻斑，可呈纵走点线

真黑蚊亚属 Subgenus *Eumelanomyia* Theobald, 1909

【形态结构】雄蚊触须短，为喙长的1/6～4/5（里奇库蚊可达9.5/10）。触角鞭分节1～11上有

大小毛轮交互排列。阳茎卵圆形或椭圆形，侧板简单，其末端圆或钝，间背桥中位；侧板有小齿（兴隆库蚊例外）。

118 细须库蚊
Culex tenuipalpis Barraud, 1924

【关联序号】无。
【同物异名】无。
【宿主范围】暂无记录。
【地理分布】广西、贵州、西藏、云南。
【形态结构】抱肢基节仅有一根亚缘毛；端节细长，中段及末段都有感觉毛；阳茎侧板椭圆形。雄蚊触须长为喙的1/2，腹节背板有基部淡色横带。
【生态习性】幼虫孳生于石穴和树洞积水、溪涧渗出水等。

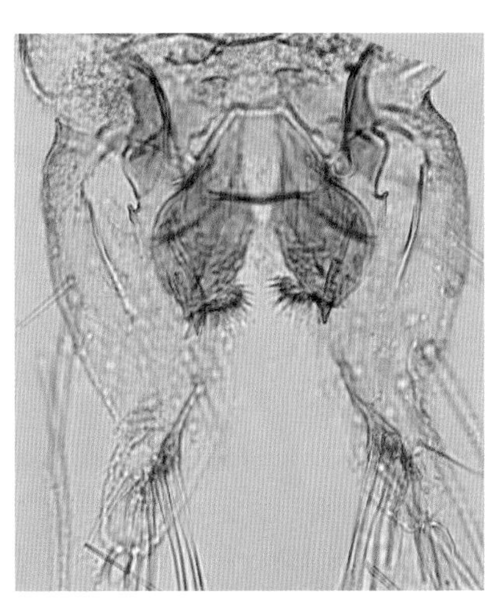

图 118 细须库蚊（图片提供者：郭玉红，赵奇）
尾器

簇角蚊亚属 Subgenus *Lophoceraomyia* Theobald, 1905

【形态结构】雄蚊触角某些鞭节上有特化的毛簇或鳞簇；除翅尖和翅前缘外，翅鳞稀疏；雌蚊食窦甲窄叶片状，食窦弓前区无划界。

119 思茅库蚊
Culex szemaoensis Wang & Feng, 1964

【关联序号】无。

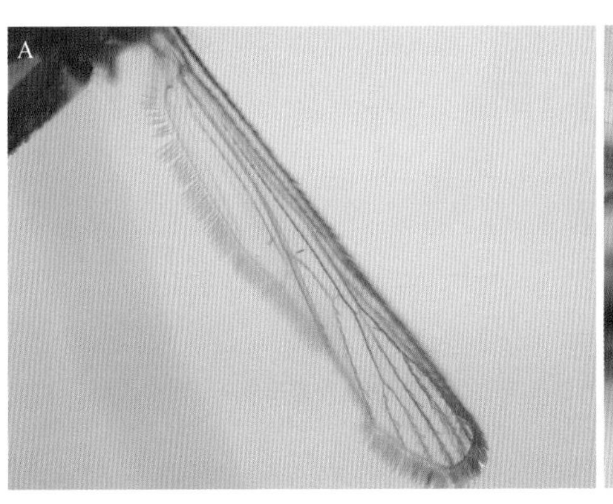

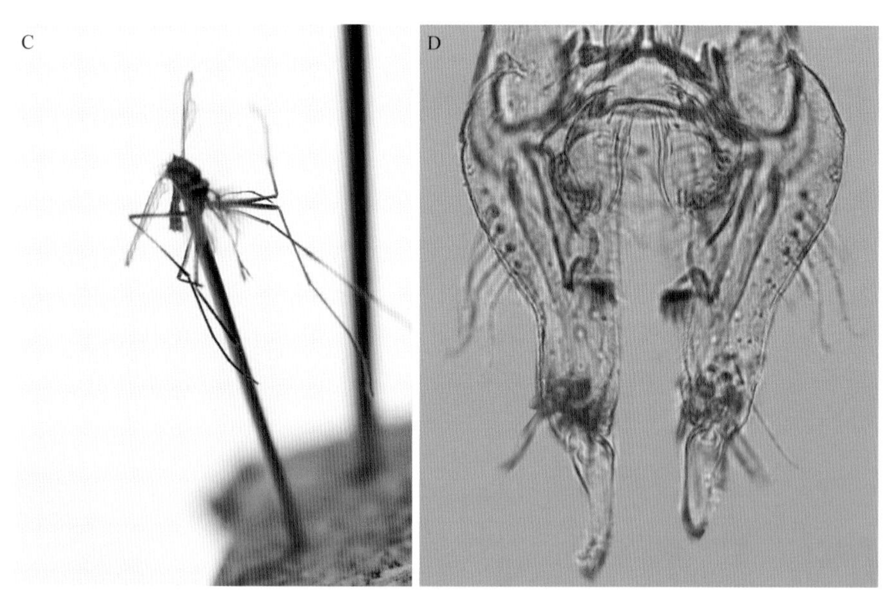

图 119 思茅库蚊（图片提供者：郭玉红，赵奇）

A. 除翅前缘与翅尖外，翅鳞特别稀少；B. 雄蚊触角鞭节 5～8 有特化毛簇；C. 大体形态；D. 尾器

【同物异名】无。

【宿主范围】暂无记录。

【地理分布】云南。

【形态结构】除翅前缘与翅尖外，翅鳞特别稀少。雄蚊触角鞭分节 5～8 有特化毛簇，节 5 有约 5 片末端尖锐长度递增的窄鳞，最长的一片伸达节 9。

【生态习性】幼虫孳生于竹筒、树洞、河床积水。偶见于盆罐、叶腋等。成蚊在竹林、树林中捕获。

库状蚊亚属 Subgenus *Culiciomyia* Theobald, 1907

【形态结构】雄蚊触须第 3 节前段腹面有 1 行矛状鳞斜挂；幼虫尾刷毛 8 株。

120 脆弱库蚊 *Culex fragilis* Ludlow, 1903

【关联序号】无。

【同物异名】无。

【宿主范围】暂无记录。

【地理分布】云南。

【形态结构】腹节背板全暗。雄蚊抱肢端节齿脊特长。

【生态习性】幼虫可以孳生于木槽、石穴、蹄印、沟渠、人工容器及树洞、池塘乃至罐头盒积水中等。

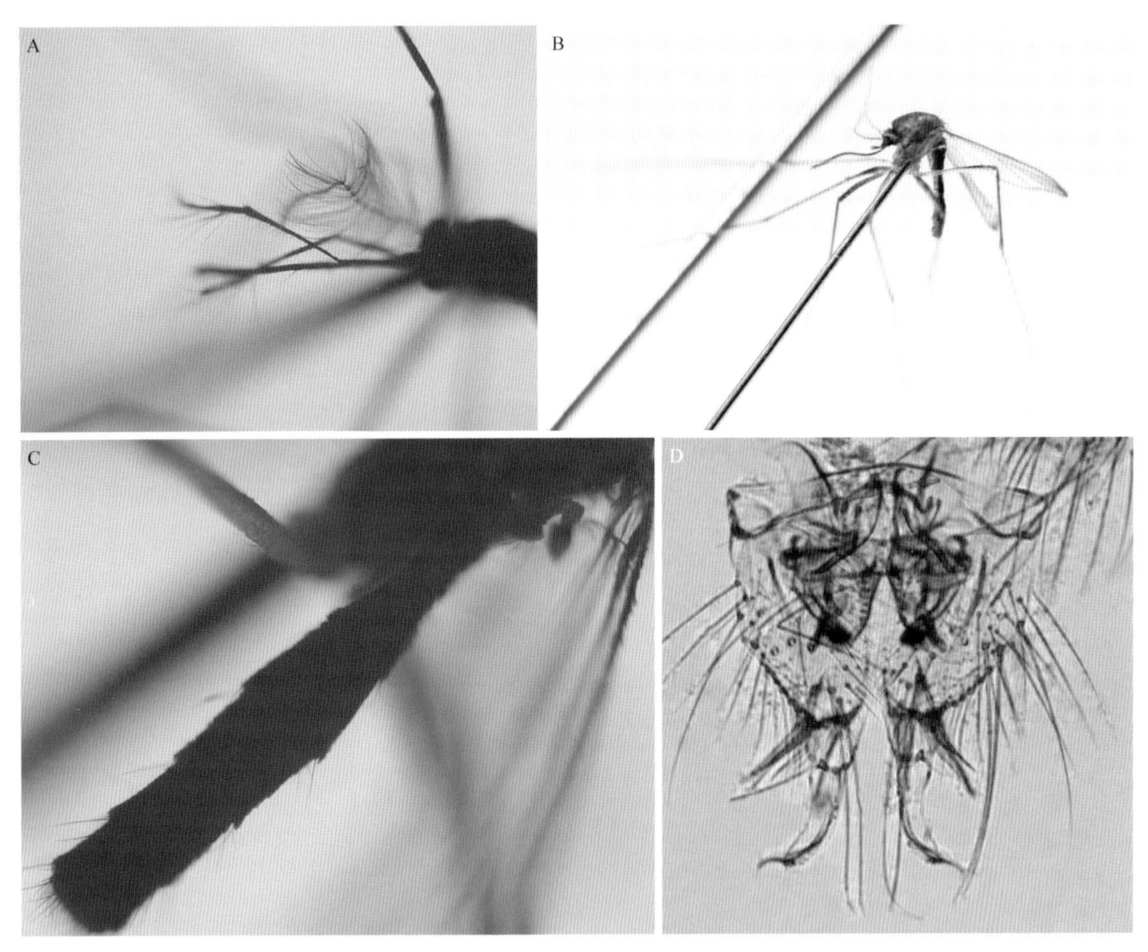

图 120 脆弱库蚊（图片提供者：郭玉红，赵奇）

A. 雄蚊第 3 节触须毛状鳞斜挂；B. 大体形态；C. 腹板全暗；D. 尾器，抱肢端节齿脊特长

库蚊亚属 Subgenus *Culex* Linnaeus, 1758

【形态结构】阳茎侧板复杂，分为一些叶片和突起（中华库蚊例外）。幼虫无特殊亚属特征，但一般可由下列综合特征与其他亚属相区别：口刷毛多而细，非梳状；前胸毛 1～3-P 均不分枝，约等长或 3-P 稍短；呼吸管有梳齿；腹毛 4-X 10 株或更多。

尖音库蚊组 *Culex pipiens* group

121 致倦库蚊 *Culex pipiens quinquefasciatus* Say, 1823

【关联序号】（106.4.3）

【同物异名】无。

【宿主范围】嗜吸人血，兼吸犬、猪、牛、羊、马等家畜及鸡、鸭、鹅、鸽等家禽的血。

【地理分布】安徽、河南、江苏、陕西、上海、西藏及这些地区以南我国广大地区。

【形态结构】阳茎腹内叶外伸部分长而宽，呈叶状，末端钝。阳茎侧板背中叶末端稍尖。

【生态习性】幼虫常孳生于污染的水体，如粪坑、水坑、水沟、水池、水缸、容器等，在清水中也偶可发现。成蚊为常见的家栖蚊种，在黎明和黄昏有两个活动高峰，或仅出现一个黄昏高峰。在 25℃左右的温度下，致倦库蚊的平均生活史周期为 9～10 天，雌蚊羽化后 3 天左右就能吸血；在 18～29℃，温度与生殖营养周期呈负相关。多数吸血雌蚊一生能多次产卵，多至 5 次。

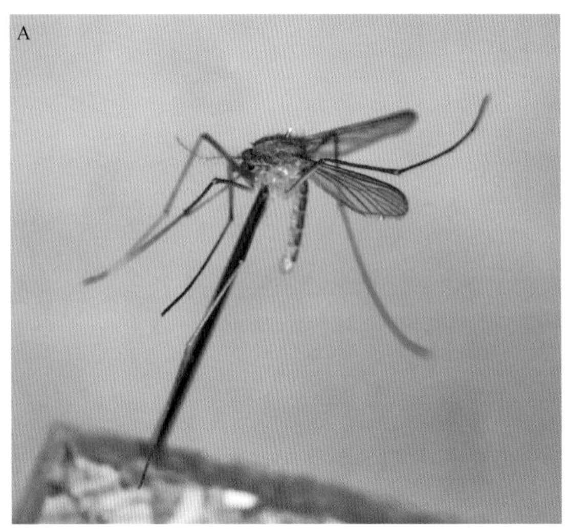

图 121　致倦库蚊（图片提供者：张定）

A．大体形态；B．腹节背板Ⅱ～Ⅶ半月形淡色基带

122 淡色库蚊 *Culex pipiens pallens* Coquillett, 1898

【关联序号】无。

【同物异名】无。

【宿主范围】嗜吸人血，兼吸畜和禽血。

【地理分布】安徽、甘肃、河北、河南、湖北、黑龙江、吉林、江苏、辽宁、内蒙古、宁夏、

山东、山西、陕西、浙江等省（自治区）。

【形态结构】雄蚊尾器阳茎侧板腹内叶外伸部分宽而呈叶状，背中叶末段平齐或圆钝。

【生态习性】幼虫孳生于污水坑、污水沟、水塘、水田、水池、洼地积水、容器积水等处。成蚊栖息在人房、畜舍、薯窖、石缝、土洞、磨坊、水井、防空洞、竹林、树丛、桥下等处。刺叮高峰在黄昏，季节分布因地区不同而不同，在长江流域一带，2～12 月都可以发现幼虫，8～9 月达到数量高峰，以成蚊越冬。

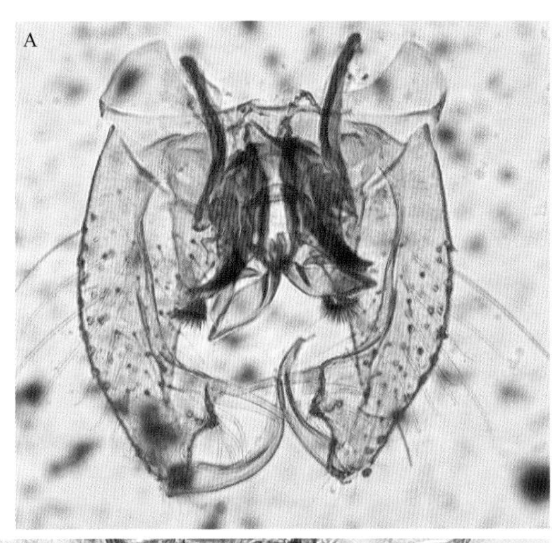

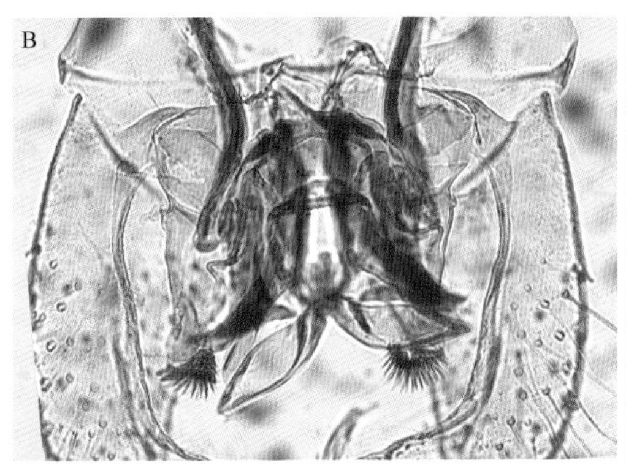

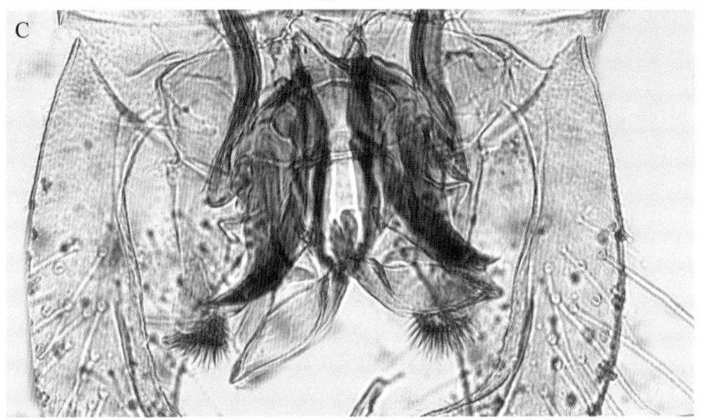

图 122 淡色库蚊（图片提供者：郭玉红，赵奇）

A. 尾器；B. 雄蚊尾器阳茎侧板背中叶末端平齐；C. 雄蚊尾器阳茎侧板内叶外伸部分宽而呈叶状

二带喙库蚊组 *Culex bitaeniorhynchus* group

123 中华库蚊 *Culex sinensis* Theobald, 1903

【关联序号】（106.4.27）

【同物异名】无。

【宿主范围】嗜吸畜血，兼吸人血。

【地理分布】除黑龙江、吉林、辽宁、内蒙古、青海、山西、陕西、西藏和新疆无记录外，全国分布。

【形态结构】各足股节、胫节前面有麻点；翅无淡鳞麻点，翅鳞全暗；腹节背板有端部淡色横带，并常兼有基白带；阳茎侧板简单。

【生态习性】幼虫常孳生于富含绿藻的大面积水体，如池塘、沼泽、稻田，偶也见于容器积水。成蚊夜间侵袭人房畜舍，夜间活动高峰在黄昏后（20时左右），之后逐渐下降，黎明前（5点）又有一活动高峰，整夜活动以上半夜为主。

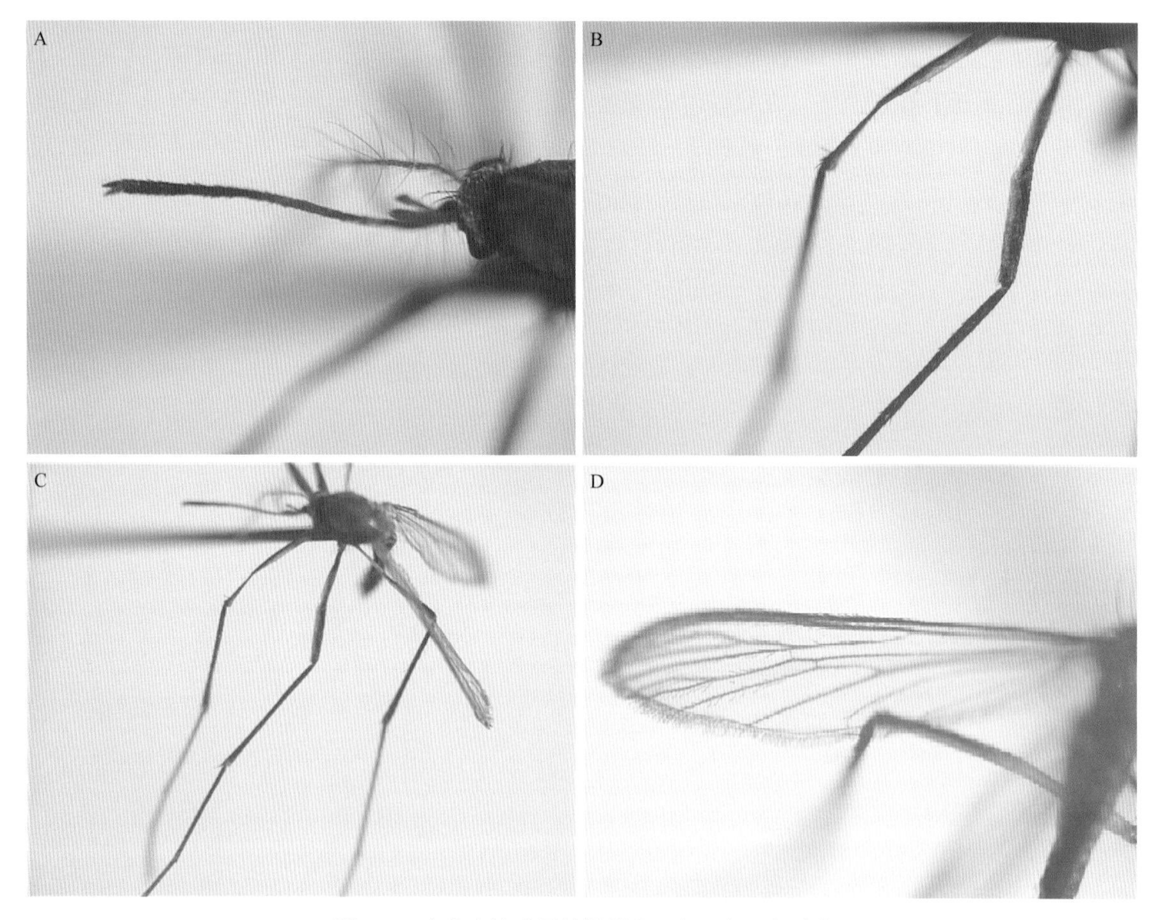

图123 中华库蚊（图片提供者：郭玉红，赵奇）
A. 喙中部白环；B. 中足股节、胫节麻点；C. 大体形态；D. 翅

海滨库蚊组 *Culex sitiens* group

124 白霜库蚊 *Culex whitmorei* (Giles, 1904)

【关联序号】（106.4.34）

【同物异名】惠氏库蚊 *Culex whitmorei* Giles, 1904。

【宿主范围】嗜吸牛血，偶吸人血或猪血。

【地理分布】 安徽、福建、广东、广西、贵州、海南、河南、湖北、湖南、吉林、江苏、江西、辽宁、山东、四川、台湾、西藏、云南、浙江。

【形态结构】中胸盾片前2/3盖以稀疏白鳞，后1/3有4条白色纵走条纹；前、中股节前面有淡鳞麻点；后股前面主要为淡色或有暗鳞麻点。

【生态习性】幼虫孳生于稻田、池塘、山溪缓流、沼泽、水坑、灌溉沟渠和临时积水等。整夜活动，黄昏后（20时左右）有一明显活动高峰。约5月初开始出现，7～8月为其密度高峰，9月下旬以后逐渐下降而消失。在我国南方亚热带地区几乎常年活动。

图124　白霜库蚊（图片提供者：郭玉红，赵奇）

A. 中胸前部稀疏白鳞；B. 股节淡鳞麻点；C. 头部；D. 喙

26.5 领蚊属 *Heizmannia* Ludlow, 1905

【形态结构】中胸盾片覆盖带金属光泽的宽鳞或较宽的鳞片；多数种类前胸前背片特大，左右2片在中胸背板前近靠或几乎相接；中胸后背片有（领蚊亚属）或无一簇小刚毛（无鬃蚊亚属）。腹节背板有显著银白或白色三角形基侧板。幼虫与伊蚊的近似。

领蚊亚属 Subgenus *Heizmannia* Ludlow, 1905

【形态结构】成蚊中胸后背片有一小簇刚毛，有的并有少数鳞片。雄蚊触角短羽状，抱肢基节有发达的亚端叶，具 1 或 2 亚端刺。幼虫腹毛 4-X 多数单枝或分 2 枝；如全部或大部分 3 枝以上，则栉齿超过 30 个。

125 线喙领蚊 *Heizmannia macdonaldi* Mattingly, 1957

【关联序号】无。

【同物异名】无。

图 125 线喙领蚊（图片提供者：郭玉红，赵奇）

A. 翅羽鳞宽；B. 喙基段腹面白色纵线；C. 中胸盾片金属光泽宽鳞；D. 前胸前背左右 2 片在中胸背板前近靠

【宿主范围】雌蚊在竹林中刺吸人血。

【地理分布】台湾、云南。

【形态结构】喙基段腹面通常有白色纵线；前胸前背片和后背片全部覆盖银白或白鳞；翅羽鳞宽。幼虫部分栉齿末端形成尖刺，部分末端圆钝而具缝，6-C 通常分 3 枝以上。

【生态习性】幼虫孳生在竹筒积水中。

126 多栉领蚊 *Heizmannia reidi* Mattingly, 1957

【关联序号】无。

【同物异名】无。

【宿主范围】嗜吸人血。

【地理分布】海南、台湾、云南。

【形态结构】喙特长，至少为前股的 1.2 倍长；前胸后背片具黑鳞；翅羽鳞宽或较宽；后股前面基段无暗腹纵线。幼虫栉齿 30 个以上；腹毛 4-X 都分 3 枝以上。

【生态习性】幼虫孳生在树洞和竹筒积水中。

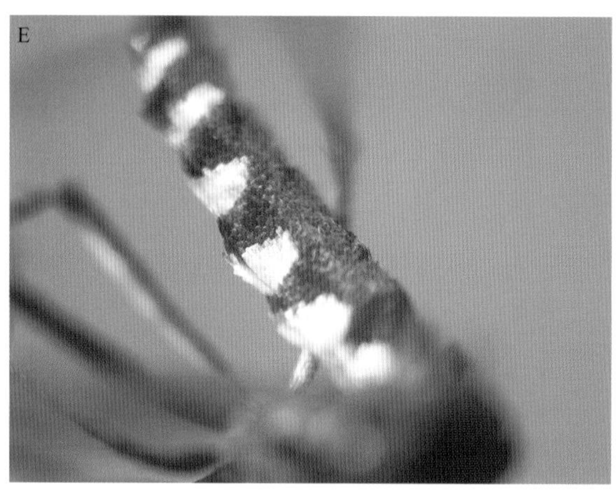

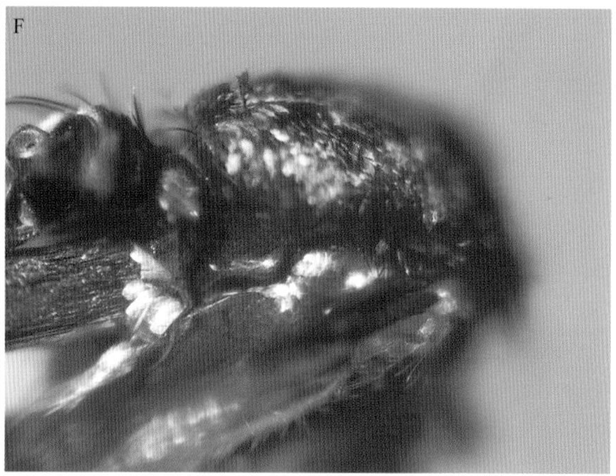

图 126 多栉领蚊（图片提供者：郭玉红，赵奇）

A. 喙至少为前股的 1.2 倍长；B. 翅羽鳞较宽；C. 后股前面基段无暗腹纵线；D. 头顶中央银白斑；
E. 腹节背板有显著银白或白色三角形基侧板；F. 前胸后背片具黑鳞

26.6 尤蚊属

Udaya Thurman, 1954

【形态结构】具银白鳞饰的棕色小型蚊虫。无气门鬃，具气门后鬃。翅腋瓣光裸或仅具少量短缘毛。后足跗节 2～4 具明显的基白环。雄蚊触须与喙约等长或略长于喙。具小抱器，载肛片具 1～2 个端齿。幼虫 5-C 单枝，长于 4，6-C。栉齿少于 10 个，排为 1 行。

127 银尾尤蚊 ***Udaya argyrurus* (Edwards, 1934)**

【关联序号】无。
【同物异名】无。
【宿主范围】暂无记录。
【地理分布】云南。
【形态结构】胸侧板具 4 个银白鳞簇，腹节背板具银白基侧斑。腹节Ⅷ具基中银白斑。各足跗节 1～3 具基白环，后足跗节 4 几乎全白。雄蚊触须具白鳞饰，尾器抱肢基节无端叶和亚端叶，端背区和亚背区各具一毛丛。
【生态习性】幼虫孳生于竹筒积水中。

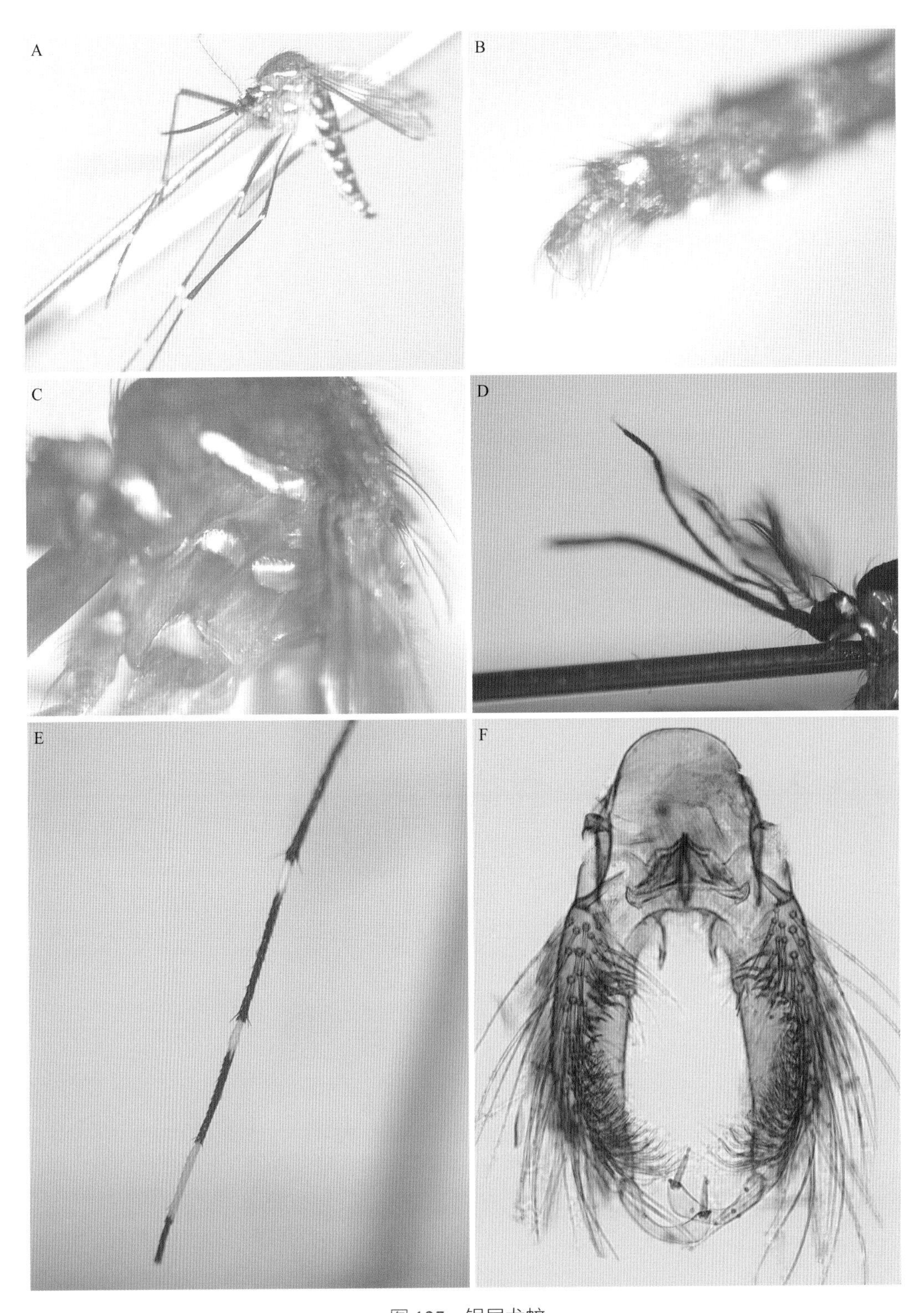

图 127　银尾尤蚊

A. 大体形态，足跗节 1～3 具基白环；B. 腹节Ⅷ具基中银白斑；C. 胸侧板具 4 个银白鳞簇；
D. 雄蚊触须与喙约等长；E. 第 4 跗节全白；F. 尾器

26.7　直脚蚊属

Orthopodomyia Theobald, 1904

【形态结构】翅具白斑；喙、触须和足都有白环、白斑等花饰。幼虫呼吸管无梳齿，栉齿分前后 2 列，后列较大。

128 白花直脚蚊 *Orthopodomyia albipes* Leicester, 1904

【关联序号】无。
【同物异名】无。
【宿主范围】雌蚊可刺吸人血。
【地理分布】云南。
【形态结构】无翅前鬃；后跗节 2 基部白环远较末端白斑宽。幼虫栉齿末端狭长而具一端刺；呼吸管指数不超过 6.0。
【生态习性】幼虫孳生在竹筒积水中。

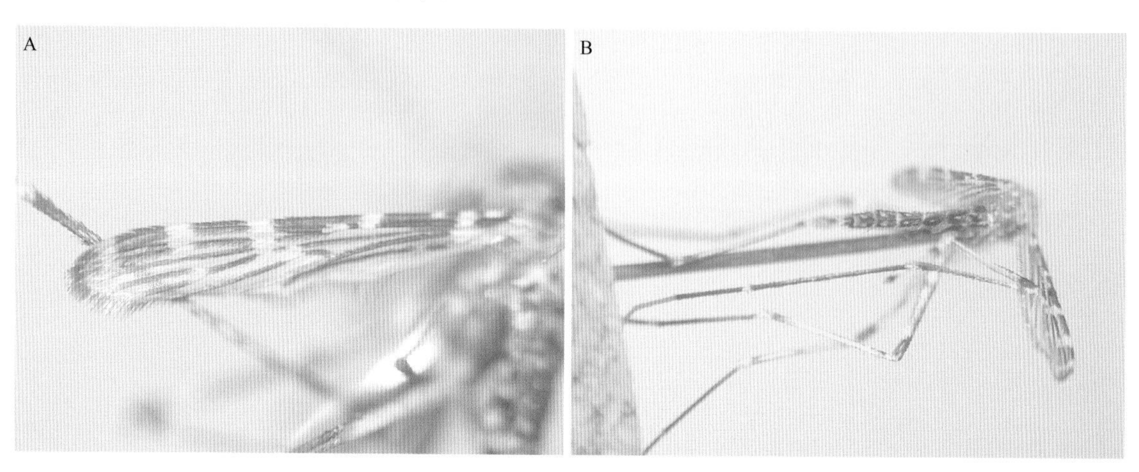

图 128　白花直脚蚊（图片提供者：郭玉红，赵奇）
A. 翅有白斑；B. 后跗节 2 基部白环较末端白斑宽

129 类按直脚蚊 *Orthopodomyia anopheloides* (Giles, 1903)

【关联序号】（106.8.1）
【同物异名】无。

【宿主范围】暂无记录。

【地理分布】安徽、福建、广西、贵州、海南、河南、湖北、湖南、江苏、江西、四川、台湾、云南、浙江。

【形态结构】无翅前鬃，后跗节 2 末端的白环明显比基部的宽。雄蚊阳茎在腹侧板之间和下方有一明显的突起；幼虫胸毛 1-M 单枝，特长，或分 2～3 长枝，远超过 3-M 和 2-T，腹毛 6-Ⅰ、Ⅱ通常分 4～8 枝。

【生态习性】幼虫孳生于树洞、竹筒，偶尔也见于容器积水。

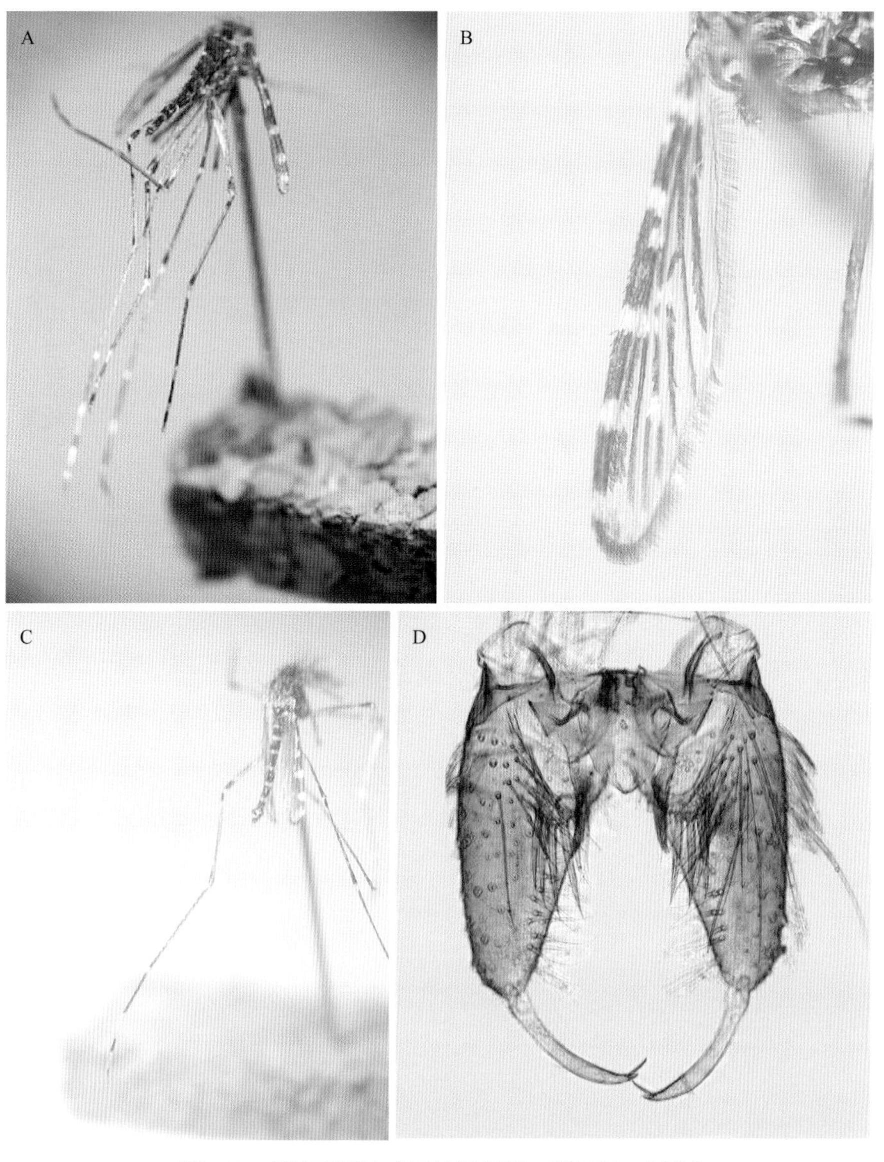

图 129 类按直脚蚊（图片提供者：郭玉红，赵奇）

A. 大体形态；B. 翅具白斑；C. 后跗节 2 末端的白环明显比基部的宽；D. 尾器

26.8 钩蚊属

Malaya Leicester, 1908

【形态结构】喙高度特化，多长毛，端1/3明显膨大并上翘，末端具4根长钩状毛；两性触须均短而不分节；触角长于喙。中胸盾片通常有1条银白宽鳞纵条。幼虫下颚正常；腹部无星状毛；腹毛4-X 1～2株，单枝或分2～3枝。

130 灰唇钩蚊 *Malaya jacobsoni* Edwards, 1930

【关联序号】无。

【同物异名】无。

图130 灰唇钩蚊（图片提供者：郭玉红，赵奇）

A. 大体形态；B. 唇基片色暗；C. 中胸盾片具1条银白宽鳞纵条；D. 喙末端具4根长钩状毛

【宿主范围】本蚊种不吸血。
【地理分布】广西、台湾、云南。
【形态结构】唇基片色暗；无眶间银白鳞纵线，喙膨大部全暗；腹节Ⅳ背板银白侧斑很小。幼虫头毛 4～7-C 均不分枝；栉齿 16～20 个，排成 2 行。
【生态习性】幼虫常见孳生于天南星科（芋头）、芭蕉科或凤梨科植物的叶腋积水中。成蚊野栖。

26.9 局限蚊属

Topomyia Leicester, 1908

【形态结构】两性触须均短，触角非羽状，喙端无长毛。中胸盾片中央有 2 列白色或半透明暗色的平覆宽鳞形成的纵条，向后延伸至翅基之间或达小盾前区。后胸侧板中部具一鳞簇。幼虫通常至少腹节Ⅳ～Ⅵ有星状毛；下颚长臂状或角状，末端具指状突；或下颚宽短，端部具刺列或毛丛。

丽蚊亚属 Subgenus *Suaymyia* Thurman, 1959

【形态结构】前胸侧板具鬃 3 根以上或中胸盾片侧缘盾角至翅基之间具 1 列垂生的淡色宽鳞饰。后胸侧板气门下具宽鳞簇，鳞簇的宽度大于着生处该板宽度的一半。雄蚊腹节Ⅸ背板两侧叶远离；小抱器仅具腹叶；阳茎基侧突发达；肛侧片基部具小毛。幼虫下颚发达，端部具发达的指状突或粗刺；栉齿单型，数量较少。

131 胡氏局限蚊 *Topomyia houghtoni* Feng, 1941

【关联序号】无。
【同物异名】无。
【宿主范围】 本蚊种不吸血。
【地理分布】 广西、贵州、四川、西藏、云南。
【形态结构】腹节背板具淡色侧斑，腹板淡黄色。雌蚊中足跗节 2 腹面淡色。雄蚊中足跗节 2 末端 3/4～5/6 白色，跗节 3 全白或仅腹面白色；后足跗节 4 具不太发达的半竖生长鳞丛。雄蚊腹节Ⅸ背板侧叶之间无刺鬃。幼虫下颚窄长，末端具长短不一的指状突。
【生态习性】幼虫主要孳生于家中种植或野生芋头叶腋积水中，捕食同种或他种幼虫为生。

图 131　胡氏局限蚊（图片提供者：郭玉红，赵奇）

A．大体形态；B．雌蚊触须为喙长的 1/11；C．腹节背板暗色；D．中胸盾片银白宽鳞；E．腹节背板；F．尾器

局限蚊亚属 Subgenus *Topomyia* Leicester, 1908

【形态结构】雌蚊前足跗节 2 比节 3 长；雄蚊多数种类的前足跗节 2 比节 3 短。前胸侧板鬃 1～2 根；后胸侧板气门下具一小鳞簇。小抱器具棒状的背叶，其上通常具粗毛状附属物。腹节Ⅸ背板侧叶不发达，两叶相距较近。肛侧片基部无小毛。幼虫下颚宽短，其端缘和内侧具细毛；胸、腹部具星状毛。栉齿数量较多，通常分为大、小两型和形成一齿区。

132 屈端局限蚊 *Topomyia inclinata* Thurman, 1959

【关联序号】无。

【同物异名】无。

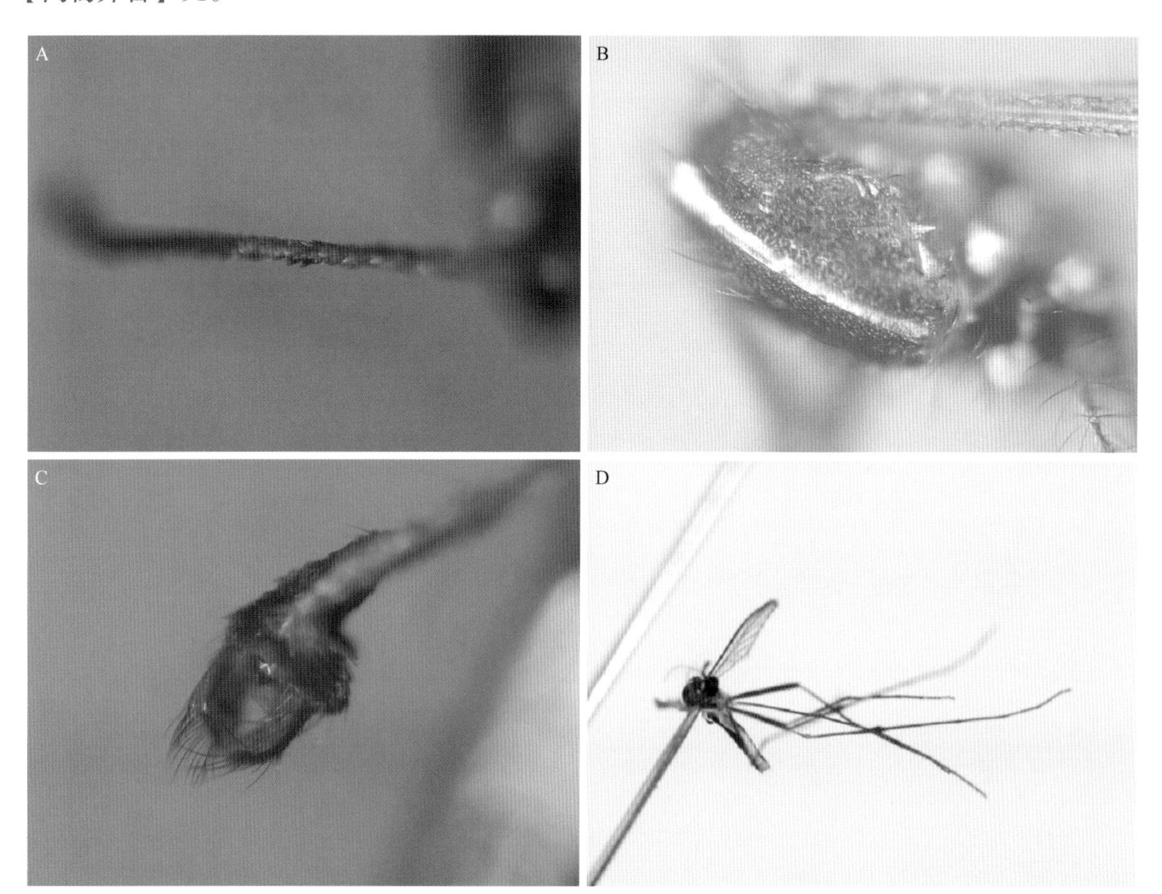

图 132 屈端局限蚊（图片提供者：郭玉红，赵奇）

A. 雄蚊喙基部至末端的腹面具清晰的白鳞线；B. 中胸盾片银白宽鳞纵条；C. 腹节Ⅸ腹板近三角形；D. 大体形态

【宿主范围】本蚊种不吸血。

【地理分布】云南。

【形态结构】雄蚊喙基部至末端的腹面具清晰的白鳞线。腹节Ⅸ腹板近三角形，端部较窄。抱肢基节腹中叶具约 6 根长达该基节端部的扁鬃；抱肢端节端部膨胀，明显比中部宽，小鬃群分布于端部，端背缘细长鬃紧靠指爪。

【生态习性】幼虫孳生于海拔 1000 m 以下的河谷地带的芭蕉叶腋积水中。

133 林氏局限蚊 *Topomyia lindsayi* Thurman, 1959

【关联序号】无。

【同物异名】无。

【宿主范围】本蚊种不吸血。

【地理分布】云南。

【形态结构】触须全部被有白色鳞。雄蚊抱肢基节末端具 4 根特长的弯鬃，抱肢端节呈“Y”

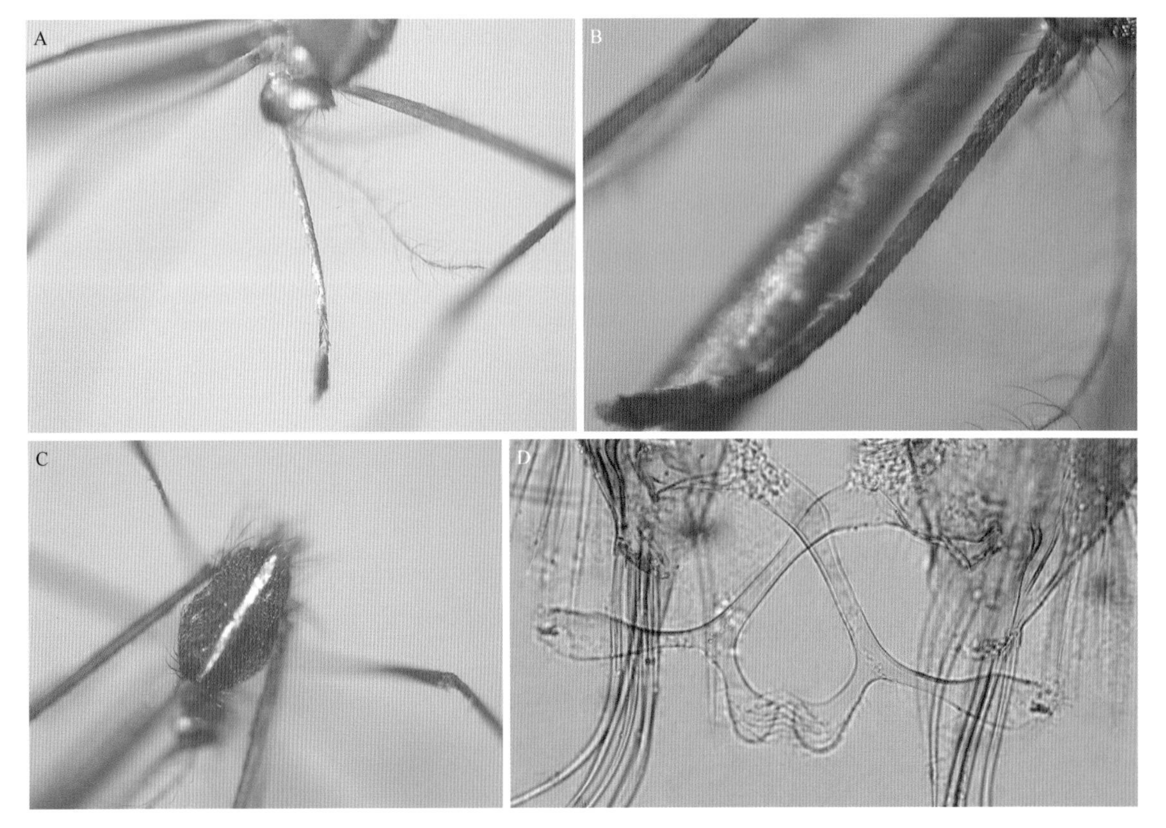

图 133 林氏局限蚊（图片提供者：郭玉红，赵奇）

A. 喙暗色；B. 触须较短；C. 中胸盾片银白宽鳞纵条；D. 抱肢端节呈“Y”字形

字形。幼虫栉齿数量较多（36～50 个）；腹毛 1-X 分 3 枝。

【生态习性】幼虫孳生于河谷地带的家里种植或野生芭蕉叶腋积水中。

134 边缘局限蚊 *Topomyia margina* Gong & Lu, 1995

【关联序号】无。

【同物异名】无。

【宿主范围】本蚊种不吸血。

【地理分布】云南。

【形态结构】雌蚊前足股节腹面至少基部 2/3 淡色。雄蚊腹节Ⅸ腹板宽短，近半圆形；抱肢基节腹中叶扁鬃长不及该基节末端；抱肢端节的端部不明显膨大，小鬃群分布在末端 2/3 部分。

【生态习性】幼虫孳生于海拔 1000 m 以下的河谷地带的芭蕉叶腋积水中。

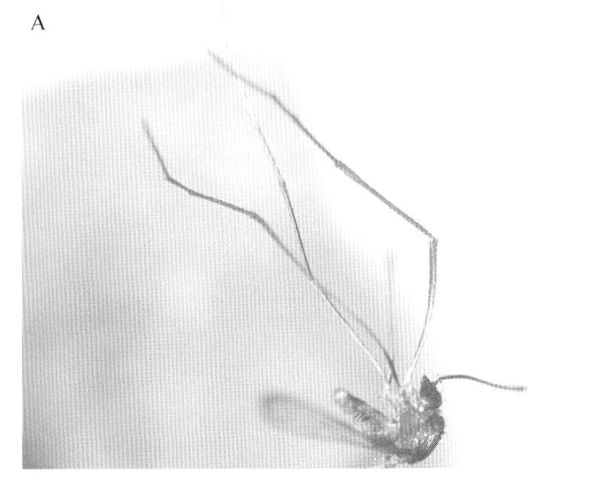

图 134 边缘局限蚊（图片提供者：郭玉红，赵奇）

A. 雌蚊前足股节腹面淡色；B. 大体形态

26.10 杵 蚊 属 *Tripteroides* Giles, 1904

【形态结构】雌雄蚊触须都不到喙的 1/3 长；有气门鬃，无气门后鬃；翅纵脉 6 末端终止处明显超过纵脉 5 分叉点，臀前域上面无鬃毛。幼虫胸毛 5、6-P 不作扇状；栉齿排列成单行；呼吸管有梳，有呼吸管毛 1a-S 或（和）2a-S；腹毛 4-X 仅 1 对。

星毛蚊亚属 Subgenus *Rachonotomya* Theobald, 1905

【形态结构】雌蚊头顶无天蓝或翠蓝色鳞片。唇基有或无鳞片；中胸盾片大部分鳞片较宽；足无银白斑；腹节背板无银白斑。雄蚊与雌蚊近似，触须短似雌蚊或与喙接近等长。幼虫下颚缝完全，下颚很少具较长而带关节的端刺。

135 蛛形杵蚊 *Tripteroides aranoides* (Theobald, 1901)

【关联序号】无。

【同物异名】无。

【宿主范围】雌蚊可刺吸人血。

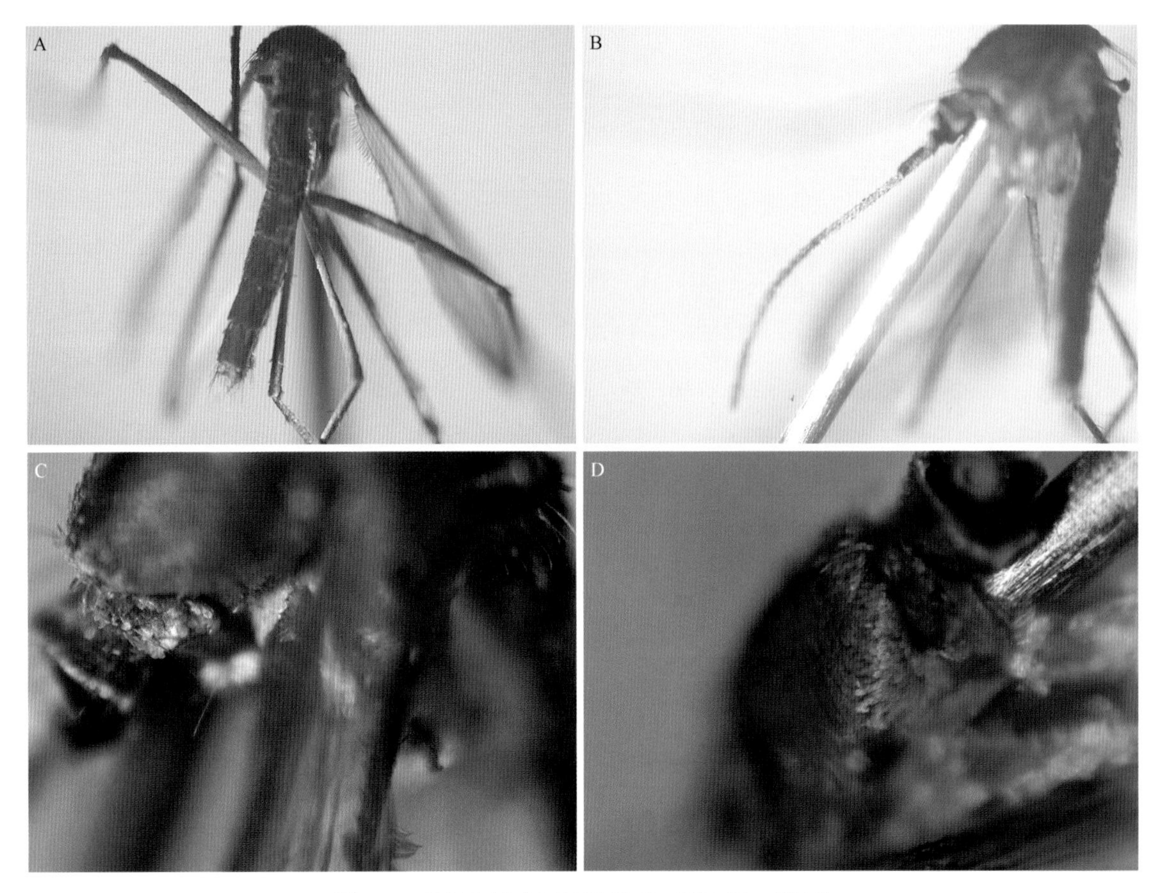

图 135 蛛形杵蚊（图片提供者：郭玉红，赵奇）

A. 各足股节前面无银白斑；B. 触须深褐色，较短；C. 前胸前背片有白色或灰白色宽鳞；D. 后背片覆盖灰白色宽鳞

【地理分布】广西、贵州、海南、四川、云南。
【形态结构】各足股节前面无银白斑；前胸前背片有白色或灰白色宽鳞，后背片覆盖灰白宽鳞。幼虫栉齿大部生在一骨片上，通常大齿中杂有小齿，骨片外另有几个栉齿；腹毛 14- Ⅷ为发达的星毛状，具 6～18 分枝，远比 0- Ⅷ为大。
【生态习性】幼虫孳生在竹筒和树洞，偶亦见于容器积水中。

杵蚊亚属 Subgenus *Tripteroides* Giles, 1904

【形态结构】具银白斑中型蚊虫。雌蚊头顶至少前部平覆翠蓝或天蓝色宽鳞，后头具 1 列竖鳞；唇基光裸；喙很细长，超过腹部长；中胸盾片具细鳞，侧板平覆银灰或银白色宽鳞；股节前面有银白斑；腹有或无银白斑。雄蚊与雌蚊近似，触须短似雌蚊或比雌蚊的更短。幼虫下颚缝完全，下颚无特化的端刺。

136 似同杵蚊 *Tripteroides similis* (Leicester, 1908)

【关联序号】无。
【同物异名】无。
【宿主范围】暂无记录。
【地理分布】福建、贵州、江西。
【形态结构】前胸前背片具银白色宽鳞；各足股节前面有 2 银白斑。幼虫栉齿全部或大部分生在一骨片上，腹毛 0-Ⅷ和 14-Ⅷ细小，单枝。
【生态习性】幼虫孳生在竹筒积水中。

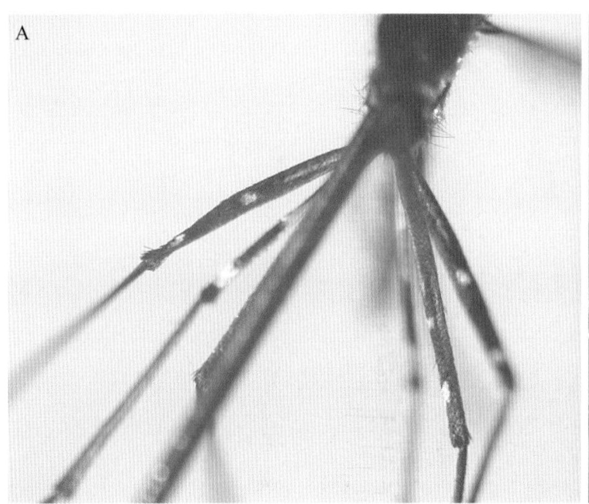

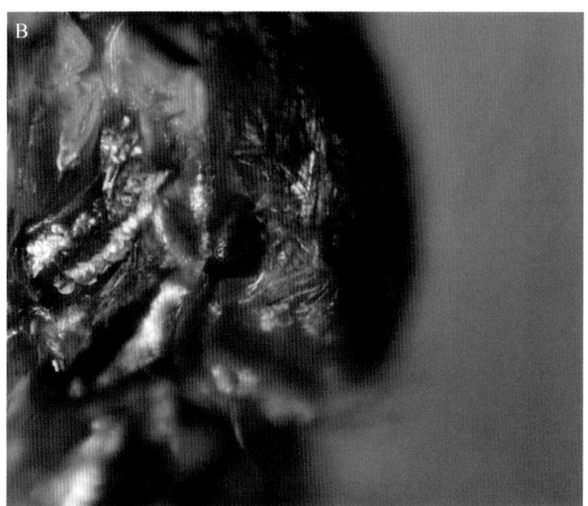

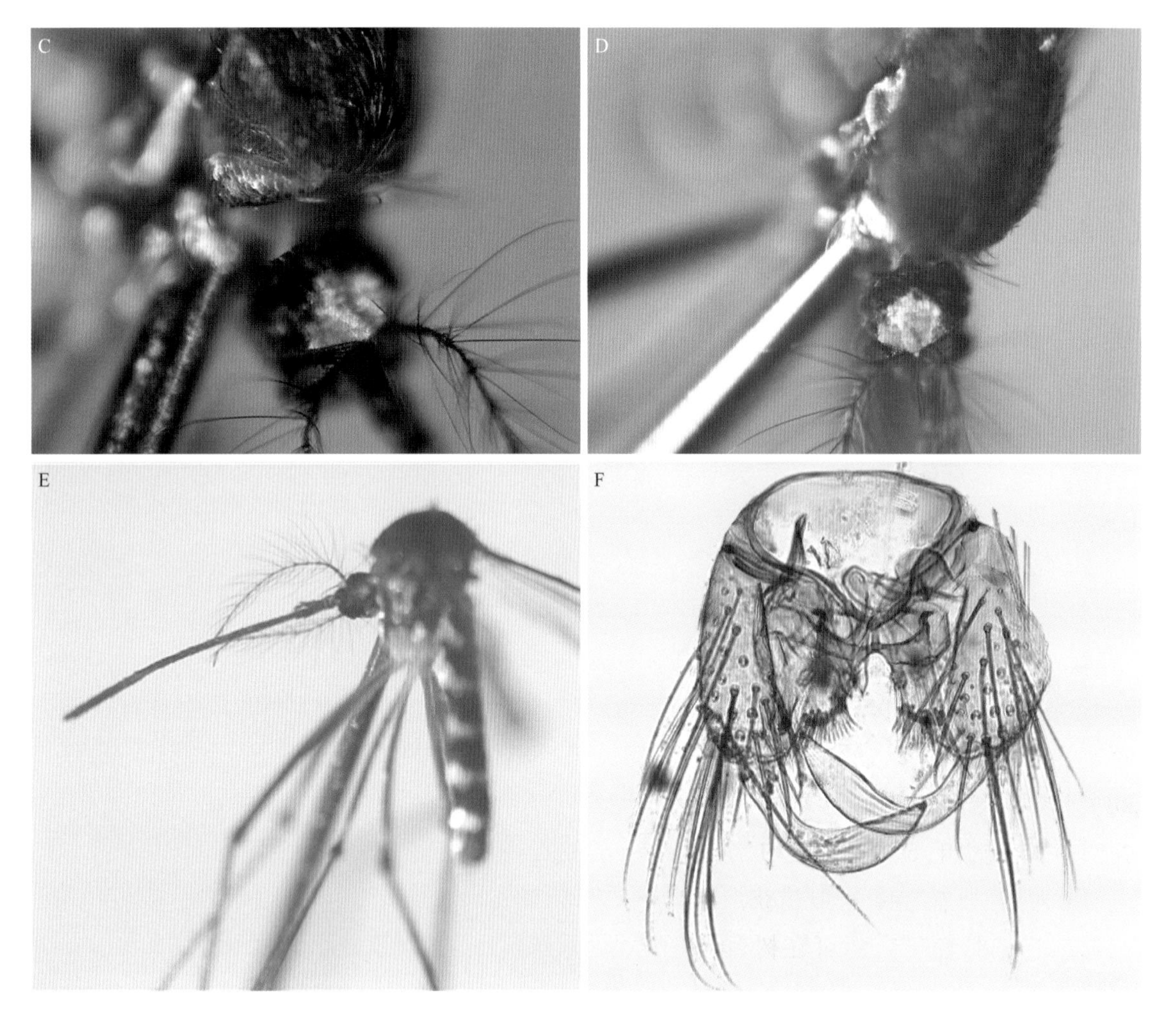

图 136 似同杵蚊（图片提供者：郭玉红，赵奇）

A. 各足股节前面有 2 银白色斑；B. 具气门鬃；C. 前胸前背片具银白色宽鳞；
D. 头顶平覆天蓝色宽鳞；E. 大体形态；F. 尾器

26.11 蓝带蚊属

Uranotaenia Lynch Arribálzaga, 1891

【形态结构】成蚊头部与体表平覆宽扁鳞，对光反射颜色迥异；两性触须均很短，不分节；翅腋瓣光裸，翅瓣缝鳞有或无，纵脉 6 终端常在纵脉 5 分叉处之前；多数种类均具气门鬃，无气门后鬃。幼虫上唇片具 1 对端突，上具 1-C，纤毛状、尖刺状或阔叶状；无下颚缝；腹节Ⅷ两侧具角化的栉板，其后缘具单行的栉齿；呼吸管毛 1-S 1 对，位于近中部或端部亚腹缘，管梳数个或多个。

伪费蚊亚属 Subgenus *Pseudoficalbia* Theobald, 1911

【形态结构】成蚊中胸腹侧板与翅前区之间无小缝分隔；翅瓣常具少数暗色宽缝鳞；雌蚊各足前后爪大小近似；雄蚊尾器阳茎侧板有背桥和腹桥相接。幼虫头毛 5、6-C 通常均为细单枝；腹节 X 栅区腹面中部与尾鞍不相接。

137 贫毛蓝带蚊 *Uranotaenia lutescens* Leicester, 1908

【关联序号】无。

【同物异名】无。

【宿主范围】暂无记录。

【地理分布】云南。

【形态结构】成蚊胸侧板一致淡黄色，鬃毛短小稀少；腹节Ⅱ～Ⅶ背板具浅色基带。幼虫头毛 1-C 粗刺状，无端中突；胸毛 4、7-P，8-M 及腹毛 6、7-Ⅰ-Ⅱ均为芒状单枝。

【生态习性】仅在灌木丛中捕获成蚊。幼虫主要孳生于竹筒中，偶可在树洞和各种人工容器积水中发现。

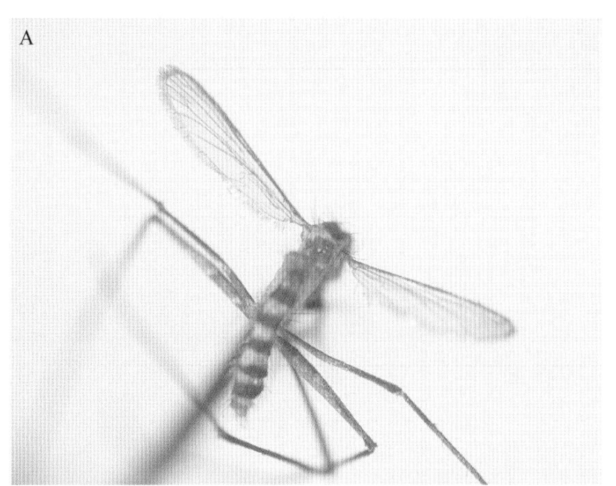

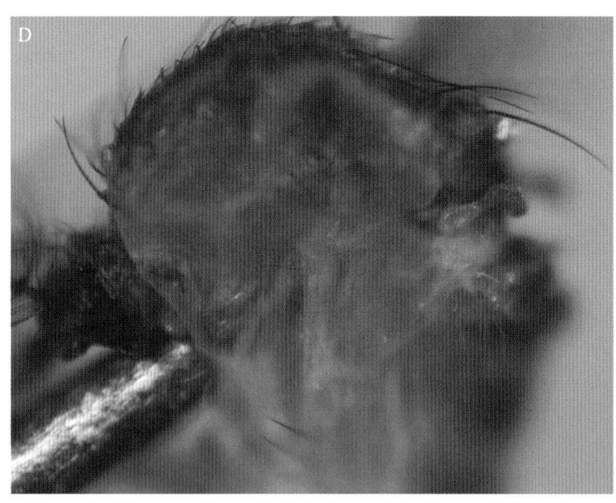

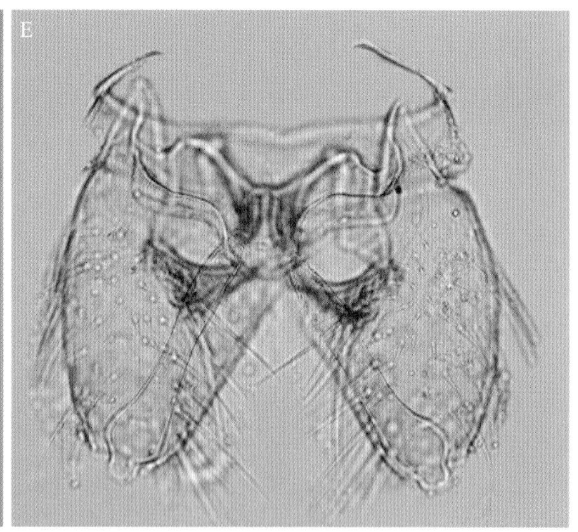

图 137 贫毛蓝带蚊（图片提供者：郭玉红，赵奇）

A. 大体形态；B. 纵脉 6 末端终止处未明显超过纵脉 5 分叉；

C. 腹节Ⅱ～Ⅶ背板具浅色基带；D. 胸侧板一致淡黄色；E. 尾器

138 新糊蓝带蚊 *Uranotaenia novobscura* Barraud, 1934

【关联序号】（106.10.3）

【同物异名】无。

【宿主范围】成蚊嗜血习性不明。

【地理分布】安徽、福建、广东、广西、贵州、河南、湖南、湖北、海南、江西、四川、台湾、西藏、香港、云南及浙江。据现有资料，本种在我国最北的分布点为河南信阳，是我国分布最广泛的一种蓝带蚊。

【形态结构】成蚊深蓝色，中胸盾片两侧在翅基前具一卵形暗斑，纵脉 1 基部常覆浅色鳞。幼虫头毛 1-C 纤细，5、6-C 为细单枝；胸毛 14-P 分 2～5 枝，3、4-P 分 2～6 枝；栉板齿具粗短的基侧刺，尾鞍完全。

【生态习性】幼虫主要孳生在树洞及竹筒，亦可见于岩穴及植物叶腋等小积水中，还在农村屋后有小片竹林的积水容器中发现其幼虫。本种幼虫在水中常呈垂悬状，活动似伊蚊。常与伊蚊、库蚊、杵蚊、巨蚊等属的多种幼虫共生。

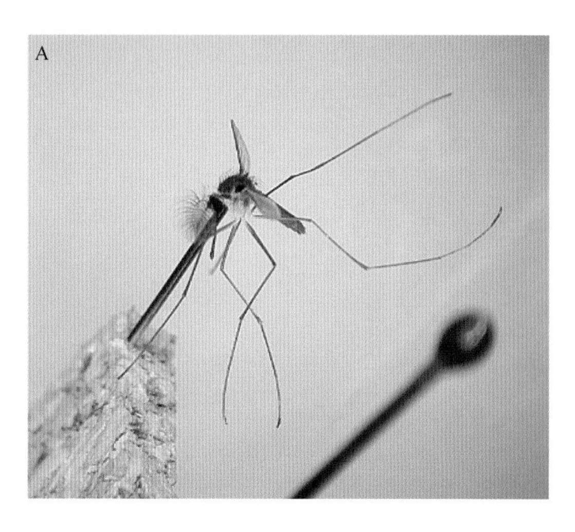

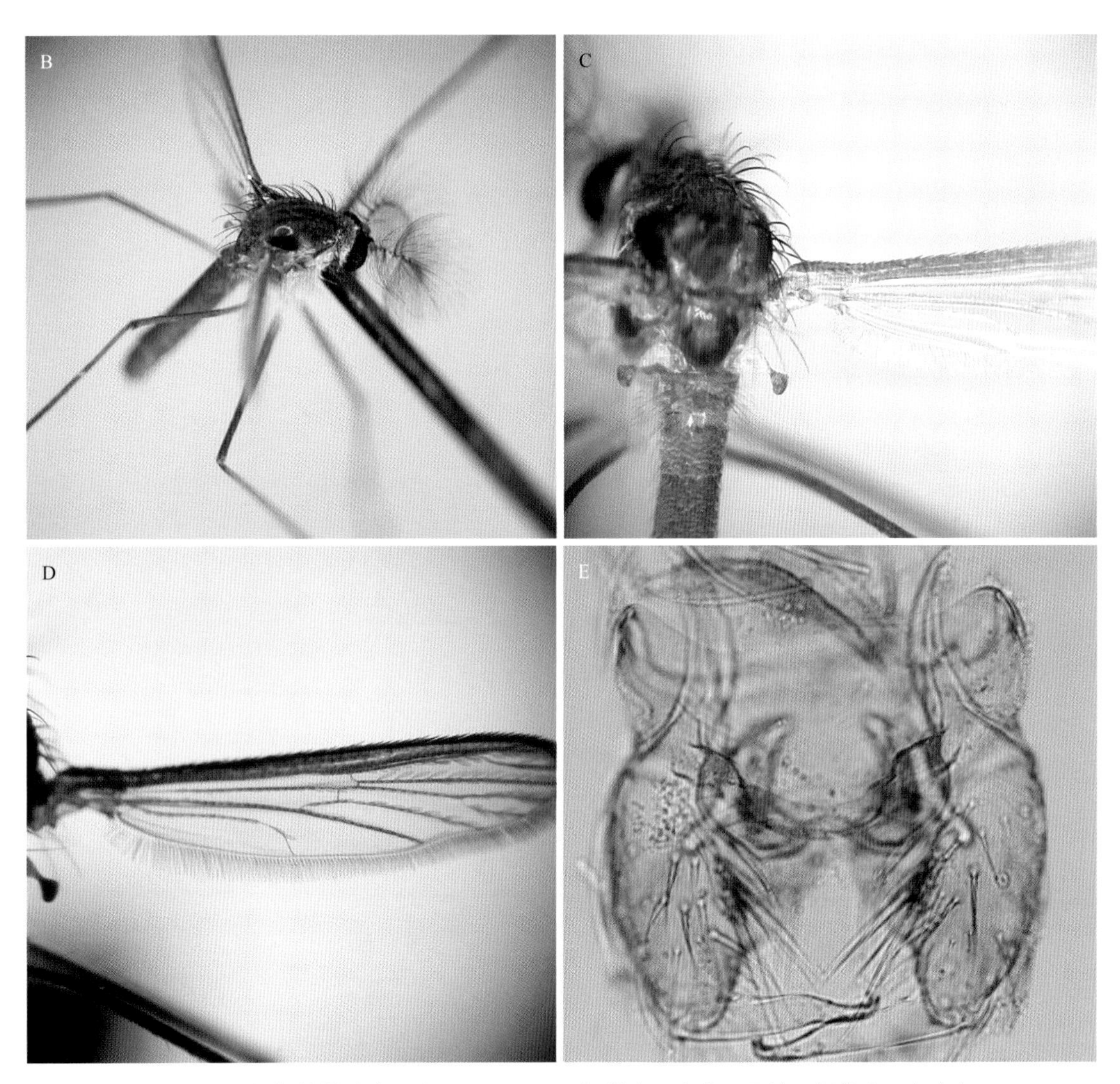

图 138 新糊蓝带蚊（图片 A、B、C、D 提供者：张定；图片 E 提供者：赵奇）

A. 大体形态；B. 中胸盾片翅基前具一卵形暗斑；C. 纵脉 1 基部覆盖浅色鳞；

D. 纵脉 6 末端终止处未明显超过纵脉 5 分叉；E. 尾器

139 暗糊蓝带蚊 *Uranotaenia obscura* Edwards, 1915

【关联序号】无。

【同物异名】无。

【宿主范围】暂无记录。

【地理分布】海南。

【形态结构】成蚊中胸盾片与胸侧板深蓝色，前胸前背片具棕灰色鳞片，中胸腹侧板无鳞簇，各腹节背板暗色。幼虫头毛 1-C 粗刺状，腹毛 7-Ⅰ-Ⅱ分 2～5 枝，两侧栉板在背面相接，呼吸管具梳齿 5～7 个。

【生态习性】仅在树洞积水中采获幼虫。

图 139 暗糊蓝带蚊（图片提供者：郭玉红，赵奇）

A．大体形态；B．腹节背板暗色；C．中胸腹侧板无鳞簇；D．前胸前背片具棕灰色鳞片

140 细刺蓝带蚊 *Uranotaenia spiculosa* Peyton & Rattanarithikul, 1970

【关联序号】无。

【同物异名】无。

【宿主范围】暂无记录。

【地理分布】海南、台湾。

【形态结构】成蚊各腹节背板具浅色基带，胸侧板具明显的暗色和浅色区，气门后区、中胸腹侧板及后侧片具鳞簇。幼虫头毛 1-C 叶片状，5-C 单枝；胸腹部具粗黑的星状毛，体壁具微刺；胸毛 13-P 星状，分 4～7 枝；腹毛 9- Ⅲ - Ⅵ针状，单枝，短于各腹节的 1/2；尾鞍完全；呼吸管梳齿全部简单。

【生态习性】本种幼虫曾发现孳生于山溪边的岩穴积水中，成蚊栖息于岩石隙缝中。

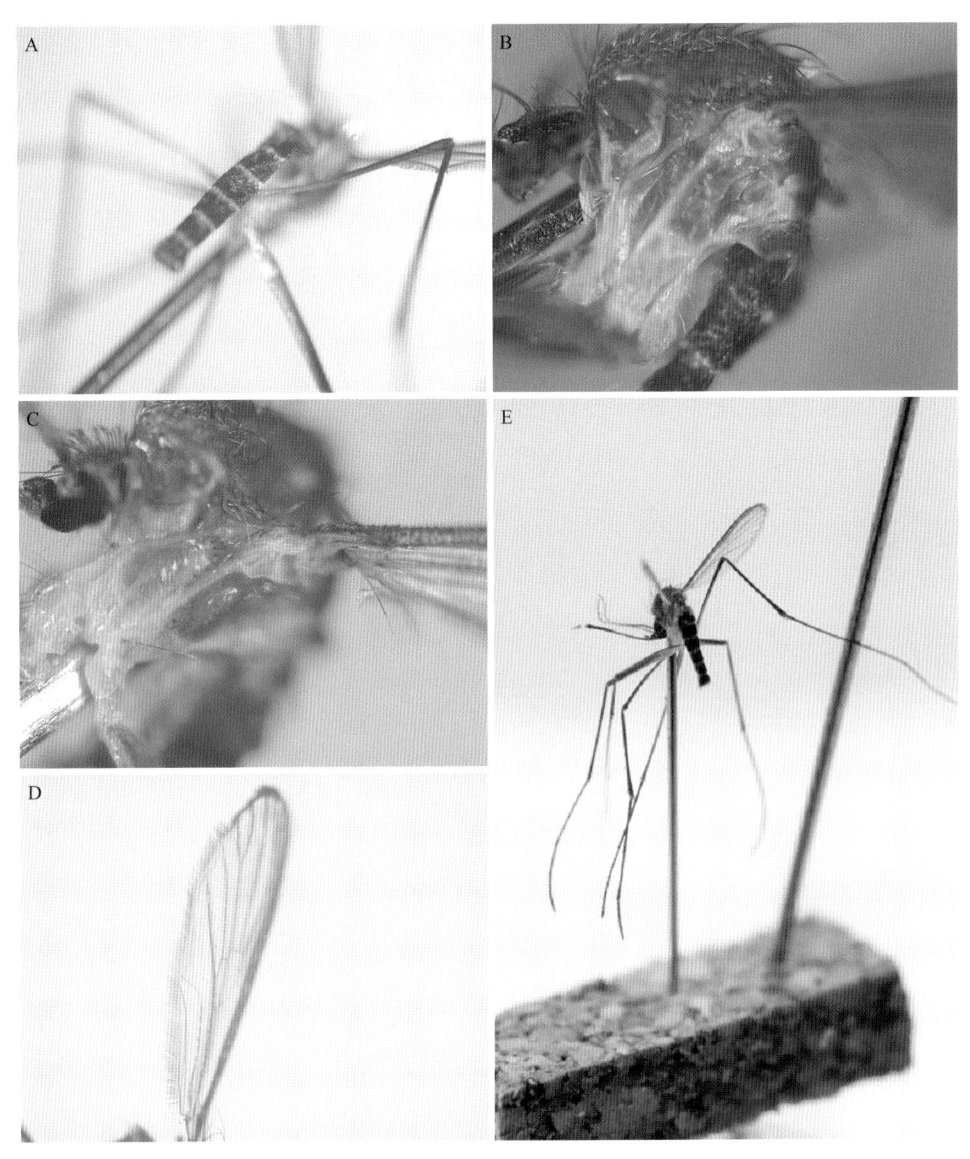

图 140 细刺蓝带蚊（图片提供者：郭玉红，赵奇）

A. 腹节背板具浅色基带；B. 胸侧板具明显的暗色和浅色区；C. 气门后区、中胸腹侧板及后侧片具鳞簇；D. 纵脉 6 末端终止处未明显超过纵脉 5 分叉；E. 大体形态

蓝带蚊亚属 Subgenus *Uranotaenia* Lynch Arribálzaga, 1891

【形态结构】成蚊中胸腹侧板与翅前区之间具一小缝分隔，翅瓣光裸；雌蚊各足前爪常较后爪宽阔；雄蚊尾器阳茎侧板仅背面相连。幼虫头毛 5、6-C 均粗刺状，腹节 X 栅区与尾鞍在腹面中部相接。

141 麦氏蓝带蚊 *Uranotaenia macfarlanei* Edwards, 1914

【关联序号】无。

【同物异名】无。

【宿主范围】暂无记录。

【地理分布】安徽、福建、广东、广西、贵州、海南、湖北、湖南、江西、四川、台湾、香港、云南、浙江。

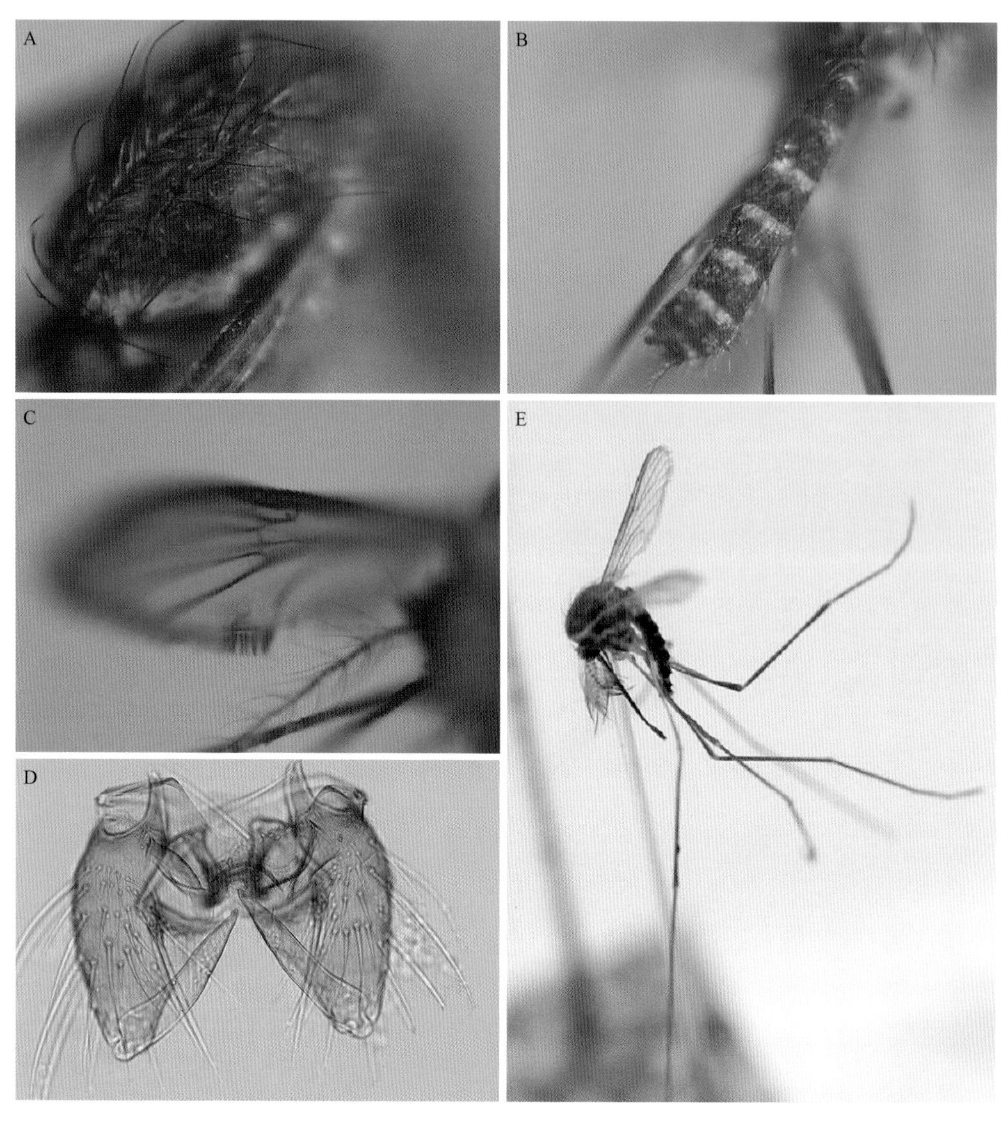

图 141 麦氏蓝带蚊（图片提供者：郭玉红，赵奇）

A. 中胸盾片杂生棕褐色和淡黄色鳞片；B. 腹节背板具不完全的端白带；C. 翅；D. 尾器；E. 大体形态

【形态结构】成蚊中胸盾片杂生棕褐鳞片及淡黄色鳞片，翅基前侧缘有银白宽鳞纵条，腹节背板具不完全的端白带。幼虫触角毛 1-A 位于近基部 1/3 处，细单枝，其长度明显短于触角的 1/2；头毛 5、6-C 粗刺状，4-C 分多枝。

【生态习性】孳生习惯广泛，常见于山林地区遮阴的溪流积水、岩穴、树洞、地面小积水、淡水蟹洞等处。成蚊常栖息于丛林地区溪流边的石缝、树丛、树洞等处，亦可在光诱器中捕获。

巨蚊亚科 Toxorhynchitinae

本亚科仅包含巨蚊属一属。

26.12 巨 蚊 属

Toxorhynchites Theobald, 1901

【形态结构】成蚊喙在中部向下和向后弯曲；小盾片弧状。幼虫口刷耙状，适于捕食；无栉齿；呼吸管无梳齿。

142 紫腹巨蚊 *Toxorhynchites gravelyi* (Edwards, 1921)

【关联序号】无。

【同物异名】无。

【宿主范围】本蚊种不吸血。

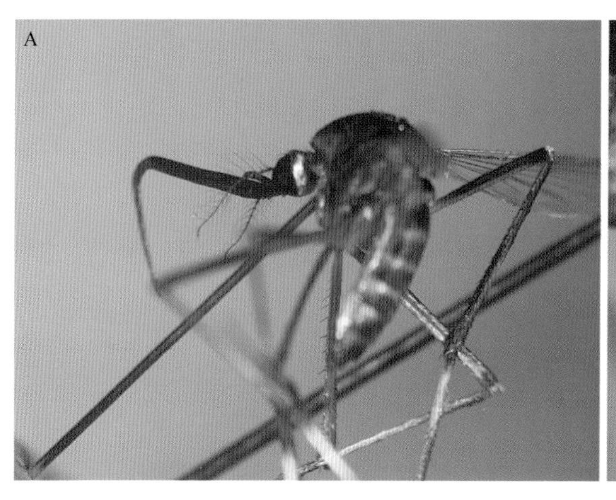

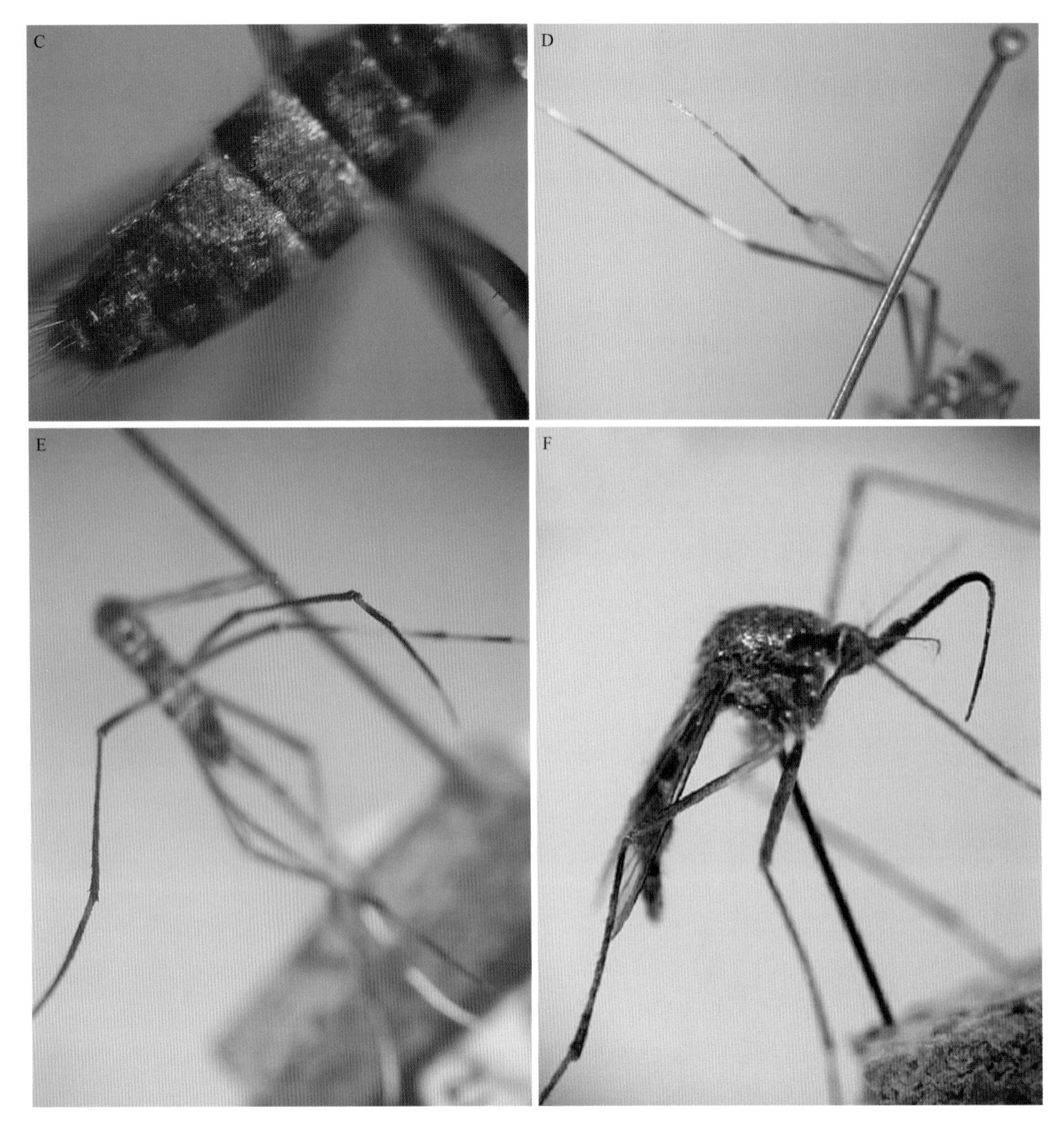

图 142　紫腹巨蚊（图片提供者：郭玉红，赵奇）

A. 喙如钩状；B. 翅脉纵脉 V5.2 浅凹口；C. 腹节背板深紫色；D. 中足跗节 2、3 全白；
E. 前跗节 1 基白环；F. 大体形态

【地理分布】福建、贵州、四川、云南。

【形态结构】大型深紫色带金属光泽蚊虫；雌蚊腹节Ⅵ～Ⅷ无长侧毛簇。前跗节 1 有明显基白环；中跗节 2、3 全白。幼虫侧背片分裂，胸毛 3、4-M 生在另 1 或 2 块小骨片上；呼吸管通常明显比尾鞍长。

【生态习性】幼虫孳生在竹筒和树洞积水中。

143 肯普巨蚊 *Toxorhynchites kempi* (Edwards, 1921)

【关联序号】无。

【同物异名】无。

【宿主范围】本蚊种不吸血。

【地理分布】云南。

【形态结构】腹节Ⅵ～Ⅷ无明显侧长毛簇，背板具窄蓝基带；雌蚊中足跗节2和3大部紫色，后足跗节4和5白色。雄蚊后足跗节1腹面密生毛列。幼虫胸部背侧片有一突出部分，胸毛3、4-M着生在该部位，6-M分3～5枝。

【生态习性】幼虫孳生在竹筒和树洞积水中。

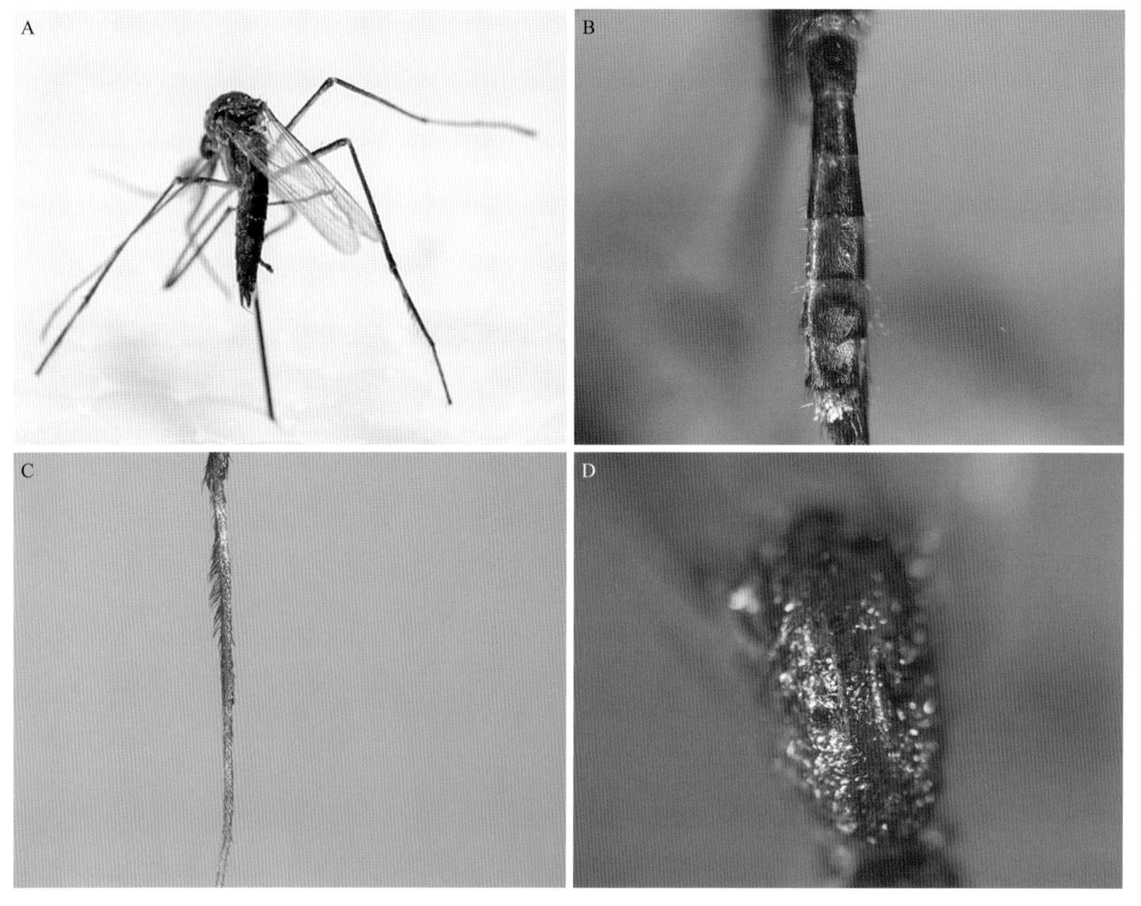

图143 肯普巨蚊（图片提供者：郭玉红，赵奇）

A. 大体形态；B. 腹节背板具窄蓝基带；C. 雄蚊后跗节1密生毛列；D. 中胸盾片具亮绿色鳞片

144 华丽巨蚊 *Toxorhynchites splendens* (Wiedemann, 1819)

【关联序号】无。

【同物异名】无。

【宿主范围】本蚊种不吸血。

【地理分布】安徽、广东、广西、贵州、海南、云南。

【形态结构】中胸盾片两侧无黄色或黄绿色纵条；腹节Ⅵ～Ⅷ两侧有明显的突生毛簇。幼虫中胸侧背片完整，腹节Ⅶ背侧片生有2根棘毛和3根正常刚毛。

【生态习性】幼虫孳生在树洞、竹筒及容器积水中。

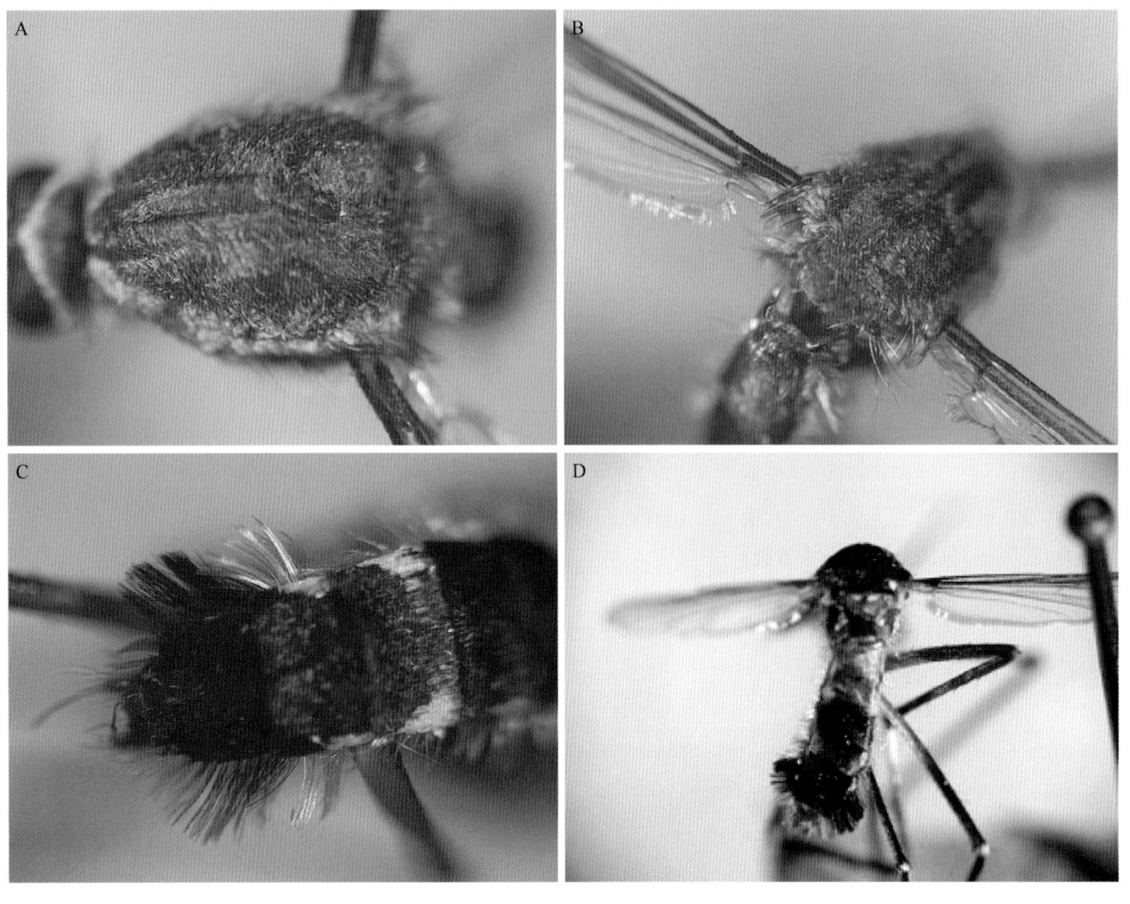

图144 华丽巨蚊（图片提供者：郭玉红，赵奇）

A. 中胸盾片平覆深绿、铜绿或褐绿色宽鳞；B. 小盾片圆弧状、具铜绿或蓝绿色鳞；C. 腹节Ⅵ～Ⅷ两侧有明显的突生毛簇；D. 大体形态

主要参考文献

陈泽, 李思思, 刘敬泽. 2011. 蜱总科新分类系统的科、属检索表. 中国寄生虫与寄生虫病杂志, 29: 81-84.
陈泽, 温廷桓. 2017. 世界蜱类名录 2. 硬蜱亚科 (螨亚纲: 蜱目: 硬蜱科). 中国寄生虫与寄生虫病杂志, 35: 371-381.
邓国藩, 姜在阶. 1991. 中国经济昆虫志　第三十九册　蜱螨亚纲　硬蜱科. 北京: 科学出版社.
邓国藩, 潘錝文. 1963. 纹皮蝇和牛皮蝇的生物学观察. 昆虫知识, 3: 118-120.
邓国藩. 1978. 中国经济昆虫志　第十五册　蜱螨目　蜱总科. 北京: 科学出版社.
高兴春, 蔡进忠, 徐梅倩, 等. 2008. 藏羚羊中华皮蝇蛆的分子生物学鉴定. 中国兽医学报, 28 (9): 1037-1039.
高子厚, 刘正祥, 杜春红, 等. 2014. 云南居民区鼠类体外寄生蚤物种多样性调查. 昆虫学报, 57 (2): 257-264.
耿明璐, 郭宪国. 2014. 我国地里纤恙螨的研究进展. 中国病原生物学杂志, 9 (08): 763-765.
关玉辉, 张家勇, 王纯玉, 等. 2017. 辽宁省蚤类区系及其分布特征. 中国媒介生物学及控制杂志, 28 (6): 576-582.
郭天宇, 张丽杰, 郭惠琳, 等. 2016. 中国国境口岸地区蚤类调查. 中国媒介生物学及控制杂志, 27 (6): 600-606.
黄孝玢, 蒋锡仕, 宋远军, 等. 1993. 牛皮蝇、纹皮蝇和中华皮蝇三期幼虫蛋白质电泳图谱及 ACP、AKP 活性的比较——《川西北草地牛皮蝇蛆病的研究》之三. 中国牦牛, 2: 11-12.
金大雄, 李贵真. 1991. 贵州吸虱类、蚤类志. 贵阳: 贵州科技出版社: 1-388.
金大雄. 1999. 中国吸虱的分类和检索. 北京: 科学出版社: 1-132.
孔繁瑶. 1997. 家畜寄生虫学. 第二版. 北京: 中国农业大学出版社.
李彬, 郝广福, 孟传金, 等. 2013. 蒙古高原蚤类名录. 中国国境卫生检疫杂志, 36 (5): 319-322.
刘井元 , 蔡顺祥, 马立名, 等 . 2018. 湖北及邻近地区蚤目志 [长江中、下游一带地区]. 北京 : 科学出版社 : 1-486.
孟艳芬, 郭宪国, 门兴元, 等. 2007. 云南省齐氏姬鼠体表吸虱性比分析. 热带医学杂志, 7 (10): 1001-1003.
孟艳芬, 郭宪国, 门兴元, 等. 2007. 云南省十七县 (市) 吸虱昆虫区系调查. 寄生虫与医学昆虫学报, 14 (4): 47- 53.
孟艳芬, 郭宪国, 吴滇. 2007. 云南省吸虱名录初报. 昆虫分类学报, 29 (4): 259-264.
钱体军, 董文鸽, 郭宪国. 2002. 褐家鼠体表吸虱超寄生现象 1 例. 大理学院学报 (医学版), 11 (2): 102.
钱体军, 郭宪国, 郭利军, 等. 2004. 齐氏姬鼠体表吸虱寄生状况初步研究. 地方病通报, 19 (4): 5-13.
钱体军, 郭宪国, 郭利军, 等. 2004. 黄胸鼠体表寄生吸虱的调查分析. 中国寄生虫病防治杂志, 17 (2): 71-74.
裘学丽, 郭宪国. 2005. 中国吸虱昆虫研究现状. 中国媒介生物学及控制杂志, 16 (5): 405-407.
尚文旭, 石杲. 2017. 内蒙古蚤目分科检索图示的研究. 疾病监测与控制杂志, 11 (9): 716-717.
苏小建, 杨庆贵. 2013. 蜱螨分类鉴定方法的研究进展. 中国国境卫生检疫杂志, 36 (03): 212-215.
孙亚丽, 张洪波, 陈刚, 等. 2015. 牦牛中华皮蝇三期幼虫和高原鼠兔皮蝇三期幼虫扫描电镜形态学比较. 畜牧与兽医, 47 (10): 114-117.
王晶, 郭宪国, 钱体军, 等. 2004. 云南大理吸虱昆虫调查. 中国媒介生物学及控制杂志, 15 (2): 117-119.
王晶, 郭宪国, 钱体军, 等. 2005. 云南省九县 (市) 吸虱昆虫区系调查. 中国媒介生物学及控制杂志, 16 (1): 37-40.
王梅, 郑谊, 唐新元, 等. 2018. 青海高原蚤类 60 年研究概况. 中国地方病防治杂志, 33 (1): 23-24.
温廷桓, 陈泽. 2016. 世界蜱类名录 1. 软蜱科与硬蜱科 (螨亚纲: 蜱目) . 中国寄生虫与寄生虫病杂志, 34: 58-74.

吴爱国, 钟佑宏, 李玉琼, 等. 2015. 云南省 34 个县市黄胸鼠和褐家鼠体表寄生蚤调查. 四川动物, 34 (1): 53-58.

吴厚永, 刘泉, 龚正达, 等. 2007. 中国动物志　昆虫纲　蚤目. 第二版. 北京: 科学出版社: 1-2174.

解宝琦, 曾静凡. 2000. 云南蚤类志. 昆明: 云南科技出版社: 1-456.

余森海. 2018. 医学寄生虫学词汇. 北京: 人民卫生出版社.

章丽梅, 韩向红, 阮婷玉, 等. 2018. 羊蜱蝇的生物学特征与中文种名释疑. 中国动物检疫, 35 (3): 56-58.

张胜勇, 郭宪国, 龚正达, 等. 2008. 云南蚤类区系及分布特征. 昆虫学报, 51 (9): 967-973.

张胜勇, 郭宪国, 龚正达, 等. 2009. 云南省 19 个县市黄胸鼠体表蚤类种类调查. 中国热带医学, 9 (8): 1406-1407, 1426.

张胜勇, 郭宪国, 门兴元. 2007. 云南省大绒鼠体表寄生蚤类群落生态学研究. 中国媒介生物学及控制杂志, 18 (6): 440-442.

张胜勇, 郭宪国. 2007. 蚤类昆虫及其宿主协同进化的证据探讨. 地方病通报, 22 (4): 81-84.

张胜勇, 郭宪国. 2007. 中国蚤类区系分类的研究现状. 热带医学杂志, 7 (2): 185-186, 封底.

张胜勇, 吴滇, 郭宪国, 等. 2007. 云南省 19 县市小兽体表蚤类群落和进化生态的初步研究. 国际医学寄生虫病杂志, 34 (5): 231-234.

赵辉元. 1996. 畜禽寄生虫与防制学. 吉林: 吉林科学技术出版社.

中国科学院中国动物志编辑委员会 (陆宝麟). 1997. 中国动物志　昆虫纲　第八卷　双翅目　蚊科 (上下卷). 北京 : 科学出版社 .

Bowman D D. 2014. Georgis' Parasitology for Veterinarians. 10th ed. St. Louis, Missouri: Elsevier.

Chen Z, Li Y Q, Liu Z J, et al. 2014. Scanning electron microscopy of all parasitic stages of *Haemaphysalis qinghaiensis* Teng, 1980 (Acari: Ixodidae). Parasitology Research, 113: 2095-2102.

Chen Z, Li Y Q, Ren Q Y, et al. 2015. Does *Haemaphysalis bispinosa* Neumann, 1897 (Acari: Ixodidae) really be occurred in China? Experimental and Applied Acarology, 65: 249-257.

Chen Z, Yang X J, Bu F J, et al. 2012. Morphological, biological and molecular characteristics of bisexual and parthenogenetic *Haemaphysalis longicornis*. Veterinary Parasitology, 189: 344-352.

Chu C Y, Jiang B G, Qiu E C, et al. 2011. *Borrelia burgdorferi* sensu lato in sheep keds (*Melophagus ovinus*), Tibet, China. Veterinary Microbiology. 149 (3-4): 526-529.

Guo X G, Gong Z D, Qian T J, et al. 2000a. Flea fauna investigation in some foci of human plague in Yunnan, China. Acta Zootaxonomica Sinica, 25 (3): 291-297.

Guo X G, Gong Z D, Qian T J, et al. 2000b. Spatial pattern analysis of *Xenopsylla cheopis* (Siphonaptera: Pulicidae) on its dominant rat host, *Rattus flavipectus* in the foci of human plague in Yunnan, China. Entomologia Sinica, 7 (1): 47-52.

Guo X G, Gong Z D, Qian T J, et al. 2000c. The comparison between flea communities on ten species of small mammals in the foci of human plague in Yunnan, China. Entomologia Sinica, 7 (2): 169-177.

Guo X G, Qian T J, Guo L J, et al. 2003. Spatial distribution pattern of *Hoplopleura pacifica* (Anoplura: Hoplopleuridae) on its dominant rat hosts, *Rattus flavipectus* in Yunnan, China. Entomologia Sinica, 10 (4): 265-269.

Guo X G, Qian T J, Guo L J, et al. 2004a. Similarity comparison and classification of sucking louse communities on some small mammals in Yunnan, China. Entomologia Sinica, 11 (3): 199-209.

Guo X G, Qian T J, Guo L J, et al. 2004b. Species diversity and community structure of sucking lice in Yunnan, China. Entomologia Sinica, 11 (1): 61-70.

Loker E S, Hofkin B V. 2015. Parasitology: a Conceptual Approach. New York: Garland Science.

Otranto D, Paradies P, Testini G, et al. 2006. First description of the endogenous life cycle of *Hypoderma sinense* affecting yaks and cattle in China. Medical and Veterinary Entomology, 20 (3): 325-328.

Peng P Y, Guo X G, Song W Y, et al. 2015. Analysis of ectoparasites (chigger mites, gamasid mites, fleas and sucking lice) of the Yunnan red-backed vole (*Eothenomys miletus*) sampled throughout its range in southwest China. Medical and Veterinary Entomology, 29 (4): 403-415.

Small R W. 2005. A review of *Melophagus ovinus* (L.), the sheep ked. Veterinary Parasitology, 130 (1-2): 141-155.

Walker J B, Keirans J E, Horak I G. 2000. The Genus *Rhipicephalus* (Acari, Ixodidae): A Guide to the Brown Ticks of the World. Cambridge and New York: Cambridge University Press.